新版
化学工学の基礎

上ノ山周
相原雅彦
岡野泰則
馬越　大
佐藤智司
［著］

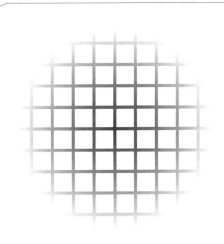

朝倉書店

執 筆 者

上ノ山　周	横浜国立大学　大学院工学研究院
相 原 雅 彦	横浜国立大学　大学院工学研究院
岡 野 泰 則	大阪大学　大学院基礎工学研究科
馬 越　　大	大阪大学　大学院基礎工学研究科
佐 藤 智 司	千葉大学　大学院工学研究科

(執筆順)

はじめに

　われわれが文明社会の中で持続的に快適な生活をしていくためには，これまで築き上げてきた生活や産業に関係する技術を，環境や資源の厳しい条件の下でさらに向上させていく必要がある．ものづくりの骨幹を担う化学工学への期待やその果たすべき使命はますます増大している．

　本書は応用化学シリーズ全8巻中の1冊として，応用化学系，工業化学系，物質化学系の大学2,3年生を対象に化学工学の基礎を身に付けてほしいとの思いから2000年に編纂されたものの改訂版である．本書では化学工学の基本となる，化学工学量論，流動，伝熱，分離操作，反応工学という初版での枠組みはそのままとし，新しい技術に関する追加の記述を含め，適宜見直しを行うとともに，アドヴァンスの項目を朝倉書店ホームページ上（www.asakura.co.jp/books/isbn/978-4-254-25038-1/）に補遺として付した．第1章を上ノ山・相原，第2章を上ノ山，第3章を岡野，第4章を馬越，第5章を佐藤が担当した．

　本書を執筆するにあたり改訂を快く許諾頂いた慶應義塾大学名誉教授・故柘植秀樹先生，初版執筆の諸先生方ならびに企画から校正まで大変お世話になった朝倉書店編集部の方々に，深甚の謝意を表したい．

2016年7月

執筆者を代表して　上ノ山　周

目　　次

1. **化学工学の基礎** ────────────────────── *1*
   - 1.1 化学工学の魅力　　*1*
   - 1.2 化学工学計算の基礎　　*4*
     - 1.2.1 単位　*4* / 1.2.2 次元と次元解析　*8*
   - 1.3 物質収支およびエネルギー収支　　*11*
     - 1.3.1 物質収支　*12* / 1.3.2 エネルギー収支　*20*
   - 1.4 気体の状態方程式　　*27*
     - 1.4.1 理想気体法則　*27* / 1.4.2 実在気体の状態式　*27*
   - 1.5 プロセス制御　　*29*
     - 1.5.1 プロセス制御とは　*29* / 1.5.2 フィードバック制御　*30* / 1.5.3 PID制御　*31* / 1.5.4 プロセス制御の動特性とモデル化　*35* / 1.5.5 伝達関数　*37* / 1.5.6 PID制御系の設計　*41*

2. **流体と流動** ────────────────────── *45*
   - 2.1 流れの基礎項目　　*45*
     - 2.1.1 さまざまな流体と粘度　*45* / 2.1.2 レイノルズ数と流動状態　*47* / 2.1.3 流線と流管　*50* / 2.1.4 基礎方程式　*51* / 2.1.5 エネルギーの保存則　*52*
   - 2.2 円管内の流れ　　*55*
     - 2.2.1 管内層流　*55* / 2.2.2 管内乱流　*56* / 2.2.3 管摩擦係数と流体輸送　*59* / 2.2.4 粗面管の場合の流速分布と管摩擦係数　*60* / 2.2.5 直管部以外での圧力損失　*62*
   - 2.3 物体まわりの流れ　　*64*
     - 2.3.1 境界層内の流れ　*64* / 2.3.2 流体中の物体に作用する力　*67* / 2.3.3 円柱背後の流れ　*69*
   - 2.4 流動状態の計測　　*70*
     - 2.4.1 流速計　*70* / 2.4.2 流量計　*75*
   - 2.5 流れの可視化　　*77*
     - 2.5.1 実験的可視化手法　*77* / 2.5.2 数値シミュレーション　*79*

3. 熱移動（伝熱） — 85

 3.1　はじめに　*85*
 3.2　伝導伝熱　*85*
  3.2.1　伝導伝熱の基本式　*85* ／ 3.2.2　無限平板の定常伝熱　*87* ／ 3.2.3　中空円筒および中空球における半径方向の定常伝熱　*90* ／ 3.2.4　内部発熱の影響　*91* ／ 3.2.5　より一般的な伝導伝熱　*91*
 3.3　対流伝熱　*92*
  3.3.1　ニュートンの冷却則　*92* ／ 3.3.2　無次元数　*93* ／ 3.3.3　強制対流伝熱　*93* ／ 3.3.4　自然対流伝熱　*96* ／ 3.3.5　強制対流と自然対流の共存　*97* ／ 3.3.6　総括伝熱係数　*97*
 3.4　放射伝熱　*99*
  3.4.1　完全黒体と灰色体　*102* ／ 3.4.2　電磁波の波長と放射　*103* ／ 3.4.3　放射率　*103* ／ 3.4.4　伝熱面間の角関係と形態係数　*104* ／ 3.4.5　灰色体間の放射伝熱　*107*
 3.5　相変化を伴う伝熱　*107*
  3.5.1　沸騰伝熱　*107* ／ 3.5.2　凝縮伝熱　*108* ／ 3.5.3　凝固伝熱　*108*
 3.6　熱交換器　*109*
  3.6.1　熱交換器の設計手法　*111*

4. 物質分離 — 115

 4.1　はじめに―分離技術序論―　*115*
  4.1.1　分離の原理と分離技術　*115* ／ 4.1.2　分離装置と分離係数　*116* ／ 4.1.3　分離に要するエネルギー　*118* ／
 4.2　気液平衡と物質移動　*119*
  4.2.1　気液平衡　*119* ／ 4.2.2　拡散現象と物質移動　*123*
 4.3　平衡分離法　*125*
  4.3.1　蒸留　*125* ／ 4.3.2　ガス吸収　*139*
 4.4　速度差分離技術―膜分離法　*149*
  4.4.1　膜分離技術　*149* ／ 4.4.2　濃度分極と物質移動係数　*151* ／ 4.4.3　阻止率　*153* ／ 4.4.4　限界流束と溶質排除　*154* ／ 4.4.5　浸透圧　*155* ／ 4.4.6　膜分離の透過モデル　*156* ／ 4.4.7　膜の構造，素材とモジュール　*157* ／ 4.4.8　膜によるガス混合物の分離　*159*

5. 反応工学 ―――――――――――――――――――――――― *165*

5.1 均一系反応における反応速度論 *165*

5.1.1 反応速度 *165* / 5.1.2 反応速度式 *166* / 5.1.3 反応速度定数の温度依存性 *167* / 5.1.4 反応器の種類と反応流体の流れ型式 *168* / 5.1.5 微分法による反応速度解析 *168* / 5.1.6 積分法による反応速度解析 *172* / 5.1.7 複合反応の反応速度解析 *178* / 5.1.8 連続流通式反応器に関連する諸量 *180*

5.2 不均一系反応における反応速度論 *181*

5.2.1 不均一系反応 *182* / 5.2.2 気相接触反応 *183* / 5.2.3 ガス境膜内物質移動抵抗 *184* / 5.2.4 吸着平衡 *185* / 5.2.5 吸着速度 *188* / 5.2.6 ラングミュア-ヒンシェルウッド型触媒反応速度式 *189* / 5.2.7 反応速度式の積分形 *191* / 5.2.8 固体細孔内拡散と触媒有効係数 *192* / 5.2.9 気-固系反応 *194*

5.3 反応装置・反応操作設計の基本事項 *198*

付　表 *203*
索　引 *205*

1 化学工学の基礎

本章では，化学工学の基礎となる物質収支やエネルギー収支などの化学工学量論ならびに相平衡論について述べる．

1.1 化学工学の魅力

皆さんは化学工学（ケミカルエンジニアリング，chemical engineering）という言葉を聞いたことがあるだろうか？　そもそも，工学という言葉自体になじみが薄いかも知れない．工の字は上の横一本が「天」を，下の横一本が「地」を表しているのだそうで，天にある理想的な思い付きを地に足が付くように降ろすこと，というのが本来，意味するところである．いみじくも，かのアインシュタインは「解ける問題を解くのが科学」，「解かねばならない問題を解くのが工学」と言っている．

それでは化学工学とは何だろうか？　実験室レベルで創造された物質を世の中に出回る製品として送り出すには，数多くの困難な問題をクリアーする必要があり，そのために，多くの工夫が創案されてきた．まず問題がどの範囲にあるのか，鳥が空から地上の獲物を狙うように全体を俯瞰し，そして獲物の所在，すなわち問題の核心がどこにあるのかを洞察する．大学全体を見渡して統括する学長や副学長レベルの先生方に化学工学出身の方が多いのも，あながち偶然ではないと言えるだろう．

最近，工場コンビナートの夜景遊覧が人気を博しているそうで，「工場萌え」なる言葉もあると聞く．たしかに人工的な美の極致とも言えるかもしれないが，皆さんには「きれい」で終わるだけではなく，その中身をぜひ理解して頂きたいと考えている．「石油精製」であれ，その下流の「化成品」であれ，これを産出・製造するプラントと呼ばれる大規模工場は，多種多様な装置群が有機的に繋がり，調和的に運転されている．これらの装置群を最適に設計し，もっとも効率よくかつ安定に操作すること，それを可能にするのが「化学工学」なのである．複雑な現象を単位操作（unit operation）と呼ばれる基本要素に分解し，システ

ム的に再構成したり，製造規模を大型化するスケールアップをなしたり，オーケストラで言えば指揮者（コンダクター）の役割を担う化学工学は，まさに実学中の実学と言えるだろう．本書でそのすべてをカバーすることはできないが，その骨幹となる考え方やアプローチ法を学んで行こう．

おそらく「化学工学なんて高校では習わなかったなあ」と思う方も多いだろう．しかし，高校の教科書には出てこないが，化学工学は石油化学をはじめとして，あらゆる化学工業の発展の基礎となった工学である．実験室でのビーカーを使った実験から工業規模の化学装置を設計する場合に至るまで，化学工学を身に付けていないと，そもそも化学技術者として世界的に認めてもらえない．

たとえば，図1.1は石油から生産される化学物質の流れ図とプロセスを示したものである．このうちナフサに関して，とくに沸点が30～100℃の軽質ナフサの大部分は，石油化学プロセスを経て身のまわりの家電製品，自動車，プラスチック容器などの原料となっている．図1.2には，この石油精製プロセスの心臓部で

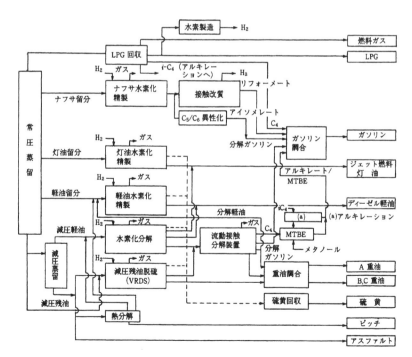

図1.1　石油精製プロセス（「高純度化技術大系」（第3巻），p.859，フジテクノシステム，1997）

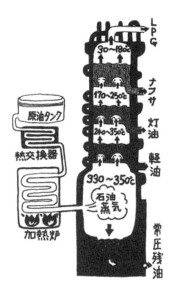 

図 1.2 常圧蒸留塔の概略図　　　　　図 1.3 常圧蒸留塔（右）と減圧蒸留塔（左）
（提供：日石三菱株式会社）　　　　　　　（提供：日石三菱株式会社）

技術者資格試験

　アメリカには Professional Engineer という技術者資格の制度がある．通常の場合，認定を受けた大学のコースを修了したら，まず Fundamental Engineer（FE）の試験を受け，合格したら企業などの技術者として4年以上の経験を積む．それから Professional Engineer（PE）試験を受け，合格すれば州政府に登録することで正式の PE となることができ，名刺にも肩書きとして書くことができるようになる．社会的にも責任ある技術者であることが認められ，尊敬の対象ともなる．

　この FE 試験の内容であるが，共通問題と専門問題とが出題される．

　共通問題は120題で，化学に関係した部分は約9%となっている．その内容は以下のとおりである．

化学：酸塩基，平衡，式，電気化学，無機化学，動力学，金属・非金属，有機化学，酸化還元，周期律表，物質の状態，溶液，量論関係

材料科学：原子構造，結晶，腐食，拡散，材料，二相図，物性，製造法と試験

熱力学：第1法則，第2法則，有効度-可逆性，サイクル，エネルギー・熱・仕事，理想気体，混合気体，相変化，エントロピー，自由エネルギー

　また，化学ジャンルの専門問題60題の内訳は，物質エネルギー収支15%，輸送

> 現象 10%，伝熱 10%，物質移動 10%，化学熱力学 10%，反応工学 10%，プロセス制御 5%，プロセス設計・経済評価 10%，プロセス装置設計 5%，プロセスの安全性 5%，計算機/数値解 5%，汚染防止 5%，計 100%となっている．このうち本書と関連した部分は，物質・エネルギー収支，輸送現象，伝熱，物質移動，反応工学あたりで，専門問題の 50%程度となる．日本でも，国家資格の最高峰の 1 つである技術士制度がある．（公社）化学工学会では，化学工学技士という資格制度が近年，導入された．本書の内容をきっちり勉強して，皆さんも大いに挑戦していこう．

ある常圧蒸留塔の概略図を，図 1.3 にはその写真を示したが，精製プロセスの装置群の中でもひときわ大きいことが分かる．

近年では，機能性材料，バイオテクノロジー，メディカルテクノロジーなどの先端技術ならびに地球環境問題についても，物質とエネルギーの有効利用を目指した化学工学的な見方からの解決が待ち望まれている．皆さんがこうした化学工学に興味を持ち，本書をマスターし，さらに上級コースの道へ進まれることを期待している．

1.2 化学工学計算の基礎

1.2.1 単　　位

長さ，重さ，時間など人々の生活に根付く物理量の単位は，それぞれの地域で独自に慣用されていった背景を持つ．しかし地域間の交流が広がり，国際化されていく過程でものや情報のやり取りが盛んになっていくと，相互換算が必要となってくる．学問分野においても，基本単位スケールや慣例の違いによる CGS（cm, g, s），MKS（m, kg, s），FPS（ft, lb, s）などの絶対単位系，質量の代わりに重量を基本単位に用いる重力単位系，さらに質量も重量も基本単位とする工学単位系など，複数の単位系が存在し不都合が生じていた．化学プロセスでも，原料の濃度や流量，反応器の容積や圧力，反応物の加熱や輸送に必要なエネルギーなど様々な物理量が使用され，その設計と解析には物理量の大きさを決める基本単位が必要となる．このような不便を解消するため，1875 年のメートル条約により共通で統一した単位系（メートル法）を用いるよう国際的な取り決めが始まり，1954 年にその後継である国際単位系（SI）が提唱され，現在は多くの国

の間の約束事として,また科学・工学分野での共通言語として利用されている.

SI では現在,互いに簡単には換算できない独立した基本単位として,長さ(メートル,m),質量(キログラム,kg),時間(秒,s),電流(アンペア,A),熱力学温度(ケルビン,K),物質量(モル,mol),光度(カンデラ,cd)といった7つの基本単位が定められ,すべての実用単位はこの組み合わせで表すことができる(表1.1).またSIでは,その利便性から力を表すニュートン(N)やエネルギーを表すジュール(J)など22個の固有名称と記号を持つ組立単位

表1.1 SI 基本単位

基本量		SI 基本単位	
名称	記号	名称	記号
長さ	l, x, r など	メートル	m
質量	m	キログラム	kg
時間	t	秒	s
電流	I, i	アンペア	A
熱力学温度	T	ケルビン	K
物質量	n	モル	mol
光度	I_v	カンデラ	cd

表1.2a 基本単位を用いて表される一貫性のある SI 組立単位の例

組立量		一貫性のある SI 組立単位	
名称	記号	名称	記号
面積	A	平方メートル	m^2
体積	V	立方メートル	m^3
速さ,速度	v	メートル毎秒	$m\,s^{-1}$
加速度	a	メートル毎秒毎秒	$m\,s^{-2}$
波数	$\sigma, \tilde{v}$	毎メートル	m^{-1}
密度,質量密度	ρ	キログラム毎立方メートル	$kg\,m^{-3}$
面密度	ρ_A	キログラム毎平方メートル	$kg\,m^{-2}$
界面張力	σ	キログラム毎秒毎秒	$kg\,s^{-2}$
比体積	ν	立方メートル毎キログラム	$m^3\,kg^{-1}$
電流密度	j	アンペア毎平方メートル	$A\,m^{-2}$
磁界の強さ	H	アンペア毎メートル	$A\,m^{-1}$
量濃度,濃度	c	モル毎立方メートル	$mol\,m^{-3}$
質量濃度	ρ, γ	キログラム毎立方メートル	$kg\,m^{-3}$
輝度	L_v	カンデラ毎平方メートル	$cd\,m^{-2}$
屈折率	n	(数字の)1*	1
比透磁率	μ_r	(数字の)1	1

* 同じ次元の2つの量の比で構成される無次元量の単位記号は1,名称は1(one)であるが,通常は明示されない.

表 1.2b　固有の名称と記号で表される一貫性のある SI 組立単位

組立量	名称	記号	ほかの SI 単位による表し方	SI 基本単位による表し方
平面角	ラジアン	rad	1	$m\,m^{-1}$
立体角	ステラジアン	sr	1	$m^2\,m^{-2}$
周波数	ヘルツ	Hz		s^{-1}
力	ニュートン	N		$m\,kg\,s^{-2}$
圧力,応力	パスカル	Pa	$N\,m^{-2}$	$m^{-1}\,kg\,s^{-2}$
エネルギー,仕事,熱量	ジュール	J	$N\,m$	$m^2\,kg\,s^{-2}$
仕事率,工率,放射束	ワット	W	$J\,s^{-1}$	$m^2\,kg\,s^{-3}$
電荷,電気量	クーロン	C		$s\,A$
電位差(電圧)起電力	ボルト	V	$W\,A^{-1}$	$m^2\,kg\,s^{-3}\,A^{-1}$
静電容量	ファラド	F	$C\,V^{-1}$	$m^{-2}\,kg^{-1}\,s^4\,A^2$
電気抵抗	オーム	Ω	$V\,A^{-1}$	$m^2\,kg\,s^{-3}\,A^{-2}$
コンダクタンス	ジーメンス	S	$A\,V^{-1}$	$m^{-2}\,kg^{-1}\,s^3\,A^2$
磁束	ウェーバ	Wb	$V\,s$	$m^2\,kg\,s^{-2}\,A^{-1}$
磁束密度	テスラ	T	$Wb\,s^{-1}$	$kg\,s^{-2}\,A^{-1}$
インダクタンス	ヘンリー	H	$Wb\,A^{-1}$	$m^2\,kg\,s^{-2}\,A^{-2}$
セルシウス温度	セルシウス度	℃		K
光束	ルーメン	lm	$cd\,sr$	cd
照度	ルクス	lx	$lm\,m^{-2}$	$m^{-2}\,cd$
放射性核種の放射能	ベクレル	Bq		s^{-1}
吸収線量 　比エネルギー分与 　カーマ	グレイ	Gy	$J\,kg^{-1}$	$m^2\,s^{-2}$
線量当量,周辺線量当量, 　方向性線量当量, 　個人線量当量	シーベルト	Sv	$J\,kg^{-1}$	$m^2\,s^{-2}$
酵素活性	カタール	kat		$s^{-1}\,mol$

を定め,数値の桁数を 10 進法で調整可能な接頭語を付記して物理量を表記する. 表 1.2 a,b に代表的な固有名称を持つ組立単位とその定義を,表 1.3 に接頭語を示す. SI での単位の表記は次の点を注意されたい. ①単位記号は数式の一部となる要素であり,物理量は数値と単位の積で表される. 数値は常に単位の前に置き,数値と単位記号の間には乗算記号として空白を入れる[1]. ②単位記号の積は空白または中点を用いる. ③商は水平の線,斜線,または負の指数で示す. 多くの単位記号が混在する場合はかっこや負の指数で曖昧さを排除する. かっこがな

---

[1] 唯一の例外として,平面角を表す単位の度(degree),分(minute),秒(second)があげられる. それぞれの単位記号:°,′,″に対しては,数値と単位記号との間に空白を挿入しない. SI の表記は英文(半角)文書について考えられているため,全角,半角文字が混在する日本語の印刷物では,%,℃の前に空白を入れない組版ルールが用いられることがある.

表1.3 SI接頭語

乗数	名称	記号	乗数	名称	記号
10^1	デカ	da	10^{-1}	デシ	d
10^2	ヘクト	h	10^{-2}	センチ	c
10^3	キロ	k	10^{-3}	ミリ	m
10^6	メガ	M	10^{-6}	マイクロ	μ
10^9	ギガ	G	10^{-9}	ナノ	n
10^{12}	テラ	T	10^{-12}	ピコ	p
10^{15}	ペタ	P	10^{-15}	フェムト	f
10^{18}	エクサ	E	10^{-18}	アト	a
10^{21}	ゼタ	Z	10^{-21}	ゼプト	z
10^{24}	ヨタ	Y	10^{-24}	ヨクト	y

い場合は斜線を複数用いてはならない．④接頭語と単位記号の間は空白を入れず，組立単位の場合は最初の単位記号にのみ付けることができる[2]．

現在，日本では法律でSIの使用が義務付けられているが，従来からの単位も引き続き使用されているのが現状である．海外でも英米ではヤード・ポンド制単位が使われていたり，工業分野では重力単位系の表記が残っていたりする場合も多い．本書では原則SIを採用するが，歴史的背景や慣用例から一部非SI単位も使用する．相互の換算が必要な場合は，単位換算表（巻末付録）を用いると便利である．

〚例題1.1　単位の換算〛

有用な鉱物資源を豊富に含むマンガン団塊が存在するとされている．海底5000 mの絶対圧 P_A [kPa] を求めよ．ただし，海水の密度 ρ は 1.01×10^3 kg m^{-3} とする．

【解】

圧力 P は単位面積に働く力で，液柱の高さ（液高）h，重力加速度 g（$=9.81$ m s^{-2}）とすると，

$$P = h\rho g = (5000 \text{ m}) \times (1.01 \times 10^3 \text{ kg m}^{-3}) \times (9.81 \text{ m s}^{-2})$$
$$= 4.95 \times 10^7 \text{ kg m}^{-1}\text{ s}^{-2} = 4.95 \times 10^7 \text{ N m}^{-2} = 4.95 \times 10^7 \text{ Pa} = 49.5 \text{ MPa}$$

大気圧 $P_0 = 1$ atm $= 0.1013$ MPa であるので，

$$\text{海底の絶対圧（全圧）} P_A = P + P_0 = 49.5 + 0.1013 = 49.6 \text{ MPa}$$

圧力の表示には真空を基準圧（0 Pa）とする物理量の絶対圧 P_A のほかに，

---

[2] kgはgに接頭語kがついた単位であるが，歴史的に基本単位の1つとして定義されており，kgの形で組立単位の先頭以外の場所でも使用できる．

ゲージ圧 P_G と呼ばれるものがある．ゲージ（gauge）とは計量器の意味であり，多くの圧力測定器に表示される計測値は，測定器の置かれている環境の圧力を基準圧として，そこからの差圧が示されていることからの名称である．タイヤ圧や血圧，圧力鍋の圧力表記などはゲージ圧で表示されている．工学分野の現場では表示される圧力がゲージ圧である場合も多いため，その中で起こる物理現象を解析するときには大気圧 P_0 分の差が含まれるため注意が必要である．正確な環境圧力の測定値がない場合は，大気圧（=0.1013 MPa）をゲージ圧に加算して，絶対圧として使用しなければならない．

1.2.2 次元と次元解析

表 1.4 SI で使用される基本量と次元

基本量	量の記号	次元の記号
長さ	l, x, r など	L
質量	m	M
時間	t	T
電流	I, i	I
熱力学温度	T	Θ
物質量	n	N
光度	I_v	J

物理量は次元を使って体系化されるものであり，SI で用いる 7 つの基本量はそれぞれ自身の次元を持っていると見なされている．7 つの基本量と次元の記号を表 1.4 に示す．基本量である長さの次元 L，質量の次元 M，時間の次元 T で表すと，組立量である密度の次元は ML^{-3}，圧力の次元は $ML^{-1}T^{-2}$ となる．

一般に，ある組立量 Q は基本量によって組み立てることができるので，組立量の次元 dim Q も関係式に従って，基本量の次元のべき乗の積で表される．

$$\dim Q = L^\alpha M^\beta T^\gamma I^\delta \Theta^\epsilon N^\zeta J^\eta \tag{1.1}$$

ここで各基本量の指数は，正，負，ゼロのどれかを取る整数で，次元指数と呼ばれる．

現象を理論的な関係式で表した場合，式の両辺の次元が一致する．工学では理論式で表すことが困難な現象について，現象に関わる影響因子の相互関係を両辺の次元が一致する実験式で整理し，設計に役立てることが多い．この手法は次元解析と呼ばれる．また，現象を左右の次元が一致する式で表すことができると，相互関係を無次元項の形にまとめることができる．無次元項で整理することにより，装置の大きさや異なる条件で得られた実験データを集約して関係を表現できるので，広範囲で適用可能な実験式をまとめられる．

〚例題 1.2　次元解析〛

流体の表面張力を測定する方法に，次の液滴法がある．

①静止空気中に，ノズルからゆっくりと液滴を生成させたときにできる液滴の体積 V は，ノズルの直径 d，液の密度 ρ，表面張力 σ，重力加速度 g の関数であるとして，次元解析を行え．

②いろいろな系で実験を行い，次の相関式を得た．

$$\frac{V}{d^3} = 0.195 \left(\frac{d^2 \rho g}{\sigma}\right)^{-1.02} \tag{A}$$

いま $d = 5.0$ mm のノズルを用い，液滴の体積を測定したところ 1 滴が 0.0280 cm^3 であった．液体の密度が 800 kg m^{-3} であるとき，その表面張力 σ [N m^{-1}] を求めよ．

【解】

次元解析の原理は，「m 個の基本単位を用いて表せる n 個の物理量の関係は，n-m 個の無次元数の関数として表せる」というバッキンガムの Π（パイ）定理（Buckingham Π theorem）で示される．

①液滴体積 V が，

$$V = d^a \rho^b \sigma^c g^e \tag{a}$$

のように物理量のべき乗の積で表せるとする．このとき次元 M，L，T を用いて書き直すと，

$$L^3 = (L)^a \left(\frac{M}{L^3}\right)^b \left(\frac{M}{T^2}\right)^c \left(\frac{L}{T^2}\right)^e \tag{b}$$

となる．両辺の次元が等しくなる必要があるため，次の関係が M，L，T について満足されなければならない．

$$M : 0 = b + c \tag{c-1}$$
$$L : 3 = a - 3b + e \tag{c-2}$$
$$T : 0 = -2c - 2e \tag{c-3}$$

基本単位数が 3，物理量が 5 個であるため，無次元数は 5－3＝2 個となる．a，b，c を e で表すと，

$$a = 3 + 2e \tag{d-1}$$
$$b = e \tag{d-2}$$
$$c = -e \tag{d-3}$$

となる．これを式 (a) に代入し，整理すると

$$\frac{V}{d^3} = \left(\frac{d^2 \rho g}{\sigma}\right)^e \tag{e}$$

となり，2 つの無次元数で整理できることが分かる．一般的には両者が関数関係にあるとして次のように書く．

$$\frac{V}{d^3} = \Phi\left(\frac{d^2 \rho g}{\sigma}\right) \tag{f}$$

また実験式としては，

$$\frac{V}{d^3} = \alpha \left(\frac{d^2 \rho g}{\sigma}\right)^\beta \tag{g}$$

として，実験的に d, ρ, σ, g を変え，液滴体積 V を測定して，係数 α と指数 β を決定することになる．

② 実験相関式として $\alpha = 0.195$, $\beta = -1.02$ が得られているので，式（A）に SI 単位系に統一した数値を代入する．ここでは，$d = 5.0 \times 10^{-3}$ m，$V = 0.028 \times 10^{-6}$ m³，$\delta = 800$ kg m^{-3} であるため，$\sigma = 0.225$ N m^{-1} と求まる．

工学では，物理的に意味のある量の比を無次元になるように整理することが多く，現象や状況の性質を表すことができる無次元数がいくつかある．化学工学で用いる主な無次元数を表 1.5 に示した．たとえば管内を流れる流体の状態を表す

表 1.5 代表的な無次元数

名称	英語表記	記号	定義	物理的意味
ヌッセルト数	Nusselt number	Nu	$\dfrac{hL}{k}$	対流伝熱速度と伝導伝熱速度の比
シャーウッド数	Sherwood number	Sh	$\dfrac{k_m L}{D}$	物質移動速度と分子拡散速度の比
レイノルズ数	Reynolds number	Re	$\dfrac{\rho L u}{\mu} = \dfrac{Lu}{\nu}$	慣性力と粘性力の比
プラントル数	Prandtl number	Pr	$\dfrac{c_p \mu}{k} = \dfrac{\nu}{\alpha}$	運動量拡散係数と熱拡散率の比
シュミット数	Schmidt number	Sc	$\dfrac{\mu}{\rho D} = \dfrac{\nu}{D}$	運動量拡散係数と分子拡散係数の比
ペクレ数	Péclet number	Pe	$\dfrac{uL}{D}$ または $\dfrac{u \rho c_p L}{k}$	流速と拡散速度の比，もしくは対流伝熱速度と伝導伝熱速度の比
グラスホフ数	Grashof number	Gr	$\dfrac{L^3 \rho^2 \beta g \Delta T}{\mu^2}$	浮力と粘性力の比
ウェーバー数	Weber number	We	$\dfrac{\rho u^2 L}{\sigma}$	慣性力と表面張力の比
ルイス数	Lewis number	Le	$\dfrac{k}{\rho c_p D} = \dfrac{\alpha}{D}$	熱拡散率と分子拡散係数の比

h：境膜伝熱係数，L：代表長さ，D：分子拡散係数，k：熱伝導度，u：線流速，ρ：流体密度，μ：流体粘度，k_m：物質移動係数，c_p：比熱，σ：表面張力，$\alpha = k/(\rho c_p)$：熱拡散率，$\nu = \mu/\rho$：動粘度（運動量拡散係数）．

レイノルズ数は，管の代表径 D(L)，流体の速度 u(LT^{-1})，流体の密度 ρ(ML^{-3})，流体の粘度 μ(ML^{-1}T^{-1}) の方程式 $Re=\rho Du/\mu$ で表され，次元はゼロとなる．式の物理的意味は慣性力と粘性力の比を示し，無次元数の値が 2100 以下のときは流れが乱れの少ない層流となり，それよりも大きくなると乱流の状態であることを示す指標となる．このような無次元数は当然次元がゼロであるため，スケールの違う現象の状態を広く表す指標となる．同時に，同じ物理的意味を持つ場合，長さ（L）の次元を持つ代表長さ L を形状や状況に応じて置き換えることで，撹拌レイノルズ数や粒子レイノルズ数などのように，管内以外の流れの状態の指標として拡張して利用されている．

それぞれの無次元数は変数として扱うことができ，工学的に有用な実験式も多く報告されている．それぞれの無次元数とそれらを組み込んだ実験式については，各章で詳しく学んでほしい．

1.3 物質収支およびエネルギー収支

化学プロセスでは，力学的操作と反応を繰り返しながら物質とエネルギーが物理的変化と化学的変化を起こし，性状や数量，組成を変化させながら流れている．したがって化学プラントの設計には，一連の化学プロセスの中で物質とエネルギーの流れ（flow）がどのようになっているのか定量的に把握することが重要であり，それらの変化を定量的に取り扱うのが物質収支（material balance または mass balance）とエネルギー収支（energy balance）である．

収支の計算には，プロセス全体，その中の装置，あるいは装置内の微小空間などに着目して，それらを閉じた系（システム）として設定し，系を出入りする物質やエネルギーの量の関係を考える．物質やエネルギーの流れに対して，質量保存の法則やエネルギー保存則を適用することで，系への流入量，系からの流出量，系内での蓄積量の関係を表した式を収支式と言う．

$$\boxed{系内での蓄積量} = \boxed{系への流入量} - \boxed{系からの流出量} \quad (1.2)$$

化学反応により分子の組み替えが起こる化学プロセスの場合は，上式に反応による生成量と消費量の項を加えて，次の関係式を用いて収支を表すことができる．

$$\boxed{系内での蓄積量} = \boxed{系への流入量} - \boxed{系からの流出量}$$
$$+ \boxed{反応による生成量} - \boxed{反応による消費量} \quad (1.3)$$

系の取り方によって計算の難易度は異なってくるため，事例に応じて適切な系の選定が重要となってくる．時間間隔も事例に合わせて，年，時間，秒，微小時間などを指定し，収支について解析を行う．多くの化学プラントは大量に均一な製品を連続的に製造するために設計されるため，プラント全体およびそれを構成する装置で定常状態（steady state）の連続運転が計画される．この場合，各系での蓄積はゼロであるため，式（1.3）の左辺が0とおける．

連続操作：0=|系への流入量|−|系からの流出量|
　　　　　　+|反応による生成量|−|反応による消費量|　　　　（1.4）

原料を仕込んだ後，時間をかけて反応を行い，製品を製造して取り出す回分操作の反応器などは，式（1.3）の右辺第1,2項を0とおいて解析する．

回分操作：|系内での蓄積量|=|反応による生成量|
　　　　　　　　　　　　　−|反応による消費量|　　　　　　（1.5）

1.3.1 物質収支

物質が装置内に滞在したり装置間を流れたりする間に，その形状や数量，組成などが変化する．それらの変化を定量的に取り扱うのが物質収支である．プロセスの物質収支は，(1) 各成分物質，(2) 物質全量，(3) 物質を構成する元素のいずれでも取り扱うことができ，質量（kg）基準でも，物質量（mol）基準でも成立する．反応を伴う物質収支は，化学量論関係が示される物質量基準の計算が詳細な解析には有効である．

|成分iの系内での蓄積量|=|成分iの系への流入量|−|成分iの系からの流出量|
　　+|反応による成分iの生成量|−|反応による成分iの消費量|　　（1.6）

物質全体の質量に着目すると，反応の有無に関わらず物質全体の質量は変化しないので，式（1.6）の右辺第3,4項の和は0となり次式が成立する．

|全物質の質量蓄積量|=|全物質の流入質量|−|全物質の流出質量|　（1.7）

また化学反応を含む場合でも，ある元素（炭素原子，水素原子など）に着目すると，同じく右辺第3,4項の和は0となり次式が成立する．この式から，全体の流れの収支が正しいかどうか，簡単に確かめることができる．

|着目元素の蓄積量|=|着目元素の流入量|−|着目元素の流出量|　（1.8）

プロセスの物質収支の計算は以下の手順で行う．

①収支を取る閉じた系を決め,系を出入りする物質やエネルギーの流れを表すフローチャートを描く.化学反応が起こる場合は反応式も記入する.

②与えられた流量,温度,濃度,圧力などの関係量の既知データを,フローシートに記入する.

③計算のための適当な基準を選定する.与えられた数値や基準は,必ずしも問題を解くために便利な基準であるとは限らない.

④各成分について式(1.6)の物質収支式が立てられるが,未知数の数が多くなると計算が複雑になる.系内に流入する物質のうち,溶液の溶媒や気体のキャリアガス,燃焼反応の空気中の窒素のように系内で変化せず流出する物質がある.また,蒸発操作や乾燥操作では水の量は変化するが,溶質の量や乾燥固体の量は変化しない.このような物質を手がかり物質あるいは対応物質と呼び,その量に着目すると収支計算が簡単になることが多い.

以下,例題を解きながら物質収支計算の具体的な進め方を示す.

a. 物理プロセスの物質収支

〚例題 1.3 蒸発操作〛

濃度 10 wt%のスクロース水溶液 1000 kg h^{-1} を減圧蒸発缶で連続的に蒸発させ,40 wt%の濃縮スクロース水溶液 L [kg h^{-1}]と水蒸気 V[kg h^{-1}]を得た.そのフローシートを図 1.4 に示す.このとき,流量 L と V を求めよ.

図 1.4 蒸発プロセス

【解】

このプロセスは水とスクロースの 2 成分系である.原料スクロース水溶液流量を W [kg h^{-1}],ショ糖の組成を a[wt%],また濃縮スクロース水溶液の組成を b[wt%]とする.

全量(水とスクロース)についての物質収支より,

$$W = L + V \tag{a}$$

溶質(スクロース)についての物質収支より,

$$W\frac{a}{100} = L\frac{b}{100} \tag{b}$$

が成り立つ.以上より,

$$L = W\left(\frac{a}{b}\right) = 1000 \times \left(\frac{10}{40}\right) = 250 \text{ kg h}^{-1}$$

$$V = W - L = 1000 - 250 = 750 \text{ kg h}^{-1}$$

が得られる.

〚例題 1.4　混合操作〛

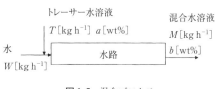

図 1.5　混合プロセス

図 1.5 のようなある水路中を流れる水の流量 $W[\mathrm{kg\,h^{-1}}]$ を知るために，$a[\mathrm{wt\%}]$ の食塩（トレーサー）水溶液を流量 $T[\mathrm{kg\,h^{-1}}]$ で注入し，十分下流の地点で水中の食塩濃度を測定したところ，$b[\mathrm{wt\%}]$ であった．

① 水の流量 W を求める式を導け．

② $a=10\,\mathrm{wt\%}$，$b=0.1\,\mathrm{wt\%}$，$T=50\,\mathrm{kg\,h^{-1}}$ のとき，水の流量 $W[\mathrm{kg\,h^{-1}}]$ を求めよ．

【解】

① 下流でのトレーサーを含む水の流量を $M[\mathrm{kg\,h^{-1}}]$ とする．
全量についての物質収支より，

$$W+T=M \tag{a}$$

トレーサーについての物質収支より，

$$T\frac{a}{100}=M\frac{b}{100} \tag{b}$$

が成り立つ．以上より，

$$W=T\left(\frac{a}{b}-1\right) \tag{c}$$

が得られる．

② を解くため与えられた数値を式 (c) に代入すると，

$$W=T\left(\frac{a}{b}-1\right)=50\times\left(\frac{10}{0.1}-1\right)=4950\,\mathrm{kg\,h^{-1}} \tag{d}$$

が得られる．

〚例題 1.5　蒸留プロセス〛

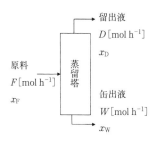

図 1.6　蒸留プロセス

ベンゼン（標準沸点 80.1℃）-トルエン（標準沸点 110.6℃）2 成分系混合溶液を蒸留操作で分離する．混合液の組成は，低沸点成分であるベンゼンのモル分率 x で表す．図 1.6 に示すように，低沸点成分の組成が x_F である原料を流量 $F[\mathrm{mol\,h^{-1}}]$ で蒸留塔に送り，蒸留塔の塔頂より組成が x_D である流出液を $D[\mathrm{mol\,h^{-1}}]$ で，また塔底より組成が x_W である缶出液を $W[\mathrm{mol\,h^{-1}}]$ で得た．

① D と W を求める式を導け．

② $x_F=0.60$, $x_D=0.95$, $x_W=0.05$, $F=100$ mol h^{-1} であるとき，D と W を求めよ．

【解】

①全量についての物質収支より，
$$F=D+W \tag{a}$$
低沸点成分についての物質収支より，
$$Fx_F=Dx_D+Wx_W \tag{b}$$
を得る．以上より，
$$D=F\frac{x_F-x_W}{x_D-x_W}, \qquad W=F\frac{x_D-x_F}{x_D-x_W} \tag{c}$$
が得られる．

②与えられた数値を式 (c) と (a) に代入すると，
$$D=100\times\frac{0.60-0.05}{0.95-0.05}=61.1 \text{ mol h}^{-1}$$
$$W=F-D=100-61.1=38.9 \text{ mol h}^{-1}$$
が得られる． ∎

〖例題 1.6　2本の連続精留塔を用いた蒸留操作〗

50 mol% のメタノール水溶液を第 1 精留塔に 100 kmol h^{-1} で供給し，塔頂より 80 mol% のメタノール水溶液を 40 kmol h^{-1} で留出させた．塔底缶出液は，別系統から 30 kmol h^{-1} で送られてくる 30 mol% メタノール水溶液と混合され，第 2 精留塔へ原料として供給される．第 2 塔では，塔頂より 60 mol% のメタノール水溶液を 30 kmol h^{-1} で留出させる．このとき，以下の量を求めよ．

①第 1 精留塔の缶出液の流量 [kmol h^{-1}] とメタノール組成 [mol%]．
②第 2 精留塔に供給される混合原料の流量 [kmol h^{-1}] とメタノール組成 [mol%]．
③第 2 精留塔の缶出液の流量 [kmol h^{-1}] とメタノール組成 [mol%]．

【解】

図 1.7 のように記号を決める．①メタノール水溶液はメタノールと水の 2 成分系溶液で，メタノールの方が低沸点であるので，x はメタノール組成 [mol 分率] とし，第 1 塔，第 2 塔を表す添字 1 と 2 を付ける．

第 1 塔での全物質収支より，第 1 塔の塔底缶出液量 W_1 は
$$W_1=F_1-D_1=100-40=60 \text{ kmol h}^{-1}$$
また，第 1 塔でのメタノール物質収支より，第 1 塔底缶出液組成 x_{W1} は，
$$x_{W1}=\frac{Fx_{F1}-D_1x_{D1}}{W_1}=\frac{100\times 0.50-40\times 0.8}{60}=0.30=30 \text{ mol}\%$$
と得られる．

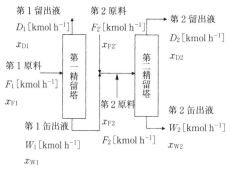

② 第2塔の原料流量 F_2 は，
$F_2 = W_1 + F_{2'} = 60 + 30 = 90$ kmol h^{-1}
また，x_{W1}，$x_{F2'}$ ともに 30 mol% なので，原料組成は $x_{F2} = 0.30$ となる．

③ 第2塔での全物質収支より，第2塔の塔底缶出液量 W_2 は，
$W_2 = F_2 - D_2 = 90 - 30 = 60$ kmol h^{-1}
また，第2塔でのメタノールの物質収支より，第2塔底缶出液組成 x_{W2} は，

図1.7 2本の連続精留塔による蒸留プロセス

$$x_{W2} = \frac{F_2 x_{F2} - D_2 x_{D2}}{W_2} = \frac{90 \times 0.30 - 30 \times 0.60}{60} = 0.15 = 15 \text{ mol\%}$$

と得られる．

b. 化学プロセスの物質収支

〚例題 1.7 燃焼反応〛

エタン（C_2H_6）100 kmol h^{-1} を 50% の過剰空気率で燃焼器により燃焼させたところ，エタンの全量が燃焼し，燃焼したエタンの 80% が反応（A）で二酸化炭素（CO_2）を，また 20% が反応（B）で一酸化炭素（CO）を生成した．このとき，湿り基準で燃焼器出口ガス中の各成分の組成 [mol%] を求めよ．

$C_2H_6 + 7O_2/2 \rightarrow 2CO_2 + 3H_2O$ (A)

$C_2H_6 + 5O_2/2 \rightarrow 2CO + 3H_2O$ (B)

ただし，過剰空気率の定義は式（C）の通りである．

過剰空気率(%) = [供給空気量 − 理論空気量] × 100 / 理論空気量 (C)

【解】

式（C）の理論空気量とは，供給されたすべての C, H を

$C + O_2 \rightarrow CO_2$ (a)

$2H + O_2/2 \rightarrow H_2O$ (b)

の反応により CO_2，H_2O にするのに必要な空気量を示す．

計算基準を，問題に示されているエタン 100 kmol h^{-1} とする．

反応（A）により，エタン 100 kmol h^{-1} を空気中の酸素（O_2）で完全燃焼するには $100 \times (7/2) = 350$ kmol h^{-1} の理論酸素量が必要となる．

工学では，燃焼反応に使用する空気は N_2：79 mol% と O_2：21 mol% の混合物と考えるため，理論空気量は $350 \times (100/21) = 1667$ kmol h^{-1} となる．

表 1.6

成分	入量 [kmol h^{-1}]	生成量 [kmol h^{-1}]	出量 [kmol h^{-1}]	組成 [mol %]
C_2H_6	100	-100	0	0
O_2	525	$-280-50$	195	7.3
N_2	1975	0	1975	74.0
CO_2	0	160	160	6.0
CO	0	40	40	1.5
H_2O	0	$240+60$	300	11.2
合計	2600		2670	100.0

また過剰空気率が 50% であるため,式(C)より供給空気量は $1667\times(1+0.50)=2500$ kmol h^{-1} となる.

したがって,供給酸素量は $2500\times(21/100)=525$ kmol h^{-1},供給窒素量は $2500\times(79/100)=1975$ kmol h^{-1} となる.

表 1.6 では,物質収支の成分,入量(燃焼器入口での流量),燃焼器内での生成量(− は反応で消失,+ は反応で生成),出量(燃焼器出口での流量)と出口組成を示す.

反応(A)により,80 kmol h^{-1} の C_2H_6 と 280 kmol h^{-1} の O_2 が消費され,160 kmol h^{-1} の CO_2 と 240 kmol の H_2O が生成される.また,反応(B)から 20 kmol h^{-1} の C_2H_6 と 50 kmol h^{-1} の O_2 が消費され,40 kmol h^{-1} の CO と 60 kmol h^{-1} の H_2O が生成される.以上の入量と生成量より,出量が計算される.∎

工業プロセスにおいて,ボイラーなどの燃焼プロセスからの煙道ガス(flue gas)や燃焼排ガスには,燃料物質に含まれる H 原子が H_2O として含まれるが,その扱いには注意が必要である.高温のガス中に含まれている H_2O は,排気されるまでに露点以下に下がり,大部分がガスとして検知・計測されなくなるため,水蒸気を除く成分が乾き基準(dry basis)として示される.一方,水蒸気を含めた全成分の場合は湿り基準(wet basis)と呼ぶ.

例題 1.7 では湿り基準の組成が求められているので,反応(A)と(B)で生じた H_2O を含む出量合計 2670 kmol h^{-1} を基準として,各成分の組成を計算する.乾き基準の場合には,反応(A)と(B)で生じた H_2O を含まない出量合計 2370 kmol h^{-1} を基準として,各成分の組成を計算すればよい.

化学プロセスの構成は,大きく次の 2 つに分類できる.

①直列型プロセス(図 1.8)

精製した原料を反応器に仕込み,反応後に生成物を分離装置で製品と副生成物

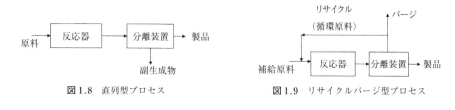

図1.8 直列型プロセス　　　　　図1.9 リサイクルパージ型プロセス

に分離する．

② リサイクルパージ型プロセス（図1.9）

反応器に原料を仕込み，反応生成物を分離装置で製品と未反応原料，不純物などに分離する．このとき，未反応原料を循環原料として反応器にリサイクルする．反応で製品生成に消費された原料を補給するため，補給原料（freshfeed）を新たに反応器に供給する．また，プロセス内に蓄積することで不具合のでる不純物の一部を，系外にパージ（purge，放出）する．

〚例題1.8　エタノール製造プロセス〛

エチレン（C_2H_4）を水和してエタノールを製造するプロセスを考える．

$$C_2H_4 + H_2O = C_2H_5OH \tag{A}$$

この反応は触媒反応器を1回通過するだけでは完結せず，水および生成したエタノールを凝縮分離した後，未反応エチレンを循環させている．反応器入口のエチレンに対する水のモル比は0.6に保たれており，エチレンの1回通過あたりの転化率（単通転化率）は4.2%である．このとき次の問いに答えよ．

① 本プロセスのフローシートを書け．

② エチレンの循環比（＝循環原料中のエチレンのモル数/補給原料中のエチレンのモル数）を求めよ．

③ 補給原料組成 [mol%] を求めよ．

④ エチレンの総括転化率（＝反応したエチレンのモル数/補給原料中のエチレンのモル数）を求めよ．

【解】

① プロセスのフローシートを図1.10に示す．循環原料が C_2H_4 で，補給原料がエチレンと水である．

② 反応器入口での C_2H_4：100 mol h^{-1} を基準とすると，入口での H_2O 流量は 100 mol h^{-1}×0.6＝60 mol h^{-1} となる．反応器での物質収支表を作成する（表1.7）．

C_2H_4 の単通転化率が4.2%であるので，入量 100 mol h^{-1} に対し 4.2 mol h^{-1} が消費されることになる．したがって，100－4.2＝95.8 mol h^{-1} がリサイクルされる．すなわ

ち，C_2H_4 の循環比は 95.8/4.2＝22.8 となる．

③補給原料組成は，表1.8で示される．

④反応したエチレンのモル数と補給原料中のエチレンのモル数は，ともに1時間あたり4.2 mol であるので，総括転化率は (4.2/4.2)×100＝100% となる．

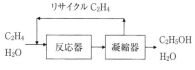

図1.10　エタノール製造プロセス

表1.7

成分	入量 [mol h^{-1}]	生成量 [mol h^{-1}]	出量 [mol h^{-1}]
C_2H_4	100	−4.2	95.8
H_2O	60	−4.2	55.8
C_2H_5OH	0	4.2	4.2

表1.8

成分	流量 [mol h^{-1}]	組成 [mol %]
C_2H_4	4.2	6.5
H_2O	60	93.5
合計	64.2	100

〚例題1.9　メタンと塩素の反応〛

メタン（CH_4）と塩素（Cl_2）から，次の反応により塩化メチル（CH_3Cl）と二塩化メチレン（CH_2Cl_2）が生成する．

$CH_4 + Cl_2 \rightarrow CH_3Cl + HCl$ 　　（A）

$CH_3Cl + Cl_2 \rightarrow CH_2Cl_2 + HCl$ 　（B）

図1.11はプロセスの概略を示したものである．b点における CH_4 と Cl_2 の反応器への供給モル比は 5:1 で，塩素の1回通過あたりの転化率は 100%

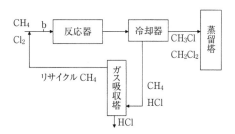

図1.11　メタンと塩素の反応プロセス

である．また，反応器出口での CH_3Cl と CH_2Cl_2 のモル比は 4:1 であった．反応器より生成物は冷却器に送られ，CH_3Cl と CH_2Cl_2 は凝縮し，さらに蒸留塔に送られる．冷却器を出たガスはガス吸収塔に送られ，HCl は 100% 吸収される．合わせて，CH_4 はガスとして再び反応器にリサイクルされる．このとき，CH_3Cl を 1000 kg h^{-1} 製造するとして，次の量を求めよ．

①補給原料の流量 [kmol h^{-1}]．

②CH_4 のリサイクル流量 [kmol h^{-1}]．

【解】

1 mol の Cl_2 のうち，反応（A）で α[mol]，反応（B）で $(1-\alpha)$[mol] が消費されるとする．

$$\text{CH}_4 + \text{Cl}_2 \rightarrow \text{CH}_3\text{Cl} + \text{HCl} \qquad (A)$$
$$\phantom{\text{CH}_4 +}\alpha \phantom{{}+{}} \alpha \phantom{\rightarrow{}} \alpha \phantom{{}+{}} \alpha$$
$$\text{CH}_3\text{Cl} + \text{Cl}_2 \rightarrow \text{CH}_2\text{Cl}_2 + \text{HCl} \qquad (B)$$
$$1-\alpha \quad\ 1-\alpha \quad\ \ 1-\alpha \quad\ \ 1-\alpha$$

b点でのCH_4:100 mol h^{-1}を基準に取ると,CH_4とCl_2の供給比が5:1であることから,Cl_2は20 mol h^{-1}となる.

反応器での物質収支は表1.9のようになる.

反応器出口でのCH_3ClとCH_2Cl_2のモル比が4:1であるから,$\text{CH}_3\text{Cl}/\text{CH}_2\text{Cl}_2 = 20(2\alpha-1)/20(1-\alpha)=4/1$より,$\alpha=5/6$である.

CH_3Clの分子量は50.5であるので,CH_3Cl:1000 kg h^{-1}=1000/50.5=19.8 kmol h^{-1}を製造することになる.本解法ではb点でのCH_4:100 mol h^{-1}を基準として解いてきたため,生成するCH_3Clは表1.9から分かるように13.3 mol h^{-1}である.そこで,比例計算を行うための比率(スケール因子と呼ぶ)を求めると,19.8 kmol h^{-1}/13.3 mol h^{-1}=1.49×10^3[―]となる.

① 補給原料はCH_4:100−83.3=16.7 mol h^{-1},Cl_2:20 mol h^{-1}であるので,合計 16.7+20=36.7 mol h^{-1}となる.スケール因子を考慮して,36.7×(1.49×10^3)=54.7×10^3 mol h^{-1}=54.7 kmol h^{-1}となる.

② リサイクルするCH_4は,表1.9より83.3 mol h^{-1}であるので,スケール因子を考えると,83.3×(1.49×10^3)=124×10^3 mol h^{-1}=124 kmol h^{-1}となる.

表1.9

成分	入量 [mol h^{-1}]	生成量 [mol h^{-1}]	出量 [mol h^{-1}]	$\alpha=5/6$の時の出量 [mol h^{-1}]
CH_4	100	-20α	$100-20\alpha$	83.3
Cl_2	20	-20	0	0
CH_3Cl	0	$20\alpha-20(1-\alpha)$	$20(2\alpha-1)$	13.3
CH_2Cl_2	0	$20(1-\alpha)$	$20(1-\alpha)$	3.3
HCl	0	20	20	20

1.3.2 エネルギー収支

エネルギー保存則より,系内のエネルギー収支(energy balance)は以下の式で表される.

$$\boxed{\text{系内に蓄積されるエネルギー量}} = \boxed{\text{系への流入物質の有するエネルギー量}}$$
$$- \boxed{\text{系からの放出物質の有するエネルギー量}}$$
$$+ \boxed{\text{系内で発生するエネルギー量}} - \boxed{\text{系内で吸収されるエネルギー量}}$$
$$+ \boxed{\text{系外から流入するエネルギー量}} - \boxed{\text{系外へ流出するエネルギー量}} \qquad (1.9)$$

機械的なエネルギーを含む化学プロセスのエネルギー収支を考える場合，化学工学では1 kgの物質を基準に考える．エネルギーの形態は以下の通りである．

①運動エネルギー：流速をuとすると$u^2/2$ [J kg^{-1}].
②位置エネルギー：Zを基準面からの高さとするとZg [J kg^{-1}].
③内部エネルギー：E [J kg^{-1}].
④エンタルピー：H [J kg^{-1}]はPを圧力 [Pa], vを比容 [m^3 kg^{-1}] とすると，$H=E+PV$.
⑤熱：Q [J kg^{-1}]（熱が系内に流入するときは正，熱が系外に流出するときは負）．
⑥仕事：W [J kg^{-1}]（系が外部から仕事をしてもらうときは正，系が外部に仕事をするときは負）．
⑦全エネルギー：U [J kg^{-1}]は内部エネルギー，位置エネルギー，運動エネルギーの和で表される．

$$U = E + Zg + \frac{u^2}{2} \tag{1.10}$$

非流通系のエネルギー収支では，系の容積が一定の場合（定容系），

$$\Delta E = Q \tag{1.11}$$

となり，内部エネルギー変化が系内外の熱変化と等しくなる．

系の圧力が一定の場合（定圧系）は，

$$\Delta H = Q \tag{1.12}$$

と表され，系のエンタルピー変化と系内外の熱変化とが等しくなる．

定常状態で操作される流通系プロセスでは，図1.12のように，断面1，断面2の間でエネルギー収支を取ると，系内の蓄積エネルギーは0であるため次式が導かれる．

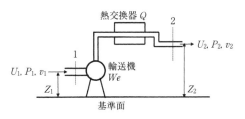

図1.12 流通系のエネルギー収支

$$\boxed{\text{断面1から系への流入物質の有するエネルギー量}}$$
$$+ \boxed{\text{系内で発生するエネルギー量}} - \boxed{\text{系内で吸収されるエネルギー量}}$$
$$+ \boxed{\text{系外から流入するエネルギー量}} - \boxed{\text{系外へ流出するエネルギー量}}$$
$$= \boxed{\text{断面2から系外への放出物質の有するエネルギー量}} \tag{1.13}$$

エネルギーの形態で書き直すと，次式で表される．

$$Z_1 g + \frac{u_1^2}{2} + P_1 v + E_1 + Q + W = Z_2 g + \frac{u_2^2}{2} + P_2 v + E_2 \tag{1.14}$$

〖例題 1.10　パイプ内の流動〗

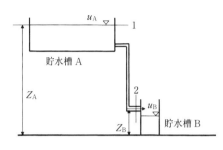

図 1.13　パイプ内の流動

サイフォンの原理を利用して，水（密度 $\rho = 1000\,\mathrm{kg\,m^{-3}}$）を十分に大きい貯水槽 A から 5.1 m 下の水槽 B へ，管断面積 $5.0\,\mathrm{cm^2}$ のパイプでくみ出している．このとき，$1.0\,\mathrm{m^3}$ の水をくみ出すのに要する時間 [s] を求めよ．ただし，パイプ内の摩擦損失は無視できるとする．また，貯水槽 A と水槽 B はともに大気圧下で操作されるとする（図 1.13）．

【解】

エネルギー収支は，系内にポンプ，熱交換器がなく，パイプ内の摩擦損失が無視できることから，次式で表される．

$$Z_A g + \frac{u_A^2}{2} + \frac{P_A}{\rho} = Z_B g + \frac{u_B^2}{2} + \frac{P_B}{\rho} \tag{a}$$

貯水槽 A と水槽 B はともに大気圧下で操作されているから，$P_A = P_B = 0.1013\,\mathrm{MPa}$ と書け，エネルギー収支を，貯水槽 A の水面 1 と水槽 B に入るパイプ出口近傍 2 で取ると，貯水槽 A は十分に大きいので $u_A = 0$ としてよいから，

$$\frac{u_B^2}{2} = (Z_A - Z_B) g \tag{b}$$

となる．重力加速度 $g = 9.81\,\mathrm{m\,s^{-2}}$ であるから，

$$u_B = [2(Z_A - Z_B) g]^{0.5} = [2 \times 5.1 \times 9.81]^{0.5} = 10\,\mathrm{m\,s^{-1}}$$

すなわちパイプ内の水流量 Q は，パイプの断面積を S とすると，

$$Q = u_B S = 10 \times (5 \times 10^{-4}) = 5 \times 10^{-3}\,\mathrm{m^3\,s^{-1}}$$

したがって，$1\,\mathrm{m^3}$ の水をくみ出すのに必要な時間は，

$$1\,\mathrm{m^3} / 5 \times 10^{-3}\,\mathrm{m^3\,s^{-1}} = 200\,\mathrm{s}$$

と求められる．

a. 物理プロセスのエンタルピー変化

物理プロセスのエンタルピー変化 ΔH は，次式のように，温度変化による顕熱変化と相変化による潜熱変化 L の和で表される．

$$\Delta H = \sum \int C_\mathrm{p} dT + \sum L \tag{1.15}$$

ここで，1 mol の物質の温度を 1 K だけ上昇させるのに必要な熱量を，モル比熱（または，分子熱，分子熱容量）[J mol^{-1} K^{-1}] と言い，式 (1.15) 中の C_p は定圧モル比熱である．気体の定圧モル比熱は，温度 T [K] の関数として表される．

$$C_\mathrm{p} = a + bT + cT^2 + dT^3 \tag{1.16}$$

a, b, c, d は物質に固有の定数であり，化学工学便覧（改訂七版，2011）を参照されたい．なお，1 kg の物質を基準に考えるときは，熱容量 [J kg^{-1} K^{-1}] を用いる．

〚例題 1.11 水蒸気の加熱〛

0.1013 MPa，273.2 K の水 1 mol を 500 K の水蒸気に加熱したい．必要な熱量 [kJ mol^{-1}] を求めよ．

〔データ〕：水の定圧モル比熱：$C_\mathrm{pL} = 4.187$ kJ kg^{-1} K^{-1}

水蒸気の定圧モル比熱：$C_\mathrm{pv} = 1.97$ kJ kg^{-1} K^{-1}

水の蒸発潜熱（373.2 K）：$L = 2257$ kJ kg^{-1}

【解】

必要な熱量 Q は，水 1 kg あたりで考えると式 (1.15) より，

$Q = \Delta H = C_\mathrm{pL}(373.2 - 273.2) + L + C_\mathrm{pv}(500 - 373.2)$
  $= 4.187 \times 100 + 2257 + 1.97 \times 126.8 = 2.925 \times 10^3$ kJ kg^{-1}

水 1 mol は 18×10^{-3} kg であるので，

$Q = (2.925 \times 10^3) \times (18 \times 10^{-3}) = 52.65$ kJ mol^{-1}

b. 化学プロセスのエンタルピー変化

エンタルピー変化を求める際，ヘスの法則（Hess's law）が用いられる．すなわち，反応熱は反応の始めの状態と終わりの状態だけで決まり，途中の経路によらない．したがって，反応器内の反応メカニズムが不明でも，反応器入口と出口のエンタルピーの差からエンタルピー収支を計算できることになる．熱力学におけるエンタルピー計算については，1 atm（= 101.325 kPa），25°C を標準状態としている．まず，エンタルピー変化の計算に必要な基本データをあげてみよう．

①標準生成熱（standard heat of formation）ΔH_f：標準状態で，物質 1 mol が元素から生成されるときのエンタルピー変化を示す．なお，1 atm，25°C で安定な集合状態の元素のエンタルピーの値は 0 とする．

②標準燃焼熱（standard heat of combustion）ΔH_c：標準状態で，物質 1 mol

③標準反応熱(standard heat of reaction) ΔH_R：式 (1.17) のように，反応生成物と反応物質の生成熱の差を示す．

$$\Delta H_R = \Sigma \Delta H_{f,P} - \Sigma \Delta H_{f,R} \tag{1.17}$$

ここで，$\Delta H_{f,P}$ は反応生成物（product）の標準生成熱，$\Delta H_{f,R}$ は反応物質（reactant）の標準生成熱を示す．ΔH_R が負であれば発熱反応（exothermic reaction），ΔH_R が正であれば吸熱反応（endothermic reaction）となる．

したがって，任意の温度 $T[K]$ におけるある物質 a のエンタルピー ΔH_a は，標準生成熱と，25℃から温度 T までのエンタルピーの増加分の和として与えられる．

$$\Delta H_a = \Delta H_f + \Delta H_{298.15-T} \tag{1.18}$$

さて，化学プロセスのエンタルピー変化を求めることは，物質収支と熱収支の組み合わせ問題を解くことにほかならない．手順としては，まず物質収支を計算し，それに基づいて熱収支を計算することになる．

〚例題 1.12　メタンの水蒸気分解反応〛

メタンを水蒸気で接触分解し，

$$CH_4(g) + H_2O(g) \rightarrow CO(g) + 3H_2(g) \tag{A}$$

という反応（A）で H_2 を製造する際，副反応として次の水性ガス反応（B）が同時に起こる．

$$CO(g) + H_2O(g) \rightarrow CO_2(g) + H_2(g) \tag{B}$$

なお，各成分の（g）は気体であることを示している．

1 kmol h^{-1} の CH_4 に対し，H_2O を 2.5 kmol h^{-1} の比率で 300℃ で供給し，1000℃ で反応器から出る．このとき，CH_4 は完全に分解する．また，出口ガス中には CO が 15 mol%（湿り基準）含まれていた．表 1.10 を参考にしつつ，次の問いに答えよ．

表1.10

成分	ΔH_f [kJ mol^{-1}]	$\overline{C}_p$ [kJ mol^{-1} K^{-1}]	
		25～300℃	25～1000℃
CH_4	−74.87	0.044	0.061
H_2O	−241.89	0.035	0.039
CO_2	−393.64	0.042	0.050
$CO(g)$	−110.53	0.030	0.032
$H_2(g)$	—	0.029	0.030

①反応器出口ガス中の湿り基準の組成 [mol%] を求めよ．

②本反応では，反応器から熱を除去するのか，あるいは加えるのか答えよ．

③CH_4：$100 \text{ N m}^3 \text{ h}^{-1}$ あたりの熱量 [kJ h^{-1}] を求めよ．なお，$N m^3$ は気体の標準状態（0℃，1 atm）での体積 [m^3] を示す[3]．

【解】

① CH_4：$1\,mol\,h^{-1}$ を基準に取る．CH_4 は完全に分解するから，

$$CH_4(g) + H_2O(g) \rightarrow CO(g) + 3H_2(g) \quad (A)$$
$$1\,mol\,h^{-1} \quad 1\,mol\,h^{-1} \quad 1\,mol\,h^{-1} \quad 3\,mol\,h^{-1}$$

生成した CO：$1\,mol\,h^{-1}$ のうち，$x\,[mol\,h^{-1}]$ が反応 (B) に進むとすると，

$$CO(g) + H_2O(g) \rightarrow CO_2(g) + H_2(g) \quad (B)$$
$$x\,[mol\,h^{-1}] \quad x\,[mol\,h^{-1}] \quad x\,[mol\,h^{-1}] \quad x\,[mol\,h^{-1}]$$

以上から，物質収支の表 1.11 を作成する．

題意より $(1-x)/5.5=0.15$ である．したがって，$x=0.175$ となる．この x の値を出量1に入れ，計算した結果を出量2に示す．反応器出口ガスの湿り基準の組成は，表1.11 に示すようになる．

② 反応器入口のエンタルピーを ΔH_1 とすると，

CH_4：$1\times[-74.87+0.044\times(300-25)]=-62.77\,kJ\,h^{-1}$
H_2O：$2.5\times[-241.89+0.035\times(300-25)]=-580.66\,kJ\,h^{-1}$
合計：$\Delta H_1=-643.43\,kJ\,h^{-1}$

反応器出口のエンタルピーを ΔH_2 とすると，

H_2O：$1.325\times[-241.89+0.039\times(1000-25)]=-270.12\,kJ\,h^{-1}$
CO：$0.825\times[-110.53+0.032\times(1000-25)]=-65.45\,kJ\,h^{-1}$
CO_2：$0.175\times[-393.64+0.050\times(1000-25)]=-60.36\,kJ\,h^{-1}$
H_2：$3.175\times[0+0.030\times(1000-25)]=92.87\,kJ\,h^{-1}$
合計：$\Delta H_2=-303.06\,kJ\,h^{-1}$

以上より，

$$\Delta H = \Delta H_2 - \Delta H_1 = -(303.06-643.43)\,kJ\,h^{-1} = 340.4\,kJ\,h^{-1}$$

表 1.11

成分	入量 [$mol\,h^{-1}$]	生成量 [$mol\,h^{-1}$]	出量1 [$mol\,h^{-1}$]	出量2 [$mol\,h^{-1}$]	組成 [$mol\%$]
CH_4	1	-1	0	0	0
H_2O	2.5	$-(1+x)$	$1.5-x$	1.325	24.1
CO	0	$1-x$	$1-x$	0.825	15.0
CO_2	0	x	x	0.175	3.2
H_2	0	$3+x$	$3+x$	3.175	57.7
合計	3.5		5.5	5.5	100

3) 標準状態には前述の熱力学などで用いられる 25℃ を基準とするものと気体の標準状態で主に用いられる 0℃ を基準とするものがあり，圧力についても 1 atm (101.325 kPa) と 100 kPa を基準とするものがある．混乱をさけるため，条件の明記が望ましい．$N\,m^3$ 表記は，工学や化学の分野では現在も使われることが多いが，SI単位系では正規には使わない．m^3（標準状態），あるいは m^3 (Normal) とするのが正しい表記である．

ΔH が正になるので吸熱反応であり，熱を反応器に加えることになる．

③$100\ \text{N m}^3\ \text{h}^{-1}=100/22.4=4.46\ \text{kmol h}^{-1}=4.46\times10^3\ \text{mol h}^{-1}$

②で求めた ΔH は CH_4：$1\ \text{mol h}^{-1}$ あたりであるので，$100\ \text{N m}^3\ \text{h}^{-1}$ については，

$$\Delta H=(4.46\times10^3)\times(340.4\ \text{kJ h}^{-1})=1.52\times10^6\ \text{kJ h}^{-1}$$

となる． ∎

〚例題 1.13　断熱型反応器〛

表 1.12

成分	ΔH_f [kJ mol^{-1}]	C_p [kJ mol^{-1} K^{-1}]
$C_2H_5OH(g)$	-240	0.10
$CH_3CHO(g)$	-170	0.08
$H_2(g)$	0	0.03

断熱型反応器を用い，次の反応（A）によりエタノールを脱水素してアセトアルデヒドを製造している．エタノールは反応器に 325℃ で供給され，転化率は 40% であるとしたとき，反応器出口での生成物の温度［℃］を求めよ．

$$C_2H_5OH \rightarrow CH_3CHO + H_2 \quad (A)$$

なお，各成分の 25℃ での標準生成熱 ΔH_f [kJ mol^{-1}] と平均定圧モル比熱 C_p [kJ mol k^{-1}] は，表 1.12 のように与えられる．

【解】

表 1.13

成分	入量 [mol h^{-1}]	生成量 [mol h^{-1}]	出量 [mol h^{-1}]
$C_2H_5OH(g)$	100	-40	60
$CH_3CHO(g)$	0	40	40
$H_2(g)$	0	40	40

物質収支の基準として，反応器入口でのエタノール：$100\ \text{mol h}^{-1}$ を取る．エタノールの転化率が 40% であるから，反応器での物質収支は表 1.13 のようになる．表 1.12，1.13 より以下の計算を行う．

反応器入口ガスのエンタルピーを ΔH_1 とすると，

$$\Delta H_1 = \Delta H_f + C_p \Delta T$$
$$= 100\times[-240+0.1\times(325-25)] = -21000\ \text{kJ h}^{-1}$$

反応器出口ガスのエンタルピーを ΔH_2，出口温度を t［℃］とすると，

$$\Delta H_2 = \sum \Delta H_f + \sum C_p T$$
$$= 60\times[-240+0.1\times(t-25)] + 40\times[-170+0.08\times(t-25)]$$
$$+ 40\times[0+0.03\times(t-25)] = -21200 + 10.4\times(t-25)\ \text{kJ h}^{-1}$$

断熱反応端であるので，反応部入口と出口でのガスのエンタルピーは等しくなければならない．したがって，$\Delta H_1 = \Delta H_2$，すなわち，$-21000 = -21200 + 10.4\times(t-25)$ である．これを解いて，$t = 44.2$℃ となる．しかし，これでは温度が下がりすぎることになってしまうので，断熱反応器を用いるのが妥当か否かを再検討する必要があることが

分かる．

1.4 気体の状態方程式

プロセス流体としての気体は，操作条件である温度や圧力の違いにより，同じ物質量でありながら体積が大きく変化する．このことは，エネルギー収支における内部エネルギーの変化を生じさせるとともに，輸送される流体の物性としての密度，および化学反応における濃度をも変化させるものであるため，定量的な把握が必要になる場合がある．一般に，ファンデルワールスの式や圧縮係数を用いた状態方程式によって，密度（濃度）の逆数である分子容が計算できる．

1.4.1 理想気体法則

これは，基本的な理想気体の状態方程式としてよく知られている．

$$pV = nRT \tag{1.19}$$

$$pv = RT \tag{1.20}$$

ここで，p は気体の圧力，V は体積，v は分子容あるいはモル体積（1 mol あたりの体積），T は絶対温度，n はモル数，R は気体定数（gas constant）で，SI単位系では $R = 8.314 \text{ J mol}^{-1} \text{K}^{-1}$ となる．

1.4.2 実在気体の状態式

a. 状態方程式を用いる方法

理想気体法則では，気体分子自身の体積 b と気体分子相互間に働く引力 a/v^2 を無視している．1 mol の気体について，上記を補正した式（1.21）をファンデルワールスの式（van der Waals equation），また a, b をファンデルワールス定数と呼ぶ．

$$\left(p + \frac{a}{v^2}\right)(v - b) = RT \tag{1.21}$$

b. 圧縮係数を用いる方法

実在気体の理想気体からのずれを圧縮係数（compressibility factor）z で表すと，

$$pV = znRT \tag{1.22}$$

$$pv = zRT \tag{1.23}$$

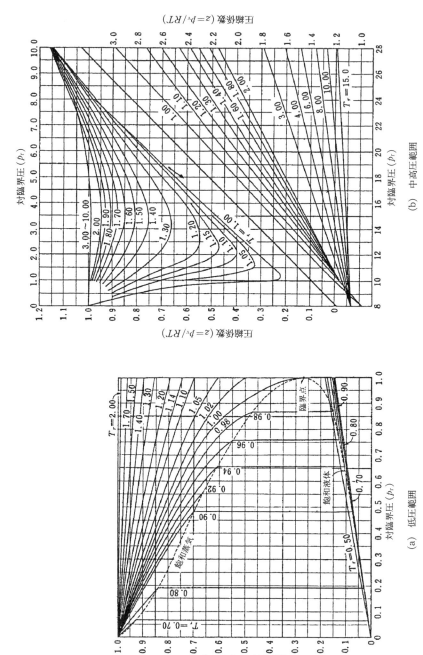

図 1.14　圧縮係数線図（江口　彌　：化学工学量論，化学同人，1973 より）

となる．ここでzは，対臨界圧（reduced pressure）$p_r(=p/p_c)$，対臨界温度（reduced temperature）$T_r(=T/T_c)$の関数となり，p_cとT_cは気体と液体の区別がなくなる臨界点（critical point）を示す臨界圧力と臨界温度である．こういった対臨界値が同一ならば，物質によらずzの値は同じであるという対応状態原理（principle of corresponding state）が成立し，図 1.14 の圧縮係数線図がかける．

〚例題 1.14　エチレンの分子容〛

エチレンの 250℃，1000 atm での分子容$v[\mathrm{m^3\,mol^{-1}}]$を，①理想気体法則，②圧縮係数線図を用いて求めよ．ただしエチレンの臨界定数は，$T_c=283.1\,\mathrm{K}$，$p_c=50.5\,\mathrm{atm}$である．

【解】

①理想気体法則（1.20）より，
$$v=\frac{RT}{p}=\frac{8.314\times(250+273.2)}{1000\times(1.013\times10^5)}=4.29\times10^{-5}\,\mathrm{m^3\,mol^{-1}}$$
となる．

②対臨界温度は，
$$T_r=\frac{T}{T_c}=\frac{523.2}{283.1}=1.848$$
対臨界圧力は，
$$p_r=\frac{p}{p_c}=\frac{1000}{50.5}=19.80$$
となる．

また，図 1.14 の圧縮係数線図（b）の高圧範囲より，圧縮係数$z=1.73$と読み取れる．したがって，式（1.23）より，
$$v=\frac{zRT}{p}=\frac{1.73\times8.314\times523.2}{1000\times(1.013\times10^5)}=7.43\times10^{-5}\,\mathrm{m^3\,mol^{-1}}$$
すなわち，理想気体の場合の 1.73 倍となる．　■

1.5　プロセス制御

1.5.1　プロセス制御とは

化学プロセスでは，反応，分離，混合などの種々の単位操作の装置を組み合わせて，原料を希望する製品に変化させ生産が行われる．このとき，必要とする製品仕様のための流量，温度，濃度，圧力などの操作条件について，安全性・経済

性を考慮して決定することを設計と言う．しかし複数の単位操作を組み合わせた複雑なプロセスでは，設計の条件通り運転をしても目的通りの出力が得られないことが多い．また実際の現場では，出力である生産量の設定が変更されたり，入力である原料の組成が変更されたりすることもあるが，その際同じ装置を使用して生産を続けることがある．設計によって提案された操作条件を調整しながら，なるべく正しい目的の出力になるよう運転することが制御である．本節ではこのようなプロセス制御の基礎を学ぶため，化学プロセスの現場で自動制御によく使われるフィードバック制御について，プロセス制御のうち 90％以上を占めている PID 制御を中心として解説する．

1.5.2　フィードバック制御

　JIS では，制御とは「ある目的に適合するように，制御対象に所要の操作を加えること」と定義されている．私たちの身の回りでも，制御が行われている．たとえば，湯と水が同時に供給される 2 ハンドルのシャワーを使ったことがあるだろうか．まず湯側のハンドルを開けるとバーナーが燃焼し，最初冷たかった水が少し経つと湯になってくる．適温でシャワーを浴びるためには，このままだと温度が高すぎるため，水のハンドルをもう少し開く．少し経つと温度が下がるが，適温より低くなりすぎた場合は，湯のハンドルをまた少し開く．これを繰り返すことで，適温に調整できる．流量が多すぎたり，少なすぎたりする場合でも，さらに湯や水の量の再調整を繰り返す．経験を重ねると双方のハンドルの開け具合が分かってくるので，早く調整できるようになる．しかし，夏と冬では気温が違うのでハンドルの開け方は変わってくる．また，たくさんシャワーが並んでいるような状況では，ほかのシャワーの使用状況によって，使用中にも温度変化が起こったりする．

　こういった状況では，制御のための情報の流れと操作はどのように行われているのだろうか．ここでは，シャワーから出る湯が制御対象となる．シャワーからの湯の温度 y（制御量）を検出し，希望する温度 r（目標値または設定値）と比較して，偏差 $e=r-y$ があれば，それを打ち消すように湯量 u（操作量）を調整して制御する．また，周囲の温度のように自由に変えられないが，制御対象に影響を与える要素を外乱 y_s と呼ぶ（図 1.15）．

　一般的に描くと，図 1.16 のような流れとなる．制御したい変数の値（制御量）を測定し，測定値と設定値との差（偏差）を計算し，その差を打ち消すように操

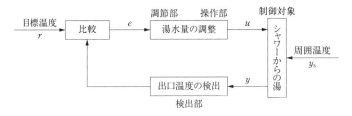

図1.15　温水シャワーの制御の構造

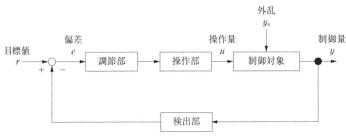

図1.16　フィードバック制御のブロック図

作する変数の値（操作量）を適切に決定する．このように全体として閉じた流れで行う制御を閉ループ制御と呼び，操作した効果を測定して次の制御信号の決定に用いる方法をフィードバック制御と呼ぶ．検出部は温度をはじめとして，流量，圧力，液位，組成，品質などの測定機器を示し，操作部はサイリスタ電力調整器や調節弁などを示している．制御量を目標値に一致させるように比較・判断し，操作する制御を人間が行うのが手動制御，機械によって自動的に実行するのが自動制御である．制御を高度に行うためには，制御対象の時間的変化（プロセス動特性と安定性）を把握し，系全体が望ましいふるまいをするように調節部の動作を決めることが重要となる．

1.5.3　PID 制御

a．P 制御

検出部で測定値が設定値を超えると操作部の運転を止め（オフ），設定値が測定値を下回ると一定のレベルで操作部の持続（オン）運転を行う制御を，オンオフ制御と呼ぶ．比較・判断が簡単で，操作も運転のオン，オフで制御できる．リレーなどの電子回路のスイッチ動作のみで実現しやすいため，電気こたつ，エア

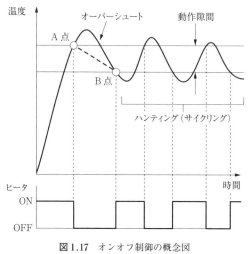

図 1.17 オンオフ制御の概念図

コン，オーブントースターなど，身の回りの家電にも多く用いられている．操作部から入力に変化を与えても，検査部での出力に変化が現れるまでには，制御対象の容量，操作部と検査部間の距離などにより時間に遅れ（むだ時間）が生じるため，設定値を超えた（オーバーシュート）後，設定値挟み偏差が上下の振幅を繰り返すハンティング状態が避けられない（図 1.17）．

安定性を持つよう設計された系では，系の状態が何らかの原因で一時的に平衡状態（時間的に変化していない状態）や定常状態（時間的変化の特性が時間的に変化しない状態）から外れても，その原因がなくなればもとの状態に復帰する特性を持つ．外乱や操作条件の変更がない場合には，ある目標値からの偏差が 0 となる平衡点（操作量と制御量がつり合う組）が存在する．本項では，この平衡点のまわりの偏差に対する制御を中心に考える．制御中に生じている偏差について，その大きさに比例して出力を増減することで，オーバーシュートを抑え，ハンティングの振幅を収束させることができる．このような修正動作を行う制御を，P（proporional：比例）制御と呼ぶ．ある時刻 t での操作量 u を，偏差 e を用いて表すと，

$$u = K_\mathrm{p} e \tag{1.25}$$

となる．ここで，K_p は比例ゲインと呼ばれる定数である．ゲインとは信号が増幅される度合を言い，比例ゲインを大きくすると偏差が小さくなっていくが，制御応答が徐々に振動的になるため，振動が起こらない範囲で大きい値に設定する．

P 制御ではオーバーシュートやハンティングを抑え，制御値の安定性を改善するが，外乱や設定条件の変更などで本来の平衡点と異なる制御を行う場合，偏差は完全に 0 にならずオフセット（off-set：制御を行っても定常的に残る偏差）が残ってしまう．これが P 制御の原理的な限界である．

b. PI 制 御

 P 制御のオフセットを除去するには，どうすればよいだろうか．オフセット（定常偏差）を含む残留偏差が存在するとき，その偏差が存在する時間が長さ（偏差面積：偏差 e の積分）に比例して入力値を増減すれば，制御量を目標量に近づけ，オフセットを小さくすることができる．このような修正動作を行う制御を，PI（proportional-integral：比例−積分）制御と呼ぶ．同様に，ある時刻 t での操作量 u を，偏差 e を用いて表すと，

$$u = K_\mathrm{p} e + K_\mathrm{I} \int e \, dt \tag{1.26}$$

となる．K_I は積分ゲインと呼ばれる比例定数である．または積分時間 T_I を用いて，

$$u = K_\mathrm{p} \left(e + \frac{1}{T_\mathrm{I}} \int e \, dt \right) \tag{1.27}$$

と表される．この積分時間 T_I は，オフセットの継続に対して P 制御による信号変化を I 制御のみで発生させるために必要な時間（ステップ入力を加えたとき，比例動作だけによる出力と積分動作だけによる出力とが等しくなるまでの時間）を意味する．積分時間が小さくなるほど積分制御の影響が大きくなり，系が不安定になりやすい．

 PI 制御では，P 制御の安定性を保持しながら，I 制御により系の外乱や操作条件の変更によって生じた操作量の平衡点からのずれを補正し，オフセットを除去することができる．PI 制御は制御する対象の特性がむだ時間を含まないか，あっても小さい場合に適している．なお，I 動作は偏差を積算する時間が経たないと働かないため，撹乱などで出力値が急に目標値からずれると，それを戻すために時間がかかってしまう欠点がある．

c. PID 制 御

 偏差が変化する場合，その動きに応じて変化を抑制する動作をすることで変動への対応が早くなる．偏差の微分係数に比例した入力を行うことで，急激な外乱には大きな操作量を与えて素早い抑制動作を行うことができ，これを D 動作（微分動作）と言う．微分動作だけでは制御はできないが，比例動作などと組み合わせることで制御応答特性が改善される．これまでの 3 つの動作を合わせた修正動作を行う制御を，PID（proportional-integral-differential：比例−積分−微分）制御と呼ぶ．式で表すと，

$$u = K_\mathrm{p} e + K_\mathrm{I} \int e \, \mathrm{d}t + K_\mathrm{D} \frac{\mathrm{d}e}{\mathrm{d}t} \tag{1.28}$$

となる．ここで，K_D は微分ゲインと呼ばれる比例定数である．または微分時間 T_D を用いて，

$$u = K_\mathrm{p} \left(e + \frac{1}{T_\mathrm{I}} \int e \, \mathrm{d}t + T_\mathrm{D} \frac{\mathrm{d}e}{\mathrm{d}t} \right) \tag{1.29}$$

と表される．この微分時間 T_D は，ある一定の変化率による変動の継続に対して，P 動作と D 動作の項が同じになるのに要する時間（ランプ入力を加えたとき，比例動作だけによる出力が微分動作だけによる出力に等しくなるまでの時間）を意味する．微分時間が大きいと偏差の変動に素早く対応できるが，大きすぎると逆方向に変動し不安定となる．

　P 制御，PI 制御，PID 制御系において，目標値を変化させて偏差 e を与えたときの制御応答特性を図 1.18 に示す．制御なしの場合，生じる偏差 e は比例ゲイン K_p を大きくすることで小さくなるが，振動的にならないためには定常状態で制限があり，オフセットが残る．ここに I 制御を付加することで，偏差がある限りそれを 0 にするように修正機能が働き，PI 制御により目標値に一致させることができる．さらに，偏差の変化速度から予測的な修正を行う D 制御機能が付加されることで，偏差発生時の振動振れ幅を抑えることが可能となり，過渡応答特性を改善することができる．

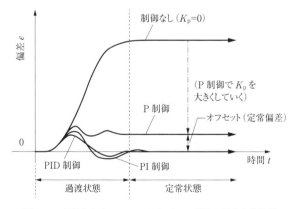

図 1.18　偏差発生時の P，PI および PID 制御の制御応答比較

1.5.4 プロセスの動特性とモデル化

プロセスに外乱や操作量が与えられると,制御量である出力が変動する.図1.19に,時間0からt_1まで定常状態であった系についてステップ状に操作量uを変化させたとき,状態量yが変動し時間t_2で次の定常状態となる,3種のプロセスの状態量の時間変化の概念図を示した.それぞれの定常状態の変化を静特性と呼ぶが,3種のプロセスの静特性は互いに等しい.しかし,t_1～t_2間は異なった変化を見せている.これを動特性といい,3種のプロセスの

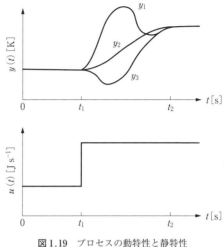

図1.19 プロセスの動特性と静特性

動特性は互いに異なっている.プロセスの制御を定量的に行うためには,制御系に対して入力された操作量uの時間変化が,出力される制御量yの時間変化にどのように応答するかという動特性について,定量的に表現するモデル化が必要である.

プロセス動特性による制御量yの時間変化は,操作量uの時間変化に対するシステム内部の状態変数(温度,圧力,濃度など)と,システム内で起こる物理現象・化学現象の時間変化から決定される.図1.20に加熱プロセスを示す.流体は,流量Wで温度y_0に加熱されて,yで出て行く.熱容量をc_p,槽内の流体質量をV,外部からの加熱をuとすると,熱収支は次式で示される:

$$Vc_p\left(\frac{dy}{dt}\right) = Wc_p(y_0 - y) + u \tag{1.30}$$

定常状態では$dy/dt=0$であるので,定常値に添え字sを付けて表すと,

$$Wc_p(y_{0s} - y_s) + u_s = 0 \tag{1.31}$$

となり,この式が静特性を示す.プロセスが定常値周辺で変化しているとすると,

$$y = y_s + \Delta y \tag{1.32}$$
$$y_0 = y_{0s} + \Delta y_0 \tag{1.33}$$
$$u = u_s + \Delta u \tag{1.34}$$

となる.これを上式に利用すると,

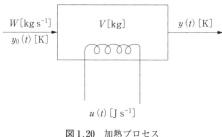

図 1.20 加熱プロセス

$$Vc_p\frac{d(\Delta y)}{dt}=Wc_p(\Delta y_0-\Delta y)+\Delta u \tag{1.35}$$

で表される．この式が動特性を表している．以上を整理すると，

$$T\frac{d(\Delta y)}{dt}+\Delta y=k\Delta u+k_D\Delta y_0 \tag{1.36}$$

が得られる．ここで，$T=V/W$（平均滞留時間）は時間の次元を持ち，プロセス制御では時定数と言う．また，$k=1/Wc_p$，$k_L=1$ はゲインと言う．式 (1.36) をブロック図で示すと次の図 1.21 のようになり，ここで制御量となる出力 Δy が 0 になるように操作量 Δu を制御する．Δy_0 は外乱に相当する．

式 (1.36) において初期条件 $\Delta y(0)=0$ とし，$\Delta y_0=0$ とすると，

$$T\frac{d(\Delta y)}{dt}=k\Delta u \tag{1.37}$$

となり，$\Delta u=1[J/s]$ $(t\geq 0)$ のとき，

$$T\frac{d(\Delta y)}{dt}=k \tag{1.38}$$

であり，これを変形すると，

$$\frac{d(\Delta y)}{k-\Delta y}=\frac{dt}{T} \tag{1.39}$$

となる．このとき，両辺を時間 0 から t まで積分し Δy について整理すると，

$$\Delta y(t)=k(1-e^{-t/T}) \tag{1.40}$$

を得る．図に示すと下記（図 1.22）のようになる．$t\to\infty$ で $\Delta y\to k$ となり，$t=T$ で

$$\Delta y(T)=k(1-e^{-1})=0.632k \tag{1.41}$$

となることが分かる．式 (1.40) は t を変数とする微分方程式（t 領域）で，加熱プロセスの動特性を表現している．このような状態が時間とともに変化していく様子を示す数式を状態方程式と言い，状態変数と出力変数の関係を表す出力方程式と合わせて

図 1.21 加熱プロセスのブロック図

動的方程式と呼ぶ．状態の変化が時間にのみ依存するシステムの挙動は，1組の常微分方程式からなる状態方程式と，1組の代数方程式からなる出力方程式によって記述される．

化学プロセスで起こる現象の多くは厳密には非線形現象であるが，プロセス制御は目標状態の近傍で起こる変動が対象で，その偏差が十分小さいとき線形現象としてプロセスの

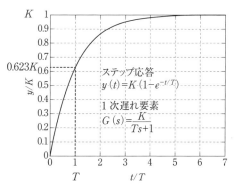

図 1.22 加熱プロセスのステップ応答
K：定常ゲイン，T：時定数．

挙動を近似することができる．以下，動的方程式が状態変数，入力変数，出力変数の線形方程式で記述される線形システムについて説明する．

1.5.5 伝達関数

動的方程式はシステムを記述する有力な手法であるが，微分項を含むので次数が高くなるとそのままでの取り扱いが難しくなる．しかし，線形システムで用いられる微分方程式は，ラプラス（Laplace transform）変換を利用すると変換・逆変換が容易にでき，微分や積分を代数的な四則計算に置き換えて処理できる．そのため制御工学では，制御系の解析・設計にはラプラス変換を利用した伝達関数を用いる．

ラプラス変換・逆ラプラス変換（inverse Laplace transform）の定義は以下の通りである．ラプラス変換された t 領域の任意の関数 $f(t)$ は，複素変数 s を用いて s 領域の関数 $F(s)$ で表記される．

$$\mathcal{L}[f(t)] = F(s) = \int_0^\infty f(t) e^{-st} dt \tag{1.42}$$

$$\mathcal{L}^{-1}[F(s)] = f(t) \tag{1.43}$$

基本的な関数のラプラス変換と基本性質は表1.14，表1.15に示した．詳細な数学的解説は，ほかの専門書を参照されたい．

前項の加熱システムの動特性の式（1.36）について，変換表を利用してラプラス変換し表記する．定常値（$\Delta y(0) = 0$）近傍で，

$$\mathcal{L}[\Delta y(t)] = Y(s), \quad \mathcal{L}[\Delta u(t)] = U(s), \quad \mathcal{L}[\Delta y_0(t)] = Y_0(s) \tag{1.44}$$

表 1.14 基本的な関数のラプラス変換

$f(t)$[*1]	$\delta(t)$[*2]	1[*3]	at[*4]	$e^{\sigma t}$	$\cos \omega t$	$\sin \omega t$	$t^n (n=1, 2, \cdots)$
$F(s)$	1	$\dfrac{1}{s}$	$\dfrac{a}{s^2}$	$\dfrac{1}{s-\sigma}$	$\dfrac{s}{s^2+\omega^2}$	$\dfrac{\omega}{s^2+\omega^2}$	$\dfrac{n!}{s^{n+1}}$

[*1] $f(t)=0 (t<0)$ とする. [*2] $\delta(t)$ は $\int_{-\infty}^{\infty} \delta(t)dt=1, \delta(t)=0 (t\neq 0)$ を満たす関数(デルタ関数). [*3] ステップ関数. [*4] ランプ関数.

表 1.15 ラプラス変換の基本性質

線形性	$\mathscr{L}[k_1 f_1(t)+k_2 f_2(t)]=k_1 F_1(s)+k_2 F_2(s)$
微分	$\mathscr{L}[f^{(n)}(t)]=s^n F(s)-s^{n-1}f(0)-s^{n-2}f^1(0)-\cdots-f^{(n-1)}(0)$
積分	$\mathscr{L}[\int\cdots\int f(t)(dt)^n]$
	$=\dfrac{F(s)}{s^n}+\dfrac{f^{(-1)}(0)}{s^n}+\dfrac{f^{(-2)}(0)}{s^{n-1}}+\cdots+\dfrac{f^{(-n)}(0)}{s}$
	ただし,$f^{(-k)}=\int\cdots\int f(t)(dt)^k$
推移定理 (t 領域)	$\mathscr{L}[f(t-L)]=e^{-sL}F(s) \quad (L>0)$
推移定理 (s 領域)	$\mathscr{L}[e^{\sigma t}(t)]=F(s-\sigma)$
合成積	$\mathscr{L}[\int_0^t f_1(t-\tau)f_2(\tau)d\tau]=F_1(s)F_2(s)$
最終値の定理	$\lim_{t\to\infty} f(t)=\lim_{s\to 0} sF(s)$
初期値の定理	$\lim_{t\to +0} f(t)=\lim_{s\to\infty} sF(s)$

$$TsY(s)+Y(s)=kU(s)+k_\mathrm{L} Y_0(s) \tag{1.45}$$

となる.この式を変形して,

$$Y(s)=\frac{k}{Ts+1}U(s)+\frac{k_\mathrm{L}}{Ts+1}Y_0(s) \tag{1.46}$$

$$Y(s)=G(s)U(s)+G_\mathrm{L}(s)Y_0(s) \tag{1.47}$$

を得る.ここで,$G(s)$,$G_\mathrm{L}(s)$ は伝達関数(transfer function)と呼び,それぞれ出力 $Y(s)$ と入力 $U(s)$ の比,出力 $Y(s)$ と入力 $Y_0(s)$ の比を示している.伝達関数で表されるシステムの構造は表 1.16 で示す要素を用いてブロック線図で図示でき,システムがいくつかの要素で構成されているときは表 1.17 に示す等価変換を用いて簡略化することができる.一般に n 階線形微分方程式で記述される線形システムの場合,t 領域で入力 $u(t)$ と $y(t)$ の関係を表す微分方程式は,ラプラス変換で s 領域の入力 $U(s)$ と $Y(s)$ とその比を示す伝達関数 $G(s)$ の代数的式で示されるため,伝達要素を結合して制御系を解析していく設計において強力な道具となる.

初期状態や入力に対する出力応答を過渡応答と言う.線形システムの過渡応答

表 1.16 ブロック線図の要素

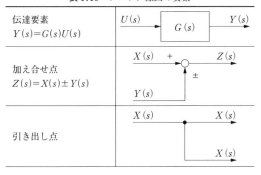

表 1.17 ブロック線図の等価変換

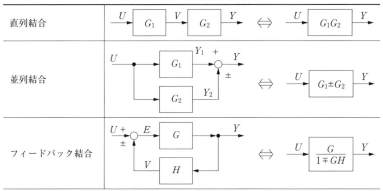

は，初期状態に依存する要素と，入力のみに依存する要素に完全に分離できる．実際のシステムでは，初期状態に依存する要素は時間経過とともに 0 に近づくことが多いので，解析には過渡応答として入力に依存する要素だけを考えればよい．過渡応答である出力 $y(t)$ は，入力 $u(t)$ のラプラス変換 $U(s)$ と伝達関数 $G(s)$ の積として表される $Y(s)$ を逆ラプラス変換することで得ることができる．

$$y(t) = \mathcal{L}^{-1}[Y(s)] = \mathcal{L}^{-1}[G(s)U(s)] \tag{1.48}$$

ここで，$\mathcal{L}^{-1}$ は逆ラプラス変換を表す．入力にインパルス状に変化が与えられた場合，$u(t) = \delta(t)$ のとき $U(s) = 1$ なので，

$$\text{インパルス応答：} y(t) = \mathcal{L}^{-1}[Y(s)] = \mathcal{L}^{-1}[G(s) \times 1] = \mathcal{L}^{-1}[G(s)] \tag{1.49}$$

で表される．入力がステップ状に変化する場合は，$u(t) = 1$ のとき $U(s) = 1/s$ なので，

ステップ応答：$y(t) = \mathcal{L}^{-1}[Y(s)] = \mathcal{L}^{-1}\left[G(s)\dfrac{1}{s}\right]$ (1.50)

と表すことができる．

システムの操作変数と制御変数の間の動特性は動的方程式によって決まるが，操作変数として既知の入力変化を与えて，その制御変数の変化を観測することで動特性のモデル（微分方程式）を決定することができる．必要な範囲の動的方程式の定量的な関係が表現できればプロセス制御の解析・設計ができるので，現象論的に方程式を得ることが難しい場合は有効な手段となる．

表1.18に，代表的な動特性の応答系にステップ状の変化量（$y(t)=y(0)$）を与えたときのステップ応答のグラフ形状と，そのときの数式モデル（微分方程式）を示す．一次遅れ系の場合，ステップ入力（$y(t)=y(0) t>0$）として微分方程式を解くと，

$$\Delta y(t) = K_{\mathrm{p}}(1 - e^{-T/T_{\mathrm{p}}})\Delta u(t) \tag{1.51}$$

となる．時間無限大で $\Delta y(t) = K_{\mathrm{p}}\Delta u(0)$ となるので，最終的な変化量から K_{p} を求めることができる．また $T=T_{\mathrm{p}}$ のとき，

表1.18 主な動作特性とそのステップ応答とモデル（$\Delta u(t)=\Delta u(0)$）

動特性	モデル	ステップ応答
(a) 積分系	$\dfrac{\mathrm{d}\Delta y(t)}{\mathrm{d}t} = K_{\mathrm{p}}\Delta u(t)$	
(b) 一次遅れ系	$\tau_{\mathrm{p}}\dfrac{\mathrm{d}\Delta y(t)}{\mathrm{d}t} = -\Delta y(t) + K_{\mathrm{p}}\Delta u(t)$	
(c) 一次遅れ＋むだ時間系	$\tau_{\mathrm{p}}\dfrac{\mathrm{d}\Delta y}{\mathrm{d}t} = -\Delta y + K_{\mathrm{p}}\Delta u(t - T_{\mathrm{d}})$	
(d) 二次遅れ系	$\tau_{\mathrm{p}1}\tau_{\mathrm{p}2}\dfrac{\mathrm{d}^2\Delta y(t)}{\mathrm{d}t^2} + (\tau_{\mathrm{p}1}+\tau_{\mathrm{p}2})\dfrac{\mathrm{d}\Delta y(t)}{\mathrm{d}t} + \Delta y(t) = K_{\mathrm{p}}\Delta u(t)$	

1.5 プロセス制御

$$\Delta y(T) = K_\mathrm{p}(1-e^{-1})\Delta u(T)$$
$$= 0.632 K_\mathrm{p} \Delta u(T)$$

となることから，応答の最終的変化量の63.2%の大きさに達する時間を読み取り T_p を求める（図1.22参照）．このときの K_p をプロセスの定常ゲイン，T_p をプロセスの時定数と呼ぶ．伝達関数で示すと，

$$G(s) = \frac{K_\mathrm{p}}{Ts+1} \quad (1.52)$$

となり，前述の加熱システムの例に表れた比例関係の式と同型となる．

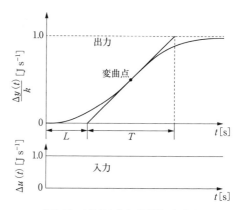

図1.23 1次遅れとむだ時間の組合せ

プロセスに配管などからの到達時間による応答の遅れがある場合は，むだ時間として現れる．観測された制御量の時間変化から変曲点を用いた作図より，むだ時間要素と一次遅れ要素の組み合わせと見なすことができる（図1.23）．伝達関数で示すと，

$$G(s) = \frac{K_\mathrm{p} e^{-Ls}}{Ts+1} \tag{1.53}$$

となり，ラプラス変換では1つの比例関係で示せることが分かる．

1.5.6 PID制御系の設計

PID制御の偏差に対する動作の式は，下記のように表現できた．

$$u = K_\mathrm{p} e + K_\mathrm{I} \int e \mathrm{d}t + K_\mathrm{D} \frac{\mathrm{d}e}{\mathrm{d}t} \tag{1.28 再掲}$$

$$u = K_\mathrm{p}\left(e + \frac{1}{T_\mathrm{I}}\int e \mathrm{d}t + T_\mathrm{D}\frac{\mathrm{d}e}{\mathrm{d}t}\right) \tag{1.29 再掲}$$

この式をラプラス変換すると，

$$U(s) = K_\mathrm{p}\left(1 + \frac{1}{T_\mathrm{I}s} + T_\mathrm{D}s\right)E(s) \tag{1.54}$$

となり，伝達関数 $G_\mathrm{c}(s)$ は，

$$G_\mathrm{c}(s) = \frac{U(s)}{E(s)} = K_\mathrm{p}\left(1 + \frac{1}{T_\mathrm{I}s} + T_\mathrm{D}s\right) \tag{1.55}$$

で表すことができる．このとき比例ゲイン K_p，積分時間 T_I，微分時間 T_D をそ

れぞれ適切に決定することで，最適な調整がされた制御が可能になる．PID 制御のブロック図を図 1.24 に示す．

　これらの値を適切に決定することをチューニングと言う．以下に，Ziegler と Nichols によって提案された限界感度法と過渡応答法を紹介する．限界感度法では，調節器を P 動作だけとし（T_I：最大，T_D：0 と設定），比例ゲイン K_P をしだいに大きくしていき，出力が一定振幅で振動を持続するところの K_P 比例ゲインを K_c 振動周期を T_c として，表 1.19 のように調節器のパラメータを決める．

　過渡応答法は，制御対象単体にステップ状の入力を加えたときのステップ応答の曲線からの作図により，制御パラメータを決める（図 1.25）．曲線の勾配がもっとも急なところに接線を引き，その勾配を R，接線が横軸（時間軸）と交わる時刻を L として，求めた R, L の値より調節器の各パラメータを表 1.20 のよう定める．なおここに示した制御パラメータの決定法では，限界感度法および過渡応答法のどちらも，設定した制御系が目標値のステップ変化に対する応答に 25% 程度のオーバーシュートを生じるため，精度の高い制御にはさらに微調整が必要となる．微調整の方法は制御対象ごとに異なり，一般的なルールはない．

　調整器によるオートチューニングが行われることもある．計測初期，またはリセット時に一定のパターンのステップ応答テストを行い，その計測値からこれら

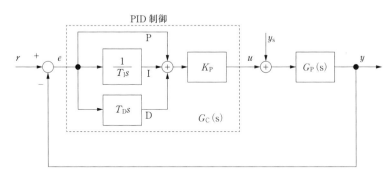

図 1.24　PID 制御の基本形

表 1.19　限界感度法による制御パラメータの決め方

	比例ゲイン K_P	積分時間 T_I	微分時間 T_D
P 調節器	$0.5K_c$	—	—
PI 調節器	$0.45K_c$	$0.83T_c$	—
PID 調節器	$0.6K_c$	$0.5T_c$	$0.125T_c$

のパラメータを設定して制御を行う．実際のプロセスでは，手動でこれらの値を微調整していくことも多い．パラメータの動作への感度を理解した操作が，安定性と応答性の最適化に重要となる．

以上，化学プロセスで多く用いられているPID制御の考え方を中心に解説した．より詳しいプロセス制御理論や数学的解説は，ほかの参考文献で学んでほしい．

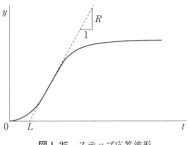

図 1.25　ステップ応答波形

表 1.20　過渡応答法による制御パラメータの決め方

	比例ゲイン K_P	積分時間 T_I	微分時間 T_D
P 調節器	$1/RL$	—	—
PI 調節器	$0.9/RL$	$3.33L$	—
PID 調節器	$1.2/RL$	$2L$	$0.5L$

〚演習問題〛

1.1　濃度の換算
モル分率が 0.50 のエタノール水溶液（密度 $0.860\,\mathrm{g\,cm^{-3}}$）を $1000\,\mathrm{cm^3}$ つくるには，95 wt% エタノール水溶液と水を何 g ずつ混ぜればよいか．

1.2　次元解析
液体中を気泡が上昇する時の速度 u を気泡の直径 d，液体の粘度 μ，液体内密度 ρ，表面張力 σ，重力加速度 g の関数であるとして次元解析を行え．

1.3　燃焼反応
プロパン $100\,\mathrm{kmol\,h^{-1}}$ を $4500\,\mathrm{kmol\,h^{-1}}$ の空気と一緒に燃焼炉に供給し，プロパンを燃焼させるプロパンは 100% 反応せず，CO_2，CO と H_2O が生成する．これらのデータから過剰空気率を計算したいができるか．計算できる場合には過剰空気率を求めよ．また，できないとすれば，ほかにどのようなデータが必要か述べよ．

1.4　物質収支
反応 (A)，(B) によりブタン，ブテンからブタジエンが製造されている．

$$C_4H_{10} \rightarrow C_4H_8 + H_2 \quad (A), \qquad C_4H_8 \rightarrow C_4H_6 + H_2 \quad (B)$$

補給原料は純粋なブタンで，リサイクルされたブテンと混合され，加熱炉を経て，反応器に送られる．反応器中では反応 (A) によるブタンの単通転化率は 100%，反応 (B) によるブテンの単通転化率は 70% であった．反応器を出たガスは，分離装置でブタジエン，ブテンと水素に完全に分離され，ブテンはすべてリサイクルされる．補給原料ブタン $100\,\mathrm{kmol\,h^{-1}}$ を基準に取り，次の問に答えよ．

①本プロセスのフローシートを書け．②反応器での入量，生成量，出量の物質収支の表を書き，リサイクルされるブテン流量 [kmol h^{-1}] を求めよ．③反応器出口ガスの組成 [mol%] を求めよ．

1.5 エンタルピー計算

大気圧下で加熱器により25℃の水から160℃のスチームを生産している．水1 kmol あたりに必要なエンタルピー [kJ] を求めよ．また，加熱器に 1.00×10^4 kJ h^{-1} の熱を加えたときのスチーム発生流量 [kg h^{-1}] を求めよ．

〔データ〕水の 25～100℃での平均分子熱は $C_p = 75.6 \times 10^{-3}$ kJ mol^{-1} K^{-1}，水の 100℃での潜熱は $L = 40.7$ kJ mol^{-1}，水蒸気の分子熱は $C_p = 30.2 \times 10^{-3} + 9.93 \times 10^{-6} T + 1.12 \times 10^{-9} T^2$ [kJ mol K^{-1}]．

1.6 エンタルピー収支

エタノールはエチレンの水和反応で製造されている．エタノールの一部は副反応によりジエチルエーテルになる．反応器に供給される原料は 54 mol% の C_2H_4，37 mol% の H_2O と残りは不活性物質（記号はIを用いる）からなり，310℃で供給される．反応器は310℃の等温で操作され，出口温度も310℃である．エチレンの反応器1回通過あたりの転化率は5%で，エタノールの収率（＝生成したエタノールのモル数/消費されたエチレンのモル数）は0.9であった．反応器に供給される原料 100 mol h^{-1} を基準として，以下の問に答えよ．

①反応器入口と出口での物質収支の表をかけ．②反応器出口での生成物のエンタルピー ΔH_2 と反応器入口での原料のエンタルピー ΔH_1 との差 ΔH [kJ h^{-1}] を求めよ．③このプロセスでは反応器を加熱しているのか，冷却しているのかを示せ．④なぜエチレンの転化率を5%に抑えているのか，考えられる理由を述べよ．⑤反応器の後にどのようなプロセスが必要になるかを，フローシートを書いて説明せよ．

表 1.21

成分	ΔH_f [kJ mol^{-1}]	$\overline{C}_p$ [J mol^{-1} K^{-1}] (25～310℃)
$C_2H_4(g)$	52.2	58
$H_2O(g)$	-241.8	34
$C_2H_5OH(g)$	-241.8	110
$(C_2H_5)_2O(g)$	-241.8	165

1.7 圧縮係数

125 m^3（0℃，1 atm の条件下）の酸素が入っている 1 m^3 の装置内の圧力は 40 atm であった．酸素の臨界圧力は 49.7 atm，臨界温度は 154.4 K であるとして，次の問に答えよ．

①装置内の温度 [K] を求めよ．②この温度を保ったまま酸素を液化するには，どうしたらよいかを述べよ．

2 流体と流動

　流れは，風のそよぎや川のせせらぎから台風や竜巻に見られる大規模なものに至るまで，私たちのごく身近に見られる自然現象の1つであり，ふだん私たちは何気なくこれに接している．しかしながら，化学工業の生産ライン上に並ぶ様々な装置内においては，この流れが決定的な役割を果たしているものが少なくない．本章では流体と流動（流れ）の基本的な性質を学ぶことから始めて，これを定量的に表現あるいは計算する方法について述べる．

2.1 流れの基礎項目

2.1.1 さまざまな流体と粘度

　孔子の「川上の嘆」や，方丈記の冒頭の一節を引き合いに出すまでもなく，「流れ」は古来から多くの人々の関心を引き付けてきた．ルネッサンスが生んだ最大の天才，Leonardo da Vinci もその一人であり，彼は川の流れに立てた物体まわりの流れの様子を精緻なスケッチにして残している．

　流体（fluid）とは気体と液体の総称であるが，その流れやすさあるいは流れにくさ，すなわち流体の内部摩擦に基づく粘性（viscosity）について，初めて定量的な記述をしたのは Newton であった．彼は，万有引力を世に知らしめた大著 *Principia* の中で，次のような仮説を述べている．

「流体の諸部分の間に滑りやすさが欠けていることによって生じる抵抗は，その他の条件が等しければ，流体の諸部分が互いに引き離されていく速度に比例する．」

　これは，今日ではニュートンの粘性法則（Newton's law of viscosity）として知られているもので，式に表せば以下のようになる．

$$\tau = \mu \frac{du}{dy} (= \mu \dot{\gamma}) \tag{2.1}$$

ここで，τ は剪断応力（shear stress）[Pa] と呼ばれ，上記仮説の「滑りやすさが欠けていることによって生じる抵抗」に相当する．また du/dy は，剪断速度

(shear rate)[s^{-1}]またはずり速度と呼ばれる量をもっとも単純な場合について表記したものであり,「流体の諸部分が互いに引き離されていく速度」に相当する.すなわち剪断速度とは,ある方向(ここではx方向)の流速u[m s^{-1}]が,それと垂直な方向(ここではy方向)に沿ってどのように変化するかという速度の空間勾配を表しており,$\dot{\gamma}$で表示されることも多い.式(2.1)はこのτと$\dot{\gamma}$が比例関係にあることを示しており,その比例定数μが粘度[Pa s]と定義される.一般に式(2.1)が成り立ち,μが剪断速度によらず一定となる流体は,ニュートン流体(Newtonian fluid)と呼ばれる.水,油,空気などで高分子ではない流体は,ニュートン流体と考えてよい.ちなみに,常温での水の粘度は約10^{-3} Pa s である.

一方,液体の一部や混相流の中で,μが一定とならず,$\dot{\gamma}$や時間t[s]に依存する流体は,非ニュートン流体(non-Newtonian fluid)と呼ばれる.同流体の特性を体系的に取り扱う学問はレオロジー(rheology)と呼ばれ,Binghamによって20世紀前半に創始された.図2.1にはτと$\dot{\gamma}$との関係を模式的に示している.Aのように原点を通る直線で表されるのがニュートン流体であり,直線の勾配が粘度となる.一方,B,Cは原点は通るが曲線となる流体であり,原点から曲線上のある1点に引いた直線の勾配は,見かけ粘度(apparent viscosity)あるいは非ニュートン粘度η[Pa s]と呼ばれる.このηが$\dot{\gamma}$の増大とともに減少する流体Bは擬塑性流体と呼ばれ,高分子水溶液やコロイド溶液に多くみられる.これとは逆に,ηが$\dot{\gamma}$の増大とともに増大する流体Cはダイラタント流体と呼ばれ,微小な固体粒子を多量に含む塗料などの懸濁液に多くみられる.流体AからCまでのレオロジー流動特性は,式(2.2)でまとめて表現することができる.

$$\eta = k\dot{\gamma}^{n-1} \qquad (2.2)$$

この式(2.2)はパラメーターnの値により,$0<n<1$のとき擬塑性流体(B)を,$n=1$のときニュートン流体(A)を,$n>1$のときダイラタント流体(C)を,それぞれ表現することができる.これに対して,原点を通らず剪断速度が0で降伏値を持つ流体は塑性流体(D)と呼ばれており,非沈降性のスラリー,ペ

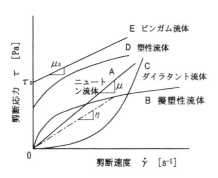

図2.1 純粘性非ニュートン液体の流動特性曲線

イント,粘土などがこれに当たる.降伏値を持ち,かつ線形形状となる流体は,狭義にはビンガム流体(E)と呼ばれ,降伏応力 τ_0[Pa] と塑性粘度 μ_0[Pa s] を用いて,そのレオロジーは式 (2.3) のように表現される.

$$\tau = \mu_0 \dot{\gamma} + \tau_0 \tag{2.3}$$

以上に述べた流体は,非ニュートン流体の中でも時間的には変化がないもので,純粘性流体(purely viscous fluid)と総称される.これに対して,流体に剪断を与えれば与えるほど見かけ粘度が変化する流体は,時間依存性流体(time dependent fluid)と呼ばれる.そのうち,η が剪断を掛ける時間とともに減少する流体はチクソトロピック流体,逆に増大する流休はレオペクチック流体と呼ばれる.さらに,粘性と弾性の両性質を合わせ持つものに粘弾性流体(viscoelastic fluid)があるが,やはり時間に関係した因子で表現される.これらの流体には,通常のニュートン流体には見られない種々の特異な現象が観察されることが知られている.

このように,非ニュートン流体のレオロジー特性は極めて多岐にわたっており,その特性の発現には,液体中に存在する微小固体粒子の流れに対する配向や,固体粒子同士の摩擦,壊砕,凝集あるいは液中への分散,さらには液自体のゾル-ゲル間の相変化など,多くの要因が介在しているものと考えられている.

2.1.2 レイノルズ数と流動状態

筒状の長い管,すなわち円管内に水を流すとき,その流速が非常に遅いときには水はきれいな層を形成して流れるが,流速が速くなると流れは乱れ,やがて大小の渦が入り乱れた様相を呈するようになる.この様子を最初に目に見える形に可視化(visualization)することにより,定量的に考察したのは,英国の O. Reynolds であった.彼は,流れの中心に染料を含む液を注入することによってこのことを実証しただけでなく,管径(管直径)D[m],平均流速 u[m s^{-1}],液の動粘度 ν[m^2 s^{-1}]($= \mu/\rho$,ただし ρ[kg m^{-3}] は流体の密度)をいろいろ変えて実験を行った.結果として,式 (2.4) で定義される数値 Re が同じであれば,流れの状態は同じであることを見出した.

$$Re = \frac{uD}{\nu} = \frac{\rho uD}{\mu} \tag{2.4}$$

Re[—] は彼の名前にちなんだレイノルズ数(Reynolds number)と呼ばれる無次元数であり,2.1.4 項で述べる N-S 方程式を無次元化する際に現れる(アド

ヴァンス A 参照).このレイノルズ数は,慣性力の粘性力に対する比として定義される値である.系の流動状態がレイノルズ数で規定されるという意義は大きく,系のスケールアップを考える際の基幹をなす数値であるとともに,発見者の名前を冠した数多い無次元数の中でも,もっとも重要なものといえよう.

前述したように,レイノルズ数が小さいときには粘性の影響が流れに対して支配的であるため,流れは秩序だった層状の流れとなり,層流(laminar flow)状態と呼ばれる.これに対して,レイノルズ数が大きくなると粘性の影響よりも慣性の効果が卓越してくるようになり,流れは乱れた乱流(turbulent flow)状態となる.1つの目安として,Re が 2100 以下では層流,4000 以上では乱流と考えてよく,その中間領域は層流から乱流への遷移域(transition region)と呼ばれる.層流と乱流の境界を1つの値(たとえば 2100)で示すこともあり,その値は臨界レイノルズ数(critical Reynolds number)Re_c[—]と呼ばれる.私たちが身のまわりで経験する流れは乱流状態である場合が圧倒的に多く,流体が気体である場合には Re が数十万になることも珍しくない.層流となるのは,まず高粘度液体の場合である.水のように低粘度の液体では,管径が毛細管のように細い場合,もしくは流速が極めて遅い場合に層流になると考えてよい.

〚例題 2.1 レイノルズ数〛

内径 15 mm の円管内を 20℃ の水が 5 m³ h⁻¹ で輸送されている.このときの管内の流れは,層流か乱流か判定せよ.

【解】

$$D = 15 \times 10^{-3}\,\text{m}, \quad \rho = 1000\,\text{kg m}^{-3}, \quad \mu = 1 \times 10^{-3}\,\text{Pa s}$$

$$u = \frac{5}{60^2 \times 3.14 \times (15 \times 10^{-3})^2 / 4} = 7.86\,\text{m s}^{-1}$$

これらの値を式(2.4)に代入し,レイノルズ数 Re を求めると,

$$Re = \frac{1000 \times 7.86 \times 15 \times 10^{-3}}{1 \times 10^{-3}} = 1.18 \times 10^5 > 4000$$

したがって,管内の流れは乱流である.

管路が円管でない場合には,流れの断面の代表径である相当直径(equivalent diameter)D_e を次式で計算することにより,Re の値は式(2.4)をそのまま用いて計算することができる.

$$D_e = 4r_h = 4S/l_p$$

ただし r_h[m] は動水半径と呼ばれるもので,管路の断面積 S(円管の場合は

$\pi D^2/4$) を，管路壁面において流体が接する周の長さ（ぬれ辺長）l_p（円管の場合は πD）で除した値として定義される．

この定義に従えば，図 2.2 に示す（a）環状路，（b）開溝（流体の上面は壁に接していない），（c）ぬれ壁の D_e はそれぞれ，

(a)　$D_e = D_o - D_i$,　　(b)　$D_e = \dfrac{4ab}{2a+b}$,　　(c)　$D_e = 2(D_1 - D_2)$

となる．

式（2.4）はもっとも典型的なレイノルズ数の定義であるが，たとえば撹拌槽のような場合には，撹拌翼径基準の撹拌レイノルズ数（impeller Reynolds number）Re_d が使われ，$n\,[\mathrm{s}^{-1}]$, $d\,[\mathrm{m}]$ をそれぞれ翼回転数，翼径とし，翼先端速度に相当する $nd\,[\mathrm{m\ s}^{-1}]$ を代表線速度に取り，次式により計算される．

$$Re_d = \frac{\rho n d^2}{\mu} \tag{2.5}$$

通常，Re_d が 100 以下では槽内は層流状態と考えてよい．ほかにも粘性流体中の粒子沈降を問題とするときには，粒子の沈降速度 $v\,[\mathrm{m\ s}^{-1}]$ と粒子径 $d_p\,[\mathrm{m}]$，ならびに流体の粘度から式（2.6）により計算される粒子レイノルズ数（particle Reynolds number）Re_p が使われる．

$$Re_p = \frac{\rho v d^2}{\mu} \tag{2.6}$$

このように系の特徴に応じて，それを的確に表現する代表長さと代表平均流速を選ぶことが重要となる．また流体が前項で述べた非ニュートン流体である場合には，系を代表する見かけ粘度をどのように見積もるかが問題となるが，これにつ

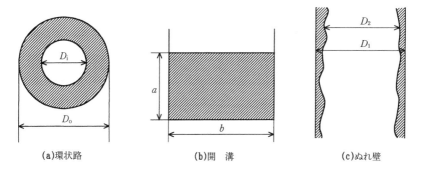

図 2.2　円管以外の様々な流路断面

いては化学工学便覧（化学工学会編，2011，p.343）などを参照されたい．

2.1.3 流線と流管

圧力・流速・流量・密度など，流れに関係する状態を示す変数がいずれも時間的に変化しない流れ場を，定常流（steady flow）と呼ぶ．一方，それら変数のうちの1つでも時間的に変化する場は，非定常流（unsteady flow）と呼ばれる．また，密度が時間的ならびに空間的に変化しない流体は非圧縮性流体（incompressible fluid）と呼ばれ，そうでないものは圧縮性流体（compressible fluid）と呼ばれる．液体全般と気体の大半は非圧縮性流体として取り扱って差し支えないが，たとえばエンジン室内の気流や超音速で飛行する機体まわりの流れなどは，圧縮性を考慮しなければならない．

図2.3に示すように，ある時刻における流れ場の速度ベクトルの包絡線を流線（stream line）と呼ぶ．逆にいえば，流線上のある点における接線方向は，その点における流速ベクトルの方向に一致している．流線群からなる面を流面と呼び，流面が閉じられて1つの管を形成するとき，これを流管（stream tube）と呼ぶ．非圧縮性流体を問題とするときには，流管の任意の断面を通過する流量 $Q[\mathrm{m^3\,s^{-1}}]$ は一定である．流れ場において，密度が流体と同じで大きさが無限小の仮想的な粒子を考え，その軌跡を追いかけたものを流跡線（path line）あるいは条痕線と呼ぶ．この場合，粒子は流れ場を可視化する一種のトレーサーとして働いている．このトレーサーを1個の粒子ではなく，流れ場に連続的に注入した場合の軌跡は，流脈線（streak line）と呼ばれる．

2.1.2項で紹介したReynoldsの実験は，流脈線を観察していたことになる．

流線，流跡線，流脈線の3者は，流れ場が定常状態であるときには一致するが，非定常の場合には一般に相違する．流線が観測場を固定したオイラー（Euler）的観測と呼ばれるのに対して，流跡線は観測対象自身が流動しており，ラグランジュ（Lagrange）的観測と呼ばれる．

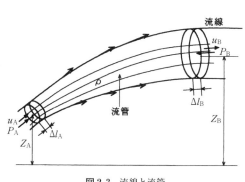

図2.3 流線と流管

2.1.4 基礎方程式

　流れ場を記述する基礎方程式は連続の式（equation of continuity）と運動の式（equation of motion）の2つであり，前者は流れ場における質量の保存則を，後者は運動量の保存則を表現している．

　連続の式はより一般的には，すなわち流体の密度変化を伴う圧縮性流体の場合には，式（2.7）で表される．

$$\frac{\partial \rho}{\partial t}+\frac{\partial \rho u}{\partial x}+\frac{\partial \rho v}{\partial y}+\frac{\partial \rho w}{\partial z}=0 \tag{2.7}$$

ただし，$u, v, w\,[\mathrm{m\ s^{-1}}]$ はそれぞれ，x, y, z 方向の流速を表す．ρ が時間的，空間的に変化しない非圧縮性流体の場合には，

$$\frac{\partial \rho}{\partial t}=\frac{\partial \rho}{\partial x}=\frac{\partial \rho}{\partial y}=\frac{\partial \rho}{\partial z}=0$$

であることから，式（2.8）のように簡素化できる（アドヴァンス B 参照）．

$$\frac{\partial u}{\partial x}+\frac{\partial v}{\partial y}+\frac{\partial w}{\partial z}=\nabla \cdot \boldsymbol{v}=\mathrm{div}\,\boldsymbol{v}=0 \tag{2.8}$$

ただし，$\boldsymbol{v}=(u, v, w)$，$\nabla=(\partial/\partial x, \partial/\partial y, \partial/\partial z)$ であり，$\boldsymbol{v}$ は 3 次元速度ベクトル，∇ は微分ベクトル演算子（ナブラ）と呼ばれる．

　一方，流れの運動方程式は，非圧縮性のニュートン流体の場合について記述すると，式（2.9）のようになる．

$$\rho\frac{\partial \boldsymbol{v}}{\partial t}+\rho(\boldsymbol{v}\cdot\nabla)\boldsymbol{v}=-\nabla p+\mu\nabla^2\boldsymbol{v}+\rho\boldsymbol{g} \tag{2.9}$$

左辺第1, 2項がそれぞれ時間変化項，対流項を，右辺第1, 2, 3項がそれぞれ圧力項，粘性項，重力項を表している．

　この式（2.9）は，19世紀の初頭にNavierおよびStokesによって導かれたもので，ナヴィエ-ストークスの式（Navier-Stokes equation，あるいはN-S式）と呼ばれる．流動状態は，これらの2式を連立して解く，すなわち連続の式を拘束条件として，運動の式を解くことによって完全に記述される．しかし後者は，式（2.9）からも分かるように，その対流項が非線形性を示すため，円管内あるいは同心二重円筒槽内の流れのように，対称性が高く境界条件がごく単純な系でしか，解析的に解くことはできない．このためN-S式は，1世紀以上にわたってほとんど手付かずの状態にあった．この状況を一変させたのは，近年のコンピュータ利用技術のハード，ソフト両面からの長足の進歩であり，同式を数値的に解くことにより，化学装置内の流動状態がかなりの部分にわたって解析できる

ようになってきた．これについては，2.5.2項で触れる．

2.1.5 エネルギーの保存則

図2.3に示した流管において，任意の2つの断面A, Bを考える．この流管内を非圧縮性流体が定常状態で流れているとき，粘性による影響がないとすれば，各断面での単位体積あたりの力学的エネルギーは$(\rho u^2/2 + \rho gZ)$である．ただし，u, Zはそれぞれ断面での流速，高さ方向の位置座標とする．微小時間後に断面がΔlだけ移動したとするとき，断面積をSとすれば，この微小体積における力学的エネルギーは$(\rho u^2/2 + \rho gZ)S\Delta l$である．ここでは粘性の影響は無視しているため，断面BとAとで同エネルギーに差があるならば，その差は流体が圧力Pによってなされた仕事$PS\Delta l$に等しいはずである．すなわち，式(2.10)が成り立つ．

$$\left\{\left(\frac{\rho u^2}{2}+\rho gZ\right)S\Delta l\right\}_{B面} - \left\{\left(\frac{\rho u^2}{2}+\rho gZ\right)S\Delta l\right\}_{A面} = (PS\Delta l)_{A面} - (PS\Delta l)_{B面} \quad (2.10)$$

A面，B面における変数であることを，単に下付きの添え字$_{A,B}$で示すと，

$$\left(\frac{\rho u_A^2}{2}+\rho gZ_A+P_A\right)S_A\Delta l_A = \left(\frac{\rho u_B^2}{2}+\rho gZ_B+P_B\right)S_B\Delta l_B$$

となる．ここで，流体は非圧縮性，すなわち縮まないものと仮定しているので，$S_A\Delta l_A = S_B\Delta l_B$であることから，結局，次式が成立する．

$$\frac{\rho u_A^2}{2}+\rho gZ_A+P_A = \frac{\rho u_B^2}{2}+\rho gZ_B+P_B \quad (2.11)$$

式(2.11)はベルヌーイ式（Bernoulli equation）と呼ばれ，流体力学上もっとも基礎となるものである．同式は非圧縮性だけでなく，粘性の影響を無視した完全流体（perfect fluid）であることを前提としているため，実際の流体に適用する際には補正を行うなどの注意が必要となる．式(2.11)の両辺をρで除すと，各項は流体が持つ単位質量あたりのエネルギーの単位$[\mathrm{J\,kg^{-1}}]$となり（式(2.12)），さらに両辺を重力加速度$g\,[\mathrm{m\,s^{-2}}]$で除すと，各項の単位は$[\mathrm{m}]$となって，この場合は頭またはヘッド（head）と呼ばれる（式(2.12')）．

$$\frac{u_A^2}{2}+gZ_A+\frac{P_A}{\rho} = \frac{u_B^2}{2}+gZ_B+\frac{P_B}{\rho} \quad (2.12)$$

$$\frac{u_A^2}{2g}+Z_A+\frac{P_A}{\rho g} = \frac{u_B^2}{2g}+Z_B+\frac{P_B}{\rho g} \quad (2.12')$$

式(2.12')の各項は順に，速度頭，位置頭，圧力頭と呼ばれる．

〚**例題 2.2 ベルヌーイの定理**〛

飛行機の主翼の断面は図 2.4 に示すように，上面側が下面側に比べ長くなっている．ある時刻に主翼の前縁に達した気流は，翼の上下面に分かれそれぞれ翼面に沿って流れた後，翼の後縁からそれぞれ流出するが，翼上面に沿って流れる大気の方が，翼下面に沿って流れる大気よりも流速が速いことが実験的に確認されている．これにより，翼が飛行中に揚力を受けることを，ベルヌーイの定理を用いて簡単に説明せよ．

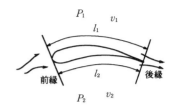

図 2.4 主翼断面図

【解】

翼上面，下面側をそれぞれ下付添え字 1, 2 で表し，流速を v，圧力を P とすると，題意より，$v_1 - v_2 > 0$ となる．今，上下面の位置高さは同じであるとして，ベルヌーイの定理（式（2.11））を用いて翼上下面の圧力の大小を比較すると，

$$P_1 - P_2 = \rho \frac{v_2^2 - v_1^2}{2} < 0 \quad (\because \quad v_1 > v_2)$$

である．下面側の圧力の方が上面側よりも大きくなるので，翼は下から上向きに揚力を受けることになる．■

式（2.11），（2.12）は，機械的エネルギーのバランスのみを考慮し，粘性に基づく摩擦などによるエネルギーを考慮していない．これは，熱エネルギーに形を変えて失われることになる．実際に，流体をある点 A から他の点 B に輸送するときには，ポンプやブロワーなどの輸送機を用いて動力 W [J kg^{-1}] を供給し，この損失分 F [J kg^{-1}] をカバーすることが必要となる．ここで，F/g は頭換算したエネルギーで，損失頭と呼ばれる．W, F を組み入れたバランス式は（2.13）のようになる

$$\frac{u_A^2}{2} + gZ_A + \frac{P_A}{\rho} + W = \frac{u_B^2}{2} + gZ_B + \frac{P_B}{\rho} + F \tag{2.13}$$

この式（2.13）では流体の温度変化が無視でき，式（1.14）において熱エネルギーでの損失は別として系外との積極的な熱交換を行わない場合に相当する．

〚**例題 2.3 エネルギー保存則**〛

密度 $\rho = 1025$ kg m^{-3} の海水をポンプで昇圧し，$Q = 0.14$ m^3 s^{-1} の流量で輸送している．ポンプ入口の管内径は 0.20 m，出口の管内径は 0.13 m である．出口は入口より

> **単位系あれこれ**
>
> 　第1章で述べたように，本書では単位として，長さ，質量，時間，温度などを基本量とした国際単位系（Le Systeme International d'Unites, SI）を使用している．また，これらの基本量を組み合わせた組立単位，たとえば力にはニュートン [N]（=[kg m s^{-2}]），圧力にはパスカル [Pa]（=[N m^{-2}]）などを用いている．これに対して，力（重力）を基本量の1つとする重力単位系（LFT）や工学単位系（LMFT）もあり，力は [Kg] あるいは [kgf] などと表記される．これらを用いる場合には，重力換算係数（gravitational convertion factor） g_c[kg m Kg^{-1} s^{-2}] を用いて計算を行わねばならない煩わしさがあるが，1 Kg cm^{-2} が約1気圧に等しいことから，現在でも慣用的にこれらの単位系が使われている．
>
> 　このほかに，英国式の [ft] や [lb] などを用いるヤード・ポンド法（1 yd=3 ft）が，ひと頃は化学工学でも多用されていた．これは，人体の各部にちなんだ単位系と言われている．アメリカンフットボールやゴルフなどは，このヤードを基準とした競技である．さらに，飛行距離を示す際のマイルや，ガソリンの販売単位としてのガロンなどもヤード・ポンド法の単位の1つであり，現在も広く使われている．
>
> 　日本にも，固有の尺貫法という単位系があった．和裁の分野では，鯨のひげで作られた1尺2寸5分の長さの鯨尺なるものが使われていた．ヤード・ポンド法も尺貫法も過去のものとなりつつあるが，それぞれの国の文化を色濃く反映したものと言えよう．

1.8 m 上方にあり，入口のマノメーターの読みは -190 mmHg，出口は 420 mmHg であった．また系の損失は 68.6 J kg^{-1} であった．入口，出口の温度は同一であるとし，ポンプの効率 $\eta=80\%$ とするとき，ポンプの所要動力 W_p[kW] はいくらか．ただし，1 mmHg=133.3 Pa である．

【解】

式（2.13）より，

$$W = \frac{u_B^2 - u_A^2}{2} + g(Z_B - Z_A) + \frac{P_B - P_A}{\rho} + F$$

$$u_A = \frac{0.14}{3.14 \times 0.20^2/4} = 4.458 \text{ m s}^{-1}, \quad u_B = \frac{0.14}{3.14 \times 0.13^2/4} = 10.55 \text{ m s}^{-1}$$

$$\therefore \quad W = \frac{10.55^2 - 4.458^2}{2} + 9.80 \times 1.8 + \frac{\{420-(-190)\} \times 133.3}{1025} + 68.6 = 211.3 \text{ J kg}^{-1}$$

よって,ポンプを用いて海水に加えるべき単位時間あたりの仕事 $W_\mathrm{p}[\mathrm{kW}]$ は,

$$W_\mathrm{p} = \frac{W}{\eta}\rho Q = \frac{211.3}{0.80} \times 1025 \times 0.14 = 37900\ \mathrm{W} = 37.9\ \mathrm{kW}$$

2.2 円管内の流れ

2.2.1 管内層流

断面が一様な円管内に,流体が完全に満ちた状態で流れる場合の流速分布や圧力損失について考える.まずは層流の場合についてみていこう.

図2.5に示すように,半径

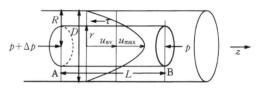

図2.5 円管内層流定常流れ

R の管が水平に置かれており,その中心線を z 軸とする.いま,管内に半径 r [m],長さ L [m] の仮想的な円管を考え,まわりの力のバランスを考える.上流側の端面 A に作用する流体圧は,下流側の端面 B に作用する圧力 p よりも Δp だけ高いとする.また,円管側面に働く剪断応力の大きさを τ とし,各面に働く力の方向を考慮すると,次のようになる.

端面 A に働く力:$\pi r^2(p+\Delta p)$

端面 B に働く力:$-\pi r^2 p$

側面に働く剪断力:$-2\pi r L \tau$

これらの総和が全体として 0 になることから,式 (2.14) が導かれる.

$$\pi r^2(p+\Delta p) - \pi r^2 p - 2\pi r L \tau = 0 \quad \therefore\ r\Delta p = 2L\tau$$

$$\frac{\tau}{r} = \frac{\tau_\mathrm{w}}{R} = \frac{\Delta p}{2L} = (r\text{の位置によらず})\text{一定} \tag{2.14}$$

ただし,$\tau_\mathrm{w} = \tau|_{r=R}$ =(管壁における剪断応力)である.これに対し,式 (2.1) に相当する流動の式 (2.15) を考える.

$$\tau = -\mu \frac{\mathrm{d}u}{\mathrm{d}r} \tag{2.15}$$

式 (2.15) の負号は,軸方向の速度 u が管中心から管壁に向かって減少することによる.同式に式 (2.14) を代入すれば,次の常微分方程式を得る.

$$\frac{\mathrm{d}u}{\mathrm{d}r} = -\left(\frac{\Delta p}{2L\mu}\right)r \tag{2.16}$$

境界条件として管壁における速度を0とし上式を積分すると、管の半径方向に沿った流速分布、

$$u = \frac{\Delta p}{4L\mu}(R^2 - r^2) = \frac{\Delta p R^2}{4L\mu}\left\{1 - \left(\frac{r}{R}\right)^2\right\} \tag{2.17}$$

を得る。これより、層流定常状態の管内流速分布は、管中心を最大流速とし、壁面で流速が0となる放物線状であることが分かる。同最大流速を u_{max}[m s^{-1}] とすると、

$$u_{max} = \frac{\Delta p R^2}{4L\mu}, \qquad \frac{u}{u_{max}} = 1 - \left(\frac{r}{R}\right)^2$$

と書け、管内の平均流速を u_{av}[m s^{-1}]、管断面の流量を Q[m^3 s^{-1}] とすると、

$$u_{av} = \frac{u_{max}}{2} = \frac{\Delta p R^2}{8L\mu}, \qquad Q = \pi R^2 u_{av} = \frac{\pi R^4 \Delta p}{8L\mu} \tag{2.19}$$

となり、$2R = D$ より式 (2.20) が得られる。

$$\Delta p = 32\, u_{av}\left(\frac{L\mu}{D^2}\right) \tag{2.20}$$

すなわち、流体の圧力損失 Δp は管長 L に比例し、管径 D の2乗に反比例する。式 (2.20) は、ドイツの学者 Hagen とフランスの医師 Poisuille によって、同じ頃別々に実験的に確かめられたものであり、ハーゲン-ポアズイユの法則 (Hagen-Poiseuille's law) と呼ばれる。同式は、流量測定あるいは毛細管を用いた粘度測定に適用される。

2.2.2 管内乱流

円管内のように単純な剪断場の場合であっても、乱流を解析的に取り扱うことはきわめて困難なものとなる。円管内における非圧縮性流体の乱流状態に対応する運動方程式は、通常式 (2.9) の N-S 式の時間平均を取る。u, v をそれぞれ軸方向、半径方向の流速とし、系の対称性を考慮すれば、式 (2.21) のようになる。

$$0 = -\frac{dp}{dz} + \left(\frac{1}{r}\right)\frac{d}{dr}\left\{r\left(\mu\frac{du}{dr} - \rho\overline{u'v'}\right)\right\} \tag{2.21}$$

式 (2.21) 中の項のうち、$-\rho\overline{u'v'}$ が実は難物で、レイノルズ応力 (Reynolds stress) と呼ばれる。これは、軸方向と半径方向の時間平均的な流速からのずれである u' と v' との積の時間平均 $\overline{u'v'}$ を含んでいるが、同量は u' と v' のそれぞれの時間平均の積 $\overline{u'}\cdot\overline{v'}$ とは本質的に異なるものである。したがって、このままではこの方程式の解は得られず、何らかの形で方策を講じることが必要になる。

通常，次に述べる2つのアプローチ法が取られている：①理論式を用いず，実験的考察から流速分布を経験的に与える方法，②理論的考察に基づき，レイノルズ応力を半経験的に算定する方法．以下に述べるように，①には指数法則（power law），②には対数法則（log law）と呼ばれる手法がある．

a. 指数法則

軸方向の流速 u を経験的に示す場合，式（2.22）の指数法則で表す．

$$u = u_{\max}\left(\frac{y}{R}\right)^{1/n} \tag{2.22}$$

ここで，y [m] は壁から管中心に向かう距離を表す．n はパラメーターで通常 6〜10 の値とされており，$n=7$ とする場合には7分の1乗則と呼ばれる．

$u^+ = u/u^*$，$y^+ = yu^*/\nu$ とすると，7分の1乗則は次式のようにも書き改められることが知られている（アドヴァンスC参照）．

$$u^+ = 8.74(y^+)^{1/7} \tag{2.23}$$

ここで u^* [m s^{-1}] は，

$$u^* = \left(\frac{\tau_w}{\rho}\right)^{1/2} \tag{2.24}$$

と定義され，摩擦速度（friction velocity）と呼ばれる．τ_w [Pa] は管壁での剪断応力であり，また ν は μ/ρ [m^2 s^{-1}]，すなわち動粘度（kinematic viscosity）であり，$y^+ = yu^*/\nu$ はレイノルズ数と同様の構成の無次元数である．

式（2.22）を用いた場合の管断面平均流速 u_{av} [m s^{-1}] は，n を用いて次式のように表される．

$$u_{av} = u_{\max}\frac{2n^2}{(n+1)(2n+1)} \tag{2.25}$$

$n=6$ のとき $u_{av} = 0.79\,u_{\max}$，$n=10$ のとき $u_{av} = 0.87\,u_{\max}$ である．すなわち，式（2.19）に示した層流の場合（$u_{av} = 0.5\,u_{\max}$）と比較して，乱流の場合は管中心付近において著しく平坦な速度分布となることが分かる．これは，軸方向の運動量が乱流内で発生する渦により半径方向に運ばれ，管内の他の部分と混ざり合うためであると解釈することができる．

b. 対数法則

乱流の場合の剪断応力 τ は，式（2.21）右辺のかっこ内に相当し，

$$\tau = \mu\frac{du}{dy} - \rho\overline{u'v'} \tag{2.26}$$

と表される．第1項は粘性応力であり，第2項はレイノルズ応力である．

円管内流れの実験結果によれば，管中心では乱流が発達しており，レイノルズ応力は粘性応力に比較して卓越した大きさとなっている（内層（inner layer））．一方，管壁近傍ではレイノルズ応力の影響は小さく，ほとんど粘性応力支配と考えられる（粘性底層（viscous sublayer））．また，その中間領域は両者が拮抗している遷移域と考えられる（中間層（buffer layer））．そこで，円管内を径方向にこの3つの領域に分けて考え，各領域で流れの特徴をよく表現するよう，式(2.26)を単純化して取り扱うのが対数法則モデルである．

考えている点がどの領域に入るかは，y^+の値で判断される．同値を用いて領域を判別し，各領域での流速は次のように計算される．

① $70<y^+$ となる内層では，レイノルズ応力のみが考慮され，

$$u^+ = 5.75 \log y^+ + 5.5 \tag{2.27}$$

で計算される．ただし，logは常用対数である．この式(2.27)は，プラントルの混合長（Prandtl's mixing length）理論に基づき導出されたものである．

② $5<y^+<70$ となる中間層では，粘性応力とレイノルズ応力の両者を考慮し，

$$\frac{1}{(u^+)^2} = \frac{1}{(y^+)^2} + \frac{0.030}{(\log(9.05\,y^+))^2} \tag{2.28}$$

となる．

③ $y^+<5$ となる粘性底層では，レイノルズ応力は無視し，粘性応力だけを考える．また，速度の線形勾配を仮定して，

$$\tau_w = \mu \frac{u}{y}, \quad \therefore \quad u = \tau_w \frac{y}{\mu} \tag{2.29}$$

となる．

〚**例題2.4 管内乱流速度分布（指数法則）**〛

滑らかな壁面を持つ内径0.45 mの円管内におけるオイルの流速を，管壁からの距離 ① $y=0.225$ m（管中心），② $y=0.01$ m，③ $y=0.001$ m においてそれぞれ求めよ．計算は指数法則（7分の1乗則）を用いて行え．ただし，オイルの比重を0.85，動粘性係数を $9\,\mathrm{mm^2\,s^{-1}}$，管壁における剪断応力 τ_w を1.646 Paとする．

【解】

摩擦速度 u^* は式(2.24)より，

$$u^* = \left(\frac{\tau_w}{\rho}\right)^{1/2} = \left(\frac{1.646}{0.85 \times 10^3}\right)^{1/2} = 0.044\,\mathrm{m\,s^{-1}}$$

各位置における y^+ の値を求め，式(2.23)を用いると，

① $y=0.225$ m では，$y^+ = \dfrac{u^* y}{\nu} = \dfrac{0.044 \times 0.225}{9 \times 10^{-6}} = 1100$

∴ $u = 8.74\, u^*(y^+)^{1/7} = 8.74 \times 0.044 \times 1100^{1/7} = 1.05\ \mathrm{m\ s^{-1}}$

② $y = 0.01$ m では,$y^+ = \dfrac{0.044 \times 0.01}{9 \times 10^{-6}} = 48.9$

∴ $u = 8.74 \times 0.044 \times 48.9^{1/7} = 0.670\ \mathrm{m\ s^{-1}}$

③ $y = 0.001$ m では,$y^+ = \dfrac{0.044 \times 0.001}{9 \times 10^{-6}} = 4.89$

∴ $u = 8.74 \times 0.044 \times 4.89^{1/7} = 0.482\ \mathrm{m\ s^{-1}}$

2.2.3 管摩擦係数と流体輸送

流体が管内壁のような固体面との接触により受ける摩擦力 $F_\mathrm{k}[\mathrm{N}]$ は,流体の単位体積あたりの平均運動エネルギー $\rho u^2/2$ と次の関係がある.

$$F_\mathrm{k} = f \frac{\rho u^2}{2} S \tag{2.30}$$

ここで $S[\mathrm{m^2}]$ は代表面積であり,円管を考えるときには $2\pi R L$ となる.また $f[—]$ は管摩擦係数(friction factor)と呼ばれる無次元の係数である.

流体が管壁に及ぼす剪断応力 τ_w は単位面積あたりの摩擦力と等しくなるから,

$$\tau_\mathrm{w} = \frac{F_\mathrm{k}}{S} = f \frac{\rho u^2}{2}$$

となる.一方,τ_w は層流,乱流の別なく,式(2.14)より $\tau_\mathrm{w} = \Delta p R/2L$ であるから,

$$\Delta p = 4f \left(\frac{\rho u^2}{2} \right) \left(\frac{L}{D} \right) \quad (\because\ D = 2R) \tag{2.31}$$

となる.この式(2.31)は,管内の圧力損失(pressure drop)を算出するための基本式であり,ファニングの式(Fanning's equation)と呼ばれる.Δp に見合うだけの圧力をポンプなどで流体にかけてやるか,あるいは上流側の位置頭がこの分以上高くないと,管内の流体は流れないことになる.なお,Δp を ρ で除した値,$\Delta p/\rho[\mathrm{J\ kg^{-1}}]$ は,式(2.13)で述べた損失頭 F/g のうちの摩擦損失(friction loss)$F_\mathrm{f}[\mathrm{J\ kg^{-1}}]$ を表している.

さて,管摩擦係数 f は流れの場により決まる定数であり,管内の流速分布と対応関係がある.層流の場合には,ハーゲン-ポアズイユ則を表す式(2.20)を次のように変形し,

$$\Delta p = 32\, u \frac{L\mu}{D^2} = \left(\frac{64}{\rho u D / \mu} \right) \left(\frac{\rho u^2}{2} \right) \left(\frac{L}{D} \right) = \left(\frac{64}{Re} \right) \left(\frac{\rho u^2}{2} \right) \left(\frac{L}{D} \right)$$

とし,これと式(2.31)とを比較して,層流域では次式が成り立つことが分かる.

$$f = \frac{16}{Re} \tag{2.32}$$

一方で乱流の場合には,流速分布をどのように表現するかで f は異なるが,式 (2.23) に示した指数法則の7分の1乗則を用いる場合には式 (2.33) のようになり,これはブラジウスの式(Blasius' equation)と呼ばれる.

$$f = 0.0791 \, Re^{-0.25}, \qquad 2 \times 10^3 < Re < 10^5 \tag{2.33}$$

ただし,その適用範囲に留意する必要がある.

また,対数法則の式 (2.29) を適用する場合には,f は次のように表される.

$$\frac{1}{f^{0.5}} = 4.06 \log(Re \, f^{0.5}) - 0.37, \qquad 10^5 < Re < 10^7 \tag{2.34}$$

この式 (2.34) は,Prandtl によって導かれたものである.

これとは別に,板谷は実験的に式 (2.35) を導出している.こちらの方が適用範囲も広く,計算も容易である.

$$f = \frac{0.0785}{0.7 - 1.65 \log Re + (\log Re)^2}, \qquad 3 \times 10^3 < Re < 3.24 \times 10^6 \tag{2.35}$$

2.2.4 粗面管の場合の流速分布と管摩擦係数

前項までの記述では管面が平滑であることを前提としたが,管面が粗面である場合には取り扱いが異なる.

ニクラーゼ(Nikuradse)は,円管内に平均粒径 k_s[m] の砂粒を張り付けた実験から次のことを明らかにした.$k_s u^*/\nu$ を k_s を代表長さとする粗さレイノルズ数 Re_r[—] とするとき,

① $Re_r < 5$ では,$f = f(Re)$,

すなわち表面のざらつき,言いかえれば突起の高さは粘性底層内にあるため,流速分布は平滑面の場合と同じになる.

② $5 < Re_r < 70$ では,$f = f\left(Re, \dfrac{k_s}{R}\right)$,

この場合,突起高さは粘性底層の厚さと同程度になるため,f は表面の粗度の影響を受ける.ここで,k_s/R[—] は相対粗度(relative roughness)と呼ばれる.

③ $70 < Re_r$ では,$f = f\left(\dfrac{k_s}{R}\right)$,

この場合には,f は Re の値とは無関係になり,式 (2.36) に示すように相対粗度によってのみ決まる定数となる:

2.2 円管内の流れ

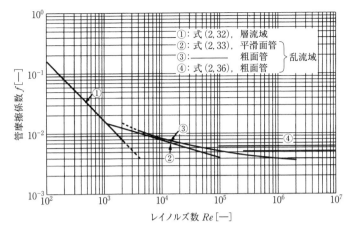

図2.6 管摩擦係数とレイノルズ数との相関

$$\frac{1}{f^{0.5}} = 4.06 \log\left(\frac{R}{k_s}\right) + 3.48 \tag{2.36}$$

また,この場合の内層における流速分布は平滑管の場合と同形となるが,式 (2.29) と比較すると,右辺第2項の定数が次式に示すように粗さレイノルズ数の関数となる:

$$u^+ = 5.75 \log y^+ + C_k, \qquad C_k = 8.5 - 5.75 \log Re_r \tag{2.37}$$

以上に述べた管摩擦係数 f を,層流域から乱流域に至るまでレイノルズ数に対して両対数軸で示すと,図2.6のようになる.すなわち,層流域での -1 の勾配から,遷移域では勾配が緩くなり,乱流域では勾配0となる.これは,レイノルズ数に対する相関式の典型的な形態を表している.

〚例題 2.5 管内流(圧力損失)〛

20℃のベンゼンを内径52.0 mmのガス管を用いて平均流速1.5 m s^{-1}で輸送するとき,管長100 mあたりの圧力損失[Pa]はいくらか.

ベンゼン(20℃):粘度 $\mu = 6.5 \times 10^{-4}$ Pa s,密度 $\rho = 879$ kg m^{-3}

ヒント:ガス管は粗面管として,管摩擦係数 f は図2.6から求めよ.

【解】

レイノルズ数 Re は

$$Re = \frac{879 \times 1.5 \times 52.0 \times 10^{-3}}{6.5 \times 10^{-4}} = 1.05 \times 10^5$$

となる.また,ガス管の f は,図2.6の粗面管に対する曲線③から,$f = 5.2 \times 10^{-3}$ と

読み取れる．したがって，ファニングの式（2.31）より圧力損失 Δp は，次のように求められる．

$$\Delta p = 4f\left(\frac{\rho u^2}{2}\right)\left(\frac{L}{D}\right) = 4 \times 5.2 \times 10^{-3} \times \left(\frac{879 \times 1.5^2}{2}\right) \times \left(\frac{100}{52.0 \times 10^{-3}}\right) = 3.96 \times 10^4 \,\text{Pa} \quad ■$$

2.2.5 直管部以外での圧力損失

前項までに述べた圧力損失に関する計算は，径が一定の直管についてのものであったが，実際の配管は曲がり部があったり，拡大や縮小部が存在したり，流動状態が変化したりするため，これに伴う機械的エネルギーの損失を考慮する必要がある．

①急拡大の場合：上流側の平均流速を $u_1[\text{m s}^{-1}]$，下流側を $u_2[\text{m s}^{-1}]$ とすると，管の急激な拡大に伴う損失 $F_e[\text{J kg}^{-1}]$ は，式（2.38）のようになる．

$$F_e = \frac{(u_1-u_2)^2}{2} = \zeta_e \frac{u_1^2}{2}, \qquad \zeta_e = \left(1 - \frac{A_1}{A_2}\right)^2 \tag{2.38}$$

ただし，A_1, A_2 はそれぞれ上流側，下流側の管断面積 $[\text{m}^2]$ である．急拡大ではなく緩やかに拡大する場合には，ζ_e は広がり角 θ の関数となる．

②急縮小の場合：管の急激な縮小に伴う損失 $F_c[\text{J kg}^{-1}]$ は，式（2.39）のようになる．

$$F_c = \left(\frac{1}{C_c} - 1\right)^2 \frac{u_2^2}{2} = \zeta_c \frac{u_2^2}{2}, \qquad \zeta_c = \left(\frac{1}{C_c} - 1\right)^2 \tag{2.39}$$

ここで C_c は収縮係数と呼ばれるもので，0.6〜0.8 の値を取る．式（2.39）に示すように，急縮小の場合の損失は出口側の平均流速で計算されるが，拡大，縮小のいずれにしても，より流速が大となる側で損失は規定される．

③曲がり部など：曲がり部，継手，弁などの配管内の付属部に伴う損失 $F_s[\text{J kg}^{-1}]$ は，配管の摩擦損失に換算した直管相当長さ $L_e[\text{m}]$ を用いて，式（2.40）のように表される．

$$F_s = 4f\left(\frac{u^2}{2}\right)\left(\frac{L_e}{D}\right) \tag{2.40}$$

ここで L_e は，付属部ごとに定められた値 $n[-]$ を用いて，

$$L_e = nD \tag{2.41}$$

で計算される．n の値を表 2.1 に示す．

表 2.1 管内付属部の n の値（$n = L_e/D^{-1}$）

付属部品	n
直角肘管（エルボ）	30〜50
十字継手	50
T 形継手	40〜80
仕切弁（全開時）	7
玉形弁（全開時）	300

以上のことから，2.1.5 項で述べた損失

頭 Fg^{-1} [m] は，摩擦損失頭 F_f のほかに，本項で述べた損失頭をすべて合算することにより，式 (2.42) で計算される．

$$F/g = (F_f + F_e + F_c + F_s)/g \tag{2.42}$$

〚例題 2.6 管内流（損失頭）〛 ─────────────────────

直径 16 cm の平滑な円管を用いて，常温の水を $R_e = 8.0 \times 10^4$ の状態で輸送している．管の全長は 75 m で，その途中には直角肘管 ($n=40$) が設置されている．さらに，管末端の流出部は直径 40 cm に急拡大している．このとき，全損失頭 [m] はいくらか．

【解】 ─────────────────────────────

式 (2.42) より，この場合の全損失 F は次の 3 つのエネルギー損失の和として表される．

$$F = F_f + F_s + F_e$$

このうち摩擦損失は，

$$F_f = 4f\left(\frac{u^2}{2}\right)\left(\frac{L}{D}\right)$$

である．ここで，$Re = (1.0 \times 10^3 \times u \times 0.16)/1.0 \times 10^{-3} = 8.0 \times 10^4$ であり，これを u について解けば $u = 0.5$ m s^{-1}，f はブラジウスの式 (2.33) を適用すれば $f = 0.0791 \times (8.0 \times 10^4)^{-0.25} = 4.7 \times 10^{-3}$ となる．これより，

$$F_f = 4 \times 4.7 \times 10^{-3} \times \frac{0.5^2}{2} \times \frac{75}{0.16} = 1.101 \text{ J kg}^{-1}$$

また，曲がり部は，

$$F_s = 4f\left(\frac{u^2}{2}\right)\left(\frac{L_e}{D}\right) = 4 \times 4.7 \times 10^{-3} \times \frac{0.5^2}{2} \times 40 = 0.094 \text{ J kg}^{-1}$$

急拡大部は，

$$F_e = \left(1 - \frac{A_1}{A_2}\right)^2\left(\frac{u^2}{2}\right) = \left(1 - \frac{0.16^2}{0.40^2}\right) \times \left(\frac{0.5^2}{2}\right) = 0.088 \text{ J kg}^{-1}$$

$$\therefore \quad F = 1.101 + 0.094 + 0.088 = 1.28 \text{ J kg}^{-1}$$

となる．これより全損失頭は $F/g = 1.28/9.80 = 1.31$ m ∎

2.3 物体まわりの流れ

2.3.1 境界層内の流れ

一様な流速 U の流れに沿って，物体として薄い平板が置かれている場合を考える．この一様な流れは，主流（main flow）あるいはバルク流（bulk flow）と呼ばれる．このとき平板表面では，流体の粘性のために速度は 0 となる．一方で平板近傍の流れの速度は，平板から垂直方向に離れるにつれて急激に増大し，

ある位置で主流の大きさ U と等しくなる．2.1.1 項で述べたように，Newton の粘性法則 ($\tau=\mu(\mathrm{d}u/\mathrm{d}y)$) より，流速が急激に変化する場所，すなわち速度の空間勾配である剪断速度 $\mathrm{d}u/\mathrm{d}y$ が大きいところでは，気流のようにその粘性 μ が低い場合であっても，流れに作用する剪断応力は無視小とはならない．このことから，物体まわりの流れを考えるときには，流体の粘性に伴う影響を考慮しなければならない．

総じてこの剪断速度が大となる領域は薄いものと考えてよく，その領域の外側では粘性を持たない一様な流れ場と見なすことができる．すなわち物体まわりの流れを考える場合，表面近傍のごく薄い層だけに着目すればよいことになる．この薄層は境界層（boundary layer）と呼ばれる概念で，Prandtl の発想によるものである．ここで述べた境界層は速度境界層についてであるが，伝熱場における物体まわりの温度分布においても同様な概念が成立する．これは温度境界層と呼ばれており，両者には相互に関係のあることが知られている．

次に境界層内の速度分布を見てみよう．まず境界層の区分けについて考える．図 2.7 に示すように，平板の上流端近傍では流れは層流であるが，下流にいくにしたがって乱流となる．これより，前者は層流境界層（laminar boundary layer），後者は乱流境界層（turbulent boundary layer）と呼ばれる．また，層流と乱流の中間には遷移域が存在する．両者の境界層を区分するには，式 (2.43) で定義される局所レイノルズ数（local Reynolds number）Re_x [—] が用いられる．

$$Re_\mathrm{x}=\frac{xU}{\nu} \tag{2.43}$$

これは平板の上流端，すなわち前縁からの距離 x [m] を代表長さに用いたレイノルズ数である．ここで，U [m s^{-1}] は主流の流速，$\nu(=\mu/\rho)$ [m^2 s^{-1}] は流体の動粘度である．Re_x が臨界レイノルズ数 Re_xc （約 3×10^5）の値を超えたとき，境界層は層流から乱流状態に遷移する．ただし，乱流境界層内においても平板面近傍には層流部分が存在する．これは層流底層（laminar sublayer）と呼ばれ，2.2.2 項で述べた粘性底層と同じ概念である．

境界層内の速度分布 u [m s^{-1}] を求めるには，まず境界層の厚さ δ [m]，つまり u が主流の流速 U となる位置を知る必要がある．しかし，これを厳密に求めることは実際には困難であり，実験的には $u=0.99\,U$ などとして算定されている．δ は Re_x の値により判定された層流，乱流の別に応じて，次のように計算される．

$$層流境界層厚さ：\delta=4.64\,x^{1/2}\left(\frac{\nu}{U}\right)^{1/2}=\frac{4.64x}{Re_\mathrm{x}^{1/2}} \tag{2.44}$$

2.3 物体まわりの流れ

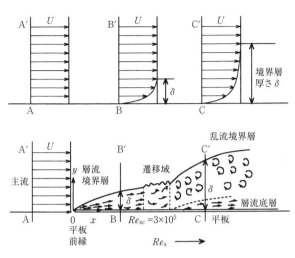

図2.7 平板上の境界層の遷移

$$\text{乱流境界層厚さ}：\delta=0.37\,x^{4/5}\left(\frac{\nu}{U}\right)^{1/5}=\frac{0.37x}{Re_x^{1/5}} \tag{2.45}$$

層流境界層と乱流境界層内における速度分布 u は，上式で計算したそれぞれの境界層厚さ δ を用いて，式 (2.46)，(2.47) のように近似的に計算される．

$$\text{層流境界層}：\frac{u}{U}=\frac{3}{2}\left(\frac{y}{\delta}\right)-\frac{1}{2}\left(\frac{y}{\delta}\right)^3 \tag{2.46}$$

$$\text{乱流境界層}：\frac{u}{U}=\left(\frac{y}{\delta}\right)^{1/7} \tag{2.47}$$

式 (2.47) は，円管内の乱流速度分布を経験的に表示した式 (2.23)，すなわち 7 分の 1 乗則と同じ形をしており，興味深い．

境界層の性質を調べるには，式 (2.43)〜(2.47) を用いて速度分布を完全に算定すればよいが，必要な特性値だけを得るためには，境界層の速度分布から求められる排除厚さと運動量厚さがよく用いられる．排除厚さ (displacement thickness) δ^*[m] は，式 (2.48) で定義される．

$$\delta^*=\left(\frac{1}{U}\right)\int_0^{\delta}(U-u)\,\mathrm{d}y \tag{2.48}$$

これは境界層内における流速の欠損部分を面積平均したものであり，$y\leqq\delta^*$ では流速が 0，その外側では主流速度に等しいとして単純化するものである．あたかも平板は δ^* の厚さだけその表面が厚くなったとし，その外側は平板の影響を

カオス・フラクタルと乱流

　乱流は極めて複雑な現象であり，N-S方程式を真っ向から解く試みも果敢になされているが，未だその解明は十分なものとはいえないのが現状である．

　このような，いわゆる非線形現象の難問に対しては，別の視点からのアプローチ法が試みられている．その1つがカオス（chaos）理論であり，複雑な現象もその根本となっている原理原則は意外とシンプルであること，ただし初期条件が少し違うと，その結果は似ても似つかないものとなることなどが，明らかになっている．

　もう1つはフラクタル（fractal）であり，これは一見複雑で手に負えないと思われる現象も，実は自己相似的な構造を持っているという見方である．いわば曼荼羅絵図の世界であり，相似性はフラクタル次元という指標で表される．たとえば雲の形は大気の乱流状態を反映していると考えられるが，そのフラクタル次元はどれも1.35であることが知られている．また洗面器に水を張り，その表面に墨汁を垂らしてできる墨絵が描く模様は1.3のフラクタル次元を持っているという（高安(1987)）．この一致性は，乱流現象の背後にある普遍的な性質を浮き彫りにしているようで興味深い．

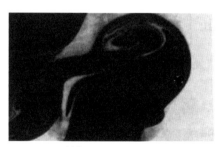

墨絵が描くフラクタル

まったく受けないものとして流れを取り扱うことを意味している．すなわち，δ^*は物体まわりの主流を考える際，重要な指標となる．

　同様に，運動量厚さ（momentum thickness）θ[m]を式（2.49）のように定義することができるが，これは次項に述べる流体の粘性抵抗により生じる摩擦抗力を求める際に重要となる特性値である．

$$\theta = \left(\frac{1}{U^2}\right)\int_0^\delta (U-u)u\,\mathrm{d}y \tag{2.49}$$

〖例題 2.7 境界層厚さ〗

層流境界層における排除厚さ δ^* の，同境界層厚さ δ に対する比の値を求めよ．

【解】

式 (2.48) より，

$$\delta^* = \left(\frac{1}{U}\right)\int_0^\delta (U-u)\,dy = \int_0^\delta \left(1-\frac{u}{U}\right)dy$$

これに層流境界層内の速度分布の式 (2.46) を代入して，

$$\delta^* = \int_0^\delta \left\{1-\left(\frac{3}{2}\right)\left(\frac{y}{\delta}\right)+\left(\frac{1}{2}\right)\left(\frac{y}{\delta}\right)^3\right\}dy$$

ここで，$t=y/\delta$ と変数変換すると $dy=\delta dt$ で，$y=0$ において $t=0$，$y=\delta$ において $t=1$ から，

$$\delta^* = \delta\int_0^1 \left(1-\frac{3}{2}t+\frac{1}{2}t^3\right)dt = \delta\left[t-\frac{3}{4}t^2+\frac{1}{8}t^4\right]_0^1 = \frac{3}{8}\delta \quad \therefore \quad \frac{\delta^*}{\delta} = \frac{3}{8}$$

となる．∎

2.3.2 流体中の物体に作用する力

流れの中の物体に作用する抵抗 D[N] は，物体表面の流れ方向に沿った剪断応力の積分値である摩擦抵抗（friction drag）と同方向に沿った圧力の積分値である圧力抵抗（pressure drag）に分けることができる．摩擦抵抗は表皮抵抗とも呼ばれるのに対し，圧力抵抗は物体の形によって左右されるので，形状抵抗（form drag）とも呼ばれる．一般に，レイノルズ数 Re の小さい範囲では摩擦抵抗が大きいが，Re が大きくなると形状抵抗の方が卓越してくる．

密度 ρ[kg m^{-3}]，粘度 μ[Pa s] の流体中を物体が，ここでは簡単のために直径 d_p[m] の球が，流速 v[m s^{-1}] で運動している場合を考えよう．このとき，物体が流体の粘性によって流れの方向に受ける抵抗 D は，一般に式 (2.50) によって与えられる．

$$D = C_D\left(\frac{\rho v^2}{2}\right)\left(\frac{\pi d_p^2}{4}\right) \tag{2.50}$$

流体自体に流れ，u[m s^{-1}] がある場合には，物体の流れ方向の速度成分 u を取り，相対速度 $(u-v)$ に置き換えることによって，同様に D の値が計算される．なお，式 (2.50) 中の C_D[—] は抵抗係数（drag coefficient）と呼ばれ，式 (2.6) で説明した粒子径基準のレイノルズ数 $Re_p(=\rho v d_p/\mu)$ の関数である．

球以外の形状の物体を考える場合には，式 (2.50) の右辺の $(\pi d_p^2/4)$ の代わ

りに，その物体の流れに垂直な面に対する投影面積 $S[\mathrm{m}^2]$ を用いて計算すればよい．

$$D = C_D \left(\frac{\rho v^2}{2}\right) S \tag{2.51}$$

S は一般に，一様流中の方向に垂直な平面への投影面積を用いるが，板や翼ではその表面積を用いることもある．また流れの中にある物体は，流れの方向に抵抗を受けるほかに，流れに垂直な方向に揚力 $L[\mathrm{N}]$ を受けることがある．この L もまた，式 (2.51) と同様の形で計算される．

さて定常状態の場合，すなわち一定速度の流体中を固体球が一定速度で移動する場合には，$C_D = f(Re_p)$ の関数関係は図 2.8 のようになることが，多くの実験によって確認されている．同図から分かるように，レイノルズ数 Re_p が小さい範囲，つまり $Re_p \leq 2$ では，

$$C_D = \frac{24}{Re_p} \tag{2.52}$$

になっている．この式 (2.52) を式 (2.50) に代入して変形すれば，

$$D = 3\pi \mu d_p v \tag{2.53}$$

を得る．これは，Stokes が粘性流体の運動方程式の慣性項を省略して理論的に導いたものと一致し，ストークスの抵抗法則（Stokes' law）と呼ばれる重要な式である．ちなみにストークスの抵抗法則の範囲では，式 (2.53) で計算される D のうち，その 2/3 が摩擦抵抗，1/3 が形状抵抗となることが知られている．

図 2.8 にも示すとおり，Re_p がこの範囲を超えると C_D の Re_p に対する勾配は緩やかとなり，$Re_p \geq 500$ では C_D は一定値，約 0.44 を取る．以上のことと式 (2.50) をあわせて考えると，抵抗 D は Re_p の小さい範囲では流速 v に比例するが，Re_p が 500 を超えるようになると流速の 2 乗に比例するようになることが分かる．

また，両者の間の領域 $2 \leq Re \leq 500$ は遷移域であり，C_D は Re の $-3/5$ 乗ないしは $-1/2$

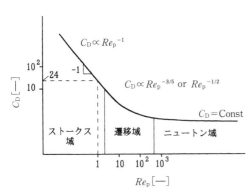

図 2.8 抵抗係数と粒子レイノルズ数との関係

乗に比例するとされている．

C_D のレイノルズ数に対するこのような関数関係が，前述した図2.6とまったく同様な形となっているのは興味深い．実はこのほかにも，撹拌動力数 N_p ($=P/\rho n^3 d^5$)[—] を式 (2.5) で定義される撹拌レイノルズ数 Re_d に対してプロットすると，まったく同様な形状の相関曲線が得られることが知られている．

2.3.3 円柱背後の流れ

図2.9に示すように，一様な流れの中に置かれた円柱の表面では，$\theta=0$ の点から次第に主流よりも流速が小となる境界層が発達して，その厚さを増していく（図中 A）．ある θ の位置で剥離点に達するが，それ以後境界層内に逆流が生じ，境界層の剥離が起こる (B)．流速が大きくなると円柱の背面から大きく離れて流れ去り，円柱の背面には回転方向が逆の2つの渦を生ずるようになる．また，流線は円柱とこれについている渦を包み込むように形成される (C)．

円柱の背面にできる渦は，B，C に見られたように上下対称であったものが，流速がさらに大となって Re が約60以上になると，図の上下で交互に円柱から離れ去るようになり，円柱の後面に2列の渦を生ずるようになる (D)．Karman はこの渦列の研究を行い，理論的に $b/a=0.2806$ のとき渦列が安定であることを発見した．これをカルマンの渦列（Karman's vortex street）と言い，Re が約50000に達するまで見られる現象である．

いま，静止流体中を直径 D[m] の円柱が一定速度 u_0[m s^{-1}] で運動している

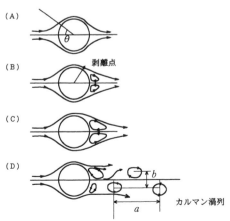

図2.9　カルマン渦列の形成

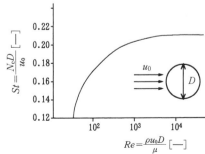

図2.10　レイノルズ数とストローハル数の関係

場合を考えよう. 渦も同じ方向に速度 u_v で運動し, $u_v/u_0 \fallingdotseq 0.14$ である. 毎秒発生する渦の数を $N_e[\mathrm{s}^{-1}]$ とすれば, $St = N_e D/u_0$ で定義される無次元数のストローハル数 (Strouhal number) は, 図 2.10 に示すようにレイノルズ数 $Re(= \rho u_0 D/\mu)$ の関数となる. $Re \geqq 1000$ では, St はほぼ一定値 0.21 をとることが知られており, この範囲で渦の発生個数を計測すれば円柱の移動速度を計算することができる. この関係は, 流れ場において円柱を静止させた場合にもまったく同様に成立し, 次節で述べるカルマン渦流速計の基本原理となるものである.

2.4 流動状態の計測

2.4.1 流速計

化学装置内あるいは管内の流れの状態を把握するうえで重要な状態量は, 圧力, 流速, 流量の 3 者であり, これらは相互に関係を持っている. 本項では流速を計測する代表的な計器の原理について説明するが, 必要に応じてこれらの状態量の関係についても触れることとする.

本項で紹介する流速計 (velocimeter) は, ピトー管 (Pitot tube), 熱線・熱膜流速計 (hot-wire hot-film anemometer), レーザードップラー流速計 (lazer Doppler velocimeter, LDV), カルマン渦流速計 (Karman vortex velocimeter) の 4 つであるが, その計測原理はすべて異なっている. また最近では, 画像解析手法を利用した粒子追跡流速計測法 (particle image velocimetry, PIV) も使われるようになってきた. 以下, これらを順を追って見ていこう.

a. ピトー管

ピトー管は, フランスの Henri de Pitot によって 18 世紀に考案されたものである. 図 2.11 に示すように, 密度 ρ, 流速 u の流れ場に, ピトー管の L 字管部の先端を流れの方向に向けて挿入すると, 先端部は流れに対する障害物となる. ①では流速は 0 となり, よどみ点 (stagnation point) と呼ばれる. 一方, L 字管の側面部に開孔された点②での流速は, 流れ場の流速のままである. この 2 点に 2.1.5 項で述べたベルヌーイの定理を適用し, 両点の高さの差が無視できるとすると, 次式が成り立つ.

$$P_1 = \frac{\rho u^2}{2} + P_2$$

ここで, 右辺の第 1 項, 第 2 項はそれぞれ動圧 (dynamic pressure), 静圧 (static pressure）と呼ばれ，その和は全圧（total pressure）と呼ばれる．よどみ点①では動圧が0となり，静圧が全圧そのものとなっている．点②の孔は静圧が掛かることから，静圧孔と呼ばれる．さて，P_1 と P_2 の圧力差はピトー管のU字管部に伝えられ，同部に封入された密度 ρ' の液柱の高さの差 h となって現れる．ちなみにこのU字管部は，圧力差を液柱の高さの差に変換して表示する液

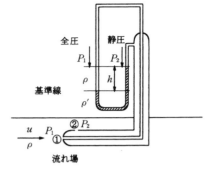

図2.11 ピトー管の計測原理

柱形圧力計の1つであり，U字管マノメーター（manometer）とも呼ばれる．同図に示す基準線での左右の液柱に掛かる圧力は等しいから，$P_1+\rho gh=P_2+\rho'gh$ となり，これら2式から P_1, P_2 を消去して整理すると，

$$u=\left\{\frac{2(\rho'-\rho)gh}{\rho}\right\}^{1/2} \tag{2.54}$$

を得る．すなわち，封入液の左右の柱高さの差を計測することで，流れ場の流速を計測することができる．封入液が水で計測する対象が空気であるような場合には $\rho' \gg \rho$ となり，同式は近似的に，

$$u=\left(\frac{2\rho'gh}{\rho}\right)^{1/2} \tag{2.55}$$

となるが，封入液が水銀で計測対象が水のような場合には，式 (2.54) で計算する必要がある．ベルヌーイの式は，2.1.5項でも述べたとおり流体の粘性の影響を考慮していない．これを補正するため，式 (2.54) の右辺に補正係数 C[—]を掛けることがある．これはピトー管速度係数と呼ばれ，通常1に近い値である．

〚例題2.8 ピトー管〛────────────────

図2.11に示すピトー管を川に差し入れたところ，マノメーター部の読みは0.1mであった．同部には密度13600 kg m^{-3} の水銀が封入されており，川の水は常温とするとき，川の平均流速の値はいくらか．ただし，ピトー管速度係数 C は1.0，重力加速度 $g=9.8$ m s^{-2} とする．

【解】────────────────

式 (2.54) で補正係数 C を考慮して，

$$u=C\left\{\frac{2(\rho'-\rho)gh}{\rho}\right\}^{1/2}=1.0\times\left\{\frac{2\times(13600-1000)\times 9.8\times 0.1}{1000}\right\}^{1/2}=5.0 \text{ m s}^{-1}$$

航空機の主翼から突き出た細い管は,航空機の速度を計測するためのピトー管であり,図2.11でいえば静止流体中を速度uでピトー管を移動させるイメージに相当する.この場合もまったく同様に,式(2.54),(2.55)が成立する.

b. 熱線・熱膜流速計

熱線・熱膜流速計は,図2.12に示すように抵抗体に通電して発熱したセンサー部を流れ場に挿入すると,流速の大小に応じて冷却され,センサー部の電気抵抗Rが変化することを測定原理としている.(a)に示すように,抵抗体は絶縁被覆された2本の支柱に,直径5〜10μmのタングステンや白金,あるいは白金-ロジウムなどの金属細線を張った熱線型プローブと,(b)に示すように,円錐状のプローブに薄膜状に白金やニッケルなどの金属をコーティングした熱膜型のものがある.前者は気体の計測に,後者はより強度の要求される液体の流速計測に用いられる.

これらの抵抗体からの発熱量I^2R[W]は,流体の対流伝熱によって運び去られる放熱量q[W]に等しく,流れ場の流速u[m s^{-1}]と(2.56)で示すキングの式(King's equation)により関係付けられる.

$$q = I^2 R = (A + Bu^{0.5})(T - T_a) \tag{2.56}$$

A, Bは,流速値が既知の場で校正をして決定する必要のあるパラメーターであり,T[K]は抵抗体の温度,T_a[K]は周囲流体の温度である.この際,電流I[A]を一定に保って計測する定電流方式と,抵抗R[Ω],すなわち抵抗体の温度T[K]が一定に保たれるよう,図2.12に示すホイートストンブリッジ回路の可変抵抗値を制御しながら計測する定温度方式がある.後者の方が抵抗体への負

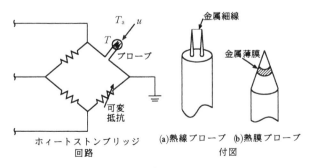

図2.12 熱線・熱膜流速計

荷がコントロールでき，温度変化に伴う応答の時間遅れもなくなることからよく用いられ，乱流流動場の流速測定にも適用されている．

c. レーザードップラー流速計

レーザードップラー流速計は，光のドップラー効果を利用して流速を計測するものであり，laser Doppler velocimeter の頭文字を取って LDV と呼ばれることも多い．図 2.13 に示すように，2 本のレーザービームが交差角 θ でつくる干渉縞に，流れ

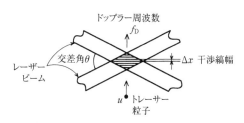

図 2.13 LDV の測定空間

場に乗った微小なトレーサー粒子が横切るように入るとレーザー光は散乱され，粒子の移動速度 u に応じたドップラー周波数 $f_D[\mathrm{s}^{-1}]$ を発する．干渉縞の間隔を $\Delta x[\mathrm{m}]$，レーザー光の波長を $\lambda[\mathrm{m}]$ とすると，

$$\Delta x = \left(\frac{\lambda}{2}\right) \Big/ \sin\left(\frac{\theta}{2}\right)$$

であり，ドップラー周波数は，

$$f_D = \frac{u}{\Delta x}$$

で与えられることから，

$$u = \left(\frac{f_D \lambda}{2}\right) \Big/ \sin\left(\frac{\theta}{2}\right) \tag{2.57}$$

により流れ場の流速が計算される．

レーザー光とは，波長，位相，偏りがすべて揃った単色光のことで，指向性や可干渉性に優れている．LDV はこれらの特徴を活かした測定機器であり，流れ場にプローブを挿入する必要がない非接触型の測定法である．トレーサー粒子も数 μm と微小であることから，測定場を乱すおそれがない．また，前述の熱線・熱膜流速計で述べたような校正が必要ないなどの利点があり，流速計として主力になりつつある．しかし，光学系を用いる計測法であるため，気泡や液滴，あるいは固体粒子などのほかの相が高濃度で懸濁したような場への適用は困難である．

d. カルマン渦流速計

カルマン渦流速計は，2.3.3 項で述べた円柱背後に発生するカルマン渦列の発生周波数 $N_e[\mathrm{s}^{-1}]$ を計測して流れ場の流速 $u[\mathrm{m\,s}^{-1}]$ を求めるもので，円柱の径

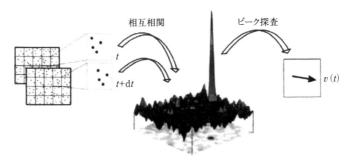

図 2.14 PIV の原理
（日本カノマックス社ウェブページより）

を $D[\mathrm{m}]$，ストローハル数を $St[-]$ として，

$$u = \frac{N_e D}{St} \tag{2.58}$$

から計算される．St が一定（約 0.21）となるレイノルズ数の範囲，すなわち $10^3 < Re < 10^5$ で，測定が可能となる．

e. 粒子追跡流速計測法

粒子追跡流速計法では，流体中に追随性のよい微小粒子を分散させ，ここへパルスレーザーをシート状に微小時間 dt の間隔で 2 回照射する．両照射とも高解像度 CCD カメラで画像として記録する．記録されたデータは，64×64 から 8×8 ピクセルのインタロゲーション窓に分割される．dt の間に各インタロゲーション窓の粒子は，ds だけ移動する．図 2.14 に示すように，この ds の計算は 2 つのインタロゲーション窓の相互相関によって行われ，ds の平均値は相関図でのピーク位置として算定される．各インタロゲーション窓の流速値は ds/dt から求められ，流速度ベクトルの瞬間マップとして表示される．同法は，次節で述べる流れの可視化法の注入トレーサー法（流跡法）に当たる．

2.4.2 流 量 計

流量 $Q[\mathrm{m}^3\mathrm{s}^{-1}]$ は，対象とする断面での流速分布が分かれば，その積分値として算定することができる．また，円管内をいくつかの円環に分割し，各円環での流速をたとえばピトー管により計測して，流量を算定する方法もある．ここでは，通常流量測定に用いられるオリフィス流量計と，その改良型であるベンチュリ管について紹介する．

a. オリフィス流量計

オリフィス流量計（orifice flow-meter）は，図2.15に示すように中央に直径 D_0[m] の開口部を持つ円盤であり，これを管に取り付け，その前後の圧力差，すなわち圧力損失を測定することにより流量が計測される．同図に示すように，管内の流れはオリフィスにより絞られ，開口部を過ぎた位置で流れの断面積が最小となる．この位置は縮流部（vena contracta）と呼ばれる．縮流部を過ぎると流れは徐々に広がり，もとどおり管一杯に広がる．オリフィスの上流部を1，縮流部を2とし，管は水平であるとしてベルヌーイの定理を適用すると，次式が成り立つ．

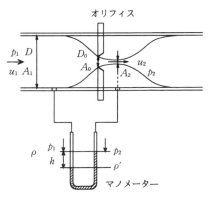

図2.15 オリフィス流量計

$$\frac{\rho u_1^2}{2}+p_1=\frac{\rho u_2^2}{2}+p_2$$

ここで位置1,2の断面積を A_1[m^2], A_2[m^2] とすると，各断面での流量は等しいことから，$u_1 A_1 = u_2 A_2$ である．これら2式から u_1 を消去し，u_2 について解くと次式となる．

$$u_2=\left\{1-\left(\frac{A_2}{A_1}\right)^2\right\}^{-1/2}\left(\frac{2\Delta p}{\rho}\right)^{1/2} \quad (ただし，\Delta p = p_1-p_2 = (\rho'-\rho)gh)$$

ここで，縮流部の断面積 A_2 を実際に求めることは困難であるため，オリフィスの開口断面積 A_0 との比である収縮係数（coefficient of contraction, C_c[—]）を用いて，$A_2 = C_c A_0$ で表される．また，ここで求めた u_1 は粘性の影響を考慮していない．この粘性に基づくエネルギー損失による流速の減衰を考慮するために，速度係数（velocity coefficient）C_v[—] を乗じて，縮流部の実際の流速 u_a は，

$$u_a = C_v\left\{1-C_c^2\left(\frac{A_0}{A_1}\right)^2\right\}^{-1/2}\left(\frac{2\Delta p}{\rho}\right)^{1/2} \tag{2.59}$$

となる．これより同部での実際の流量 Q_a[m^3 s^{-1}] は，

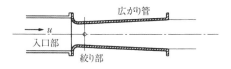

図 2.16 ベンチュリ管

$$Q_\mathrm{a} = u_\mathrm{a} C_\mathrm{c} A_0 = C_\mathrm{v} C_\mathrm{c} A_0 \left\{1 - C_\mathrm{c}^2 \left(\frac{A_0}{A_1}\right)^2\right\}^{-1/2} \left(\frac{2\Delta p}{\rho}\right)^{1/2}$$

$$= C(1 - C_\mathrm{c}^2 m^2)^{-1/2} A_0 \left(\frac{2\Delta p}{\rho}\right)^{1/2} = \alpha A_0 \left(\frac{2\Delta p}{\rho}\right)^{1/2} \tag{2.60}$$

となる. ただし,

$$m = \frac{A_0}{A_1} = \left(\frac{D_0}{D}\right)^2, \quad C = C_\mathrm{c} C_\mathrm{v}, \quad \alpha = C(1 - C_\mathrm{c}^2 m^2)^{-1/2}$$

であり, C[—], α[—] はともに流量係数 (discharge coefficient) と呼ばれる. ここで, α は一般に m と Re の関数であるが, $10^5 < Re < 2 \times 10^6$ の範囲では m のみの関数となり, JIS 規格により次式から計算される.

$$\alpha = 0.597 - 0.011 m + 0.432 m^2 \tag{2.61}$$

b. ベンチュリ管

ベンチュリ管 (Venturi tube) は, イタリアの Venturi の理論に基づき設計された流量計である. 基本原理はオリフィス管と同じであるが, 図 2.16 に示すように楕円形状に近いノズルで徐々に絞られた流れが, 広がり管で徐々に圧力を回復するよう設計されており, 渦の発生や縮流現象が生じない. このため, 上述の収縮係数は $C_\mathrm{c} = 1$ と見なすことができ, また流量係数 α も 1 に近い値を取る. 流量は入口部と絞り部との圧力差から式 (2.60) を用いて算定される.

2.5 流れの可視化

2.5.1 実験的可視化手法

配管や装置内の流れに基づくトラブルの原因を解明したり, 流動を伴う装置を大型化するための設計を行ったりする際, その流動状態が可視化されていたならば, 何にもまして有用な情報を与えることになる. 本項では流れの可視化法のうち, 実験的な手法について代表的なものをいくつか述べるとともに, 自然現象や

私たちの身のまわりで，流れの状態が可視化されている事例についても触れることとする．

a. 壁面トレース法

壁面トレース法は，対象とする装置内の面に，たとえば油膜を塗布しておき，流れが残す痕跡から物体表面での流れの強さや方向を知る方法である．ポンプやタービンの翼面上や装置内における壁面の流れ状態が，同法により観察されている．たとえばコンクリートの面上に油を落としたとき，油膜の形成する色模様から表面近傍の気流の状態を知ることができるが，これは一種の壁面トレース法による可視化と言えよう．また油膜ではなく感温塗料を塗布しておけば，物体表面上の温度分布を知ることもできる．

b. 注入トレーサー法

注入トレーサー法はもっともよく用いられる可視化法の1つであり，流れ場に目印となるトレーサーを注入して，その動きを観察することにより流動状態を可視化する手法である．トレーサーには液体や微小固体粒子が多く用いられるが，2.1.5項でも述べたように，これを連続的に注入するときには流脈法（streak line method）と呼ばれる．たとえばたばこの煙は，流脈法により周囲の空気の流れが可視化されていると言える．また，2.1.2項で述べたレイノルズの実験も，同法による可視化例である．これに対して，トレーサーを間欠的に入れる場合は流跡法（path line method）と呼ばれる．たとえば，タンポポの種が風に吹かれて浮遊しているのは，流跡法による可視化例と言ってよい．装置内にあらかじめ比較的大量のトレーサー粒子を入れておいて観察する方法もあり，懸濁法（suspension method）と呼ばれる．撹拌槽内に微小なポリスチレン粒子を入れておき，槽側面からレーザーによるシート光を当てると，翼まわりの吐出・循環流の様子が明瞭に観察される．図2.17にはこのようにして観察された撹拌槽内の流動状態の可視化写真を示している．このようなフローパターンだけではなく，ある時間間隔で形成される流跡線の長さから断面における各位置での流速を算定することもでき，時間平均的な流速のベクトル分布を描くこともできる．

このほか，トレーサーに化学反応を利用する手法もよく用いられる．たとえばヨウ素の脱色剤（チオ硫酸ナトリウム）による脱色反応は，撹拌槽内における水飴溶液の混合時間を槽内が脱色されるまでの時間として測定し，撹拌翼の性能評価をするのによく使用されている．

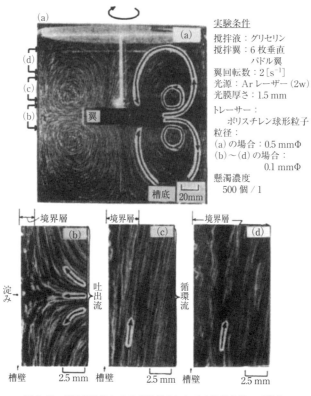

図 2.17 粒子追跡法による撹拌槽内における流動状態の可視化
写真例（上和野満雄：化学工学, **61** (11), 901, 1997）
(a) 槽全域観測, (b)〜(d) 槽壁近傍拡大観測（矢印は流れの方向）

c. タフト法

　タフト法（tuft method）のタフトとは短い糸のことであり，古くから流体実験に用いられてきた手法である．同法は，タフトの配置の仕方によりいくつかに分類される．たとえば車体表面に多数のタフトを張り付けておく方法は，表面タフト法（surface tuft method）と呼ばれる．一方，格子状に張られたタフトを用いる方法はタフトグリッド法（tuft grid method）と呼ばれ，物体背後の渦流れなどを同法を用いて観察することができる．そのほか，細い棒の先にタフトを付けて観察する方法は，タフトスティック法（tuft stick method）と呼ばれる．高速道路に設置されている吹き流しなどは，この手法に相当する．

2.5.2 数値シミュレーション

　昨今の計算機技術のハード，ソフト両面における長足の進歩により，実験によらず計算により化学装置内や物体まわりの流動状態を解析することが，かなりの部分で可能となってきた．流れの数値解析法の詳細はほかの成書を参考にしてほしいが，本項では基本的な考え方だけを述べることにする．

　流動を解析するための基本となる式は，2.1.4項ですでに述べたように連続の式（2.8）と運動の式（2.9）であり，これはN-S方程式と呼ばれるものであった．これら2つの式を連立して解を求めるのだが，コンピューターで計算するためにはまず計算点を決める必要がある．これは解析の対象領域を，もっとも簡単には格子状に分割することであり，メッシュ分割とも呼ばれる．

　メッシュは，3次元の場合1つの直方体であるが，通常は各面の中心でベクトル量である流速の各成分 (u, v, w) が計算される．一方，スカラー量である圧力 p[Pa]は同直方体の中心で計算される．ちなみに温度 T[K]や濃度 C[mol m^{-3}]を解析する際も，同様に体積中心で計算される．

　これとあわせて，基礎方程式も空間的に離散化（discretization）する必要がある．この離散化手法には，主に有限要素法（finite element method, FEM），有限体積法（finite volume method, FVM），有限差分法（finite difference method, FDM）などがある．それぞれ取り扱いが異なっているが，最近はこれらをミックスした手法も多く提案されており，その境界が曖昧になりつつある．

　さて，運動の式（2.9）を時間発展的に解いて次時刻の速度ベクトル $\boldsymbol{u}(=(u, v, w))$ を計算するのであるが，この際問題となるのは，計算で必要となる次時刻の圧力の空間勾配，すなわち式（2.9）の右辺の第1項 ∇p が未知なことである．とりあえず，現時刻の ∇p の値を用いて $\boldsymbol{u}$ の推定値 $\tilde{\boldsymbol{u}}$ が計算される．ところがこの $\tilde{\boldsymbol{u}}$ では，当然連続の式（2.8）を満足することができない．そこで，$\boldsymbol{u}$ が式（2.8）を十分に満足するようになるまで，p と $\tilde{\boldsymbol{u}}$ の補正計算を繰り返す．この補正計算のやり方にはいくつかあるが，たとえばSOLA法では，

$$\Delta p = -\frac{D}{2\Delta t(\Delta x^{-2}+\Delta y^{-2}+\Delta z^{-2})}, \quad D = \operatorname{div} \tilde{\boldsymbol{u}} \tag{2.62}$$

で圧力の補正量 Δp が表現される．ここで，Δt[s]は時間刻みであり，Δx，Δy，Δz[m]はそれぞれ x, y, z 方向のメッシュ刻み幅である．速度ベクトルの発散 $D=0$ が式（2.8）そのものであり，D が全メッシュにおいて十分小さくなるまで収束計算を繰り返す必要がある．なお実際に計算する際には，Δt はメッシュの

刻み幅から制限を受けたり，刻み幅を変えると計算結果が変わってくることもあり，注意を要する．

図2.18には，撹拌槽内における高粘度擬塑性流体の流動状態を数値解析した結果の一例を示す．2.1.1項で述べたように，翼まわりの剪断応力が強く働く領域分布で，粘度の低下する様子が解析されている．

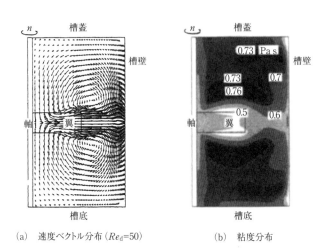

(a) 速度ベクトル分布 ($Re_d=50$) (b) 粘度分布

図2.18 撹拌槽内における高粘度擬塑性流体の数値解析例（上ノ山　周：化学工学便覧，改訂六版，化学工学会編，p.328，丸善，1999）

栓流と完全混合

化学装置内の反応状況を解析するうえで，流動状態に関する情報は極めて重要であるにもかかわらず，定量的に知ることは従来極めて困難であった．この難問に対して解決策を与えてきたのが，流れをモデル化したうえでの検討である．その1つは栓流 (plug flow) モデル（ピストン流 (piston flow) モデルあるいは押出し流れモデルとも呼ばれる）であり，流速分布がまったく生じないとする，いわばところてん式の押出し流れを仮定するものである．もう1つは完全混合 (perfect mixing) モデルであり，たとえば反応器内の濃度分布がまったくないとする理想的な状態，いわば究極の乱流状態を仮定するものである．栓流モデルと完全混合モデルとは両極端に位置すると考えてよく，実際の現象はその間のどこかに位置するというわけである．しかしながら，その「どこか」がいかんせん不明であった．

今日の流れの可視化手法は，実験的手法であれ数値流動解析であれ，この暗部に対してダイレクトに光を当てるものとして期待されており，また着実にその実績を上げていると言えよう．

ベルクマンの法則とアレンの法則

みなさんは，恒温動物は，同じ種族であれば，生息地の緯度が高いほど大型化するという法則があるのをご存知だろうか？ そういえば，北極熊も北欧人もごついことが思い出されるだろう．これをベルクマンの法則（Bergmann's rule）と言う．体格が大きくなると単位体積あたりの表面積が小さくなるため，放熱が小さくなり体温低下を防ぐことができるというわけである．これと補完関係にあるのが，アレンの法則（Allen's rule）だ．耳や鼻や首や尾っぽなど体からの突出部分は，除熱効果が高いため，高緯度に生息する動物ほど小型化し，低緯度のものほど大型化する．これも化学工学の知識でよく理解できる事例だろう．赤道附近の鳥は，体は小振りの割に妙に嘴が大きかったりするのもこれで納得できるだろう．

ホッキョクグマ

以上に述べたのは主に層流状態を対象とする場合であるが，系が乱流状態にあるときには，これに加えて特別な工夫やモデル式が必要となる．興味のある人は参考書（保原ほか（1992），木田ほか（2005）など）を参照されたい．

〚参考文献〛
1) 化学工学会編：技術者のための化学工学の基礎と実践，アグネ承風社，1998.
2) 化学工学会編：化学工学便覧（改訂七版），丸善出版，2011.
3) 加藤　宏編：ポイントを学ぶ流れの力学，丸善，1989.
4) 亀井三郎編：化学機械の理論と計算（第2版），産業図書，1975.
5) 小林清志，飯田嘉宏：新版移動論，朝倉書店，1989.
6) 木田重雄，柳瀬眞一郎：乱流力学，朝倉書店，2005.
7) 高安秀樹：フラクタル，朝倉書店，1986.
8) 竹内　雍ほか：解説化学工学，培風館，1982
9) 保原　充，大宮司久明編：数値流体力学―基礎と応用，東京大学出版会，1992.
10) 日本カノマックス株式会社：流体研究計測機器カタログ FlowMaster マイクロ PIV システム，http://www.kanomax.co.jp/img_data/file_730_1436159133.PDF（2016年8月17日参照）.

〚演習問題〛

2.1 非ニュートン流体
身のまわりで非ニュートン流体と考えられるものをあげ，そのレオロジー特性を簡単に述べるとともに，それが属すると考えられる流体の名称を記せ．

2.2 相当直径
図2.2に示した円管以外の（a）環状路，（b）開溝，（c）ぬれ壁の相当直径 D_e が，2.1.2項に記した式でそれぞれ表されることを示せ．

また（a）の環状路において，流体がちょうど管の半分の高さまで満たした状態で流れる場合の D_e は，流体が管一杯まで満たした状態で流れる場合の D_e に等しくなることを示せ．

2.3 レイノルズ数
幅，高さ0.5 mの正方形の断面を持つ送水管内を，20℃の水が $2\,\mathrm{m^3\,h^{-1}}$，高さ0.4 mの状態で流れている．このときの送水管内の流れは，層流か乱流か．ただし，20℃における水の物性値は次のとおりとする．粘度：1.002×10^{-3} Pa s，密度：$998.2\,\mathrm{kg\,m^{-3}}$．

2.4 管内流
内径 D が35 mmの円管内を，動粘度 ν が $9.8\times10^{-6}\,\mathrm{m^2\,s^{-1}}$ のスピンドル油を層流状態で輸送したい．流量 $Q[\mathrm{m^3\,h^{-1}}]$ の上限値を求めよ．ただし，臨界レイノルズ数 Re_c は2100とする．

2.5 エネルギー保存則1（ベルヌーイの式）
横断面積 $A_1=1\,\mathrm{m^2}$ の水槽の底に開けた面積 $A_2=2.0\,\mathrm{cm^2}$ の穴から水が流出している．水面の高さ H が1.5 mのとき，流出速度 $[\mathrm{m\,s^{-1}}]$ はいくらか．また，水が1.5 mの高さからちょうど空になるまでに要する時間 T はいくらか．

ヒント：ベルヌーイの式から平均流出速度 u を求め，これを $A_2 u dt = -A_1 dh$ に入れて積分せよ．

2.6 エネルギー保存則2（ベルヌーイの式）
野球などで使うボールは，回転を掛けた方向に曲がり，変化球となる．これをベルヌーイの定理を用いて，簡単に説明せよ．

ヒント：ボールの速さを V，回転速度を v_0 とするとき，ボールから見て，そのまわりの気流速度が左右でどのようになるかを考えよ．

2.7 エネルギー保存則3（ベルヌーイの式）

常温の水をポンプで昇圧し，$Q=0.10\,\mathrm{m^3\,s^{-1}}$ の流量で輸送している．ポンプの入口管内径は $0.22\,\mathrm{m}$ で，出口管内径は $0.15\,\mathrm{m}$ である．出口は入口より $0.8\,\mathrm{m}$ 上方にあり，出口の圧力は入口よりも $80\,\mathrm{kPa}$ 高い．いま，エネルギー損失は $55.0\,\mathrm{J\,kg^{-1}}$ であり，ポンプの所要動力 W_p は $23.9\,\mathrm{kW}$ であるとするとき，このポンプの効率 η は何％か．

2.8 管内層流（ハーゲン-ポアズイユの法則）

$10℃$ の水の粘度を測定するために毛細管を用い，Hagen-Poiseuille の実験を行った．次の数値を用いて，この温度における水の粘度 μ ならびに本実験条件における Re 数を算出せよ．毛細管長さ：$10.05\,\mathrm{cm}$，管平均内径：$0.01400\,\mathrm{cm}$，流出水容積：$13.34\,\mathrm{cm^3}$，流出時間：$3506\,\mathrm{s}$，毛管前後の圧損：$5.145\times10^4\,\mathrm{Pa}$，$10℃$ の水の密度：$0.9997\,\mathrm{g\,cm^{-3}}$．

2.9 管内乱流速度分布（対数法則）

滑らかな壁面を持つ内径 $0.45\,\mathrm{m}$ の円管内におけるオイルの流速を，管壁からの距離 $y=0.225\,\mathrm{m}$（管中心），$0.01\,\mathrm{m}$，$0.001\,\mathrm{m}$ においてそれぞれ求めよ．計算は対数法則を用いて行い，その結果を例題 2.4 の指数法則を用いた場合と比較せよ．ただし，オイルの比重を 0.85，動粘性係数を $9\,\mathrm{mm^2\,s^{-1}}$，管壁における剪断応力 τ_w を $1.646\,\mathrm{Pa}$ とする．

2.10 管内流（圧力損失）

内径が $30\,\mathrm{mm}$ の平滑円管内を，$10℃$ の水を毎分 $8\,l$ 流したい．管長 $10\,\mathrm{m}$ における圧力損失 Δp はいくらか．板谷の式（2.35）を用いて計算せよ．ただし，$10℃$ の水の物性値は次のとおりとする．動粘度：$\nu=1.307\times10^{-6}\,\mathrm{m^2\,s^{-1}}$，密度 $\rho=999\,\mathrm{kg\,m^{-3}}$．

2.11 境界層内速度分布

平板に平行に $10\,\mathrm{m\,s^{-1}}$ の風が吹いている．このとき以下の位置①および②における局所レイノルズ数，境界層厚さ，ならびに境界層内における風速をそれぞれ求めよ．ただし，空気の動粘性係数を $1.54\times10^{-5}\,\mathrm{m^2\,s^{-1}}$，境界層が層流から乱流に遷移する臨界レイノルズ数を $Re_\mathrm{xc}=3\times10^5$ とする．

①平板前縁からの距離 $x=0.1\,\mathrm{m}$，平板からの高さ $y=1\,\mathrm{mm}$，②平板前縁からの距離 $x=1\,\mathrm{m}$，平板からの高さ $y=1\,\mathrm{cm}$．

2.12 境界層厚さ

乱流境界層における排除厚さ δ^* の同境界層厚さ δ に対する比の値を求め，その結果を例題 2.7 で示されている層流境界層の場合と比較せよ．

2.13 球の受ける流体抵抗（ストークス則）

温度が一定のヒマシ油の中を，直径 $d_\mathrm{p}=3.0\,\mathrm{mm}$ の鋼球を沈降させた．その終末速度 v を測定したところ，$3.4\,\mathrm{cm\,s^{-1}}$ であった．ストークスの法則が成立するとして，ヒマシ油の粘度を計算せよ．また求めた粘度を用いて粒子レイノルズ数 Re_p を計算し，同法則が適用できる範囲であることを確かめよ．ただし，ヒマシ油と鋼球の密度 ρ_l，ρ_p はそれぞれ 0.968 および 7.86 $\mathrm{g\,cm^{-3}}$ である．

2.14 車の受ける空気抵抗

高さ $1.5\,\mathrm{m}$，幅 $2\,\mathrm{m}$ の箱型の車と，断面積 $S=2.6\,\mathrm{m^2}$ のスポーツタイプの車がある．車の抵抗係数 C_D はそれぞれ 0.85 と 0.32 である．今，箱型の車が時速 $60\,\mathrm{km}$ で走るときに受ける抵

抗 D [N] はいくらか．またスポーツ車がこれと同じ抗力を受けるのは，時速何 km で走るときか．ただし，空気の密度 ρ は $1.2\,\mathrm{kg\,m^{-3}}$ とする．

2.15 カルマン渦列
動粘度 $\nu=1\times10^{6}\,\mathrm{m^{2}\,s^{-1}}$ の静止水中に直径 $D=5\,\mathrm{cm}$ の円柱を立てて，速度 $u_{0}=0.4\,\mathrm{m\,s^{-1}}$ で動かした．このとき，円柱の背後には毎秒何個の渦が発生するか．
ヒント：$Re\geqq10^{3}$ では $St=0.21$ である．

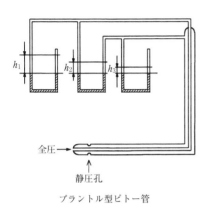

プラントル型ピトー管

2.16 プラントル型ピトー管
図に示すプラントル型ピトー管を水流中に入れたとき，3つのU字管部に封入されている水銀はそれぞれどのように変化するか．変化後の水銀柱の高さの差をそれぞれ h_1, h_2, h_3 とするとき，これらは全圧，動圧，静圧のどの圧におのおの対応するか．また h_1, h_2, h_3 の間に成立する関係式を示せ．

2.17 オリフィス流量計
管径 $16\,\mathrm{cm}$ の円管に常温の水を流し，開口径 $10\,\mathrm{cm}$ のオリフィスを用い，オリフィス前後の圧力損失 Δp を計測したところ，$\Delta p=3670\,\mathrm{Pa}$ であった．このときの体積流量 $Q\,[\mathrm{m^3\,s^{-1}}]$ とレイノルズ数 $Re\,[-]$ を求めよ．

ヒント：流量係数 α は開口率 m のみの関数であると仮定せよ．

2.18 流れの可視化
身のまわりならびに自然現象において，流れが可視化されていると考えられる事象を1つずつあげ，それがどの可視化手法に相当していると考えられるか記せ．

2.19 流れの数値シミュレーション
数値シミュレーションは，非接触法であることや対象とする系の寸法変更が容易であるなどの実験的な手法には見られない長所を持つ一方，手法の信頼性を確立するためには，検証実験が欠かせないなどの弱点もある．このほかに，同手法の長所，短所と考えられることを簡潔に述べよ．

3 熱移動（伝熱）

3.1 はじめに

　温度に「差」があるとき，熱の「移動」，すなわち「伝熱」が生じる．たとえば手で氷に触れれば，手の温かさが氷に伝わって溶ける（伝導伝熱，conductive heat transfer）．また熱いコーヒーに氷を入れて冷やすとき，かき混ぜた方がより速くコーヒー全体が冷たくなる（対流伝熱，convective heat transfer）ように，氷という固体に対し流体中の熱移動を促進するためには流動が有効である．一方，冬の寒い日にストーブにあたると，直接触れてもいなく，風を受けてもいないのに暖かくなる．これは放射伝熱（radiative heat transfer）のためである．

　このように，われわれの身のまわりだけでも多くの伝熱現象が見られる．これらの伝熱は日常生活だけではなく，化学工学の各種単位操作ではもちろんのこと，多くの材料プロセス，地球環境，装置設計の基礎となっている．しかも，伝導伝熱，対流伝熱，放射伝熱が個別で起こることは珍しく，むしろそのうちの2つあるいは3つが同時に生じていることの方が多い．

　本章ではまず個別の伝熱についてまとめ，続いて伝導伝熱と対流伝熱との組み合わせの例として，化学工学において馴染みの深い熱交換器の基礎について記述する．伝熱に関する研究の歴史は古く，多くの分野で多岐にわたる研究がなされている．本章で取り上げきれていない部分も多々あるため，必要に応じて参考文献で学んでいただきたい．

3.2 伝導伝熱

3.2.1 伝導伝熱の基本式

　伝導伝熱とは，流体内では原子や分子の衝突，固体内では格子の振動などにより，温度が高いところから低いところに熱が伝わる現象である．伝導伝熱によるx方向の熱流束（heat flux）q[W m^{-2}]は温度T[K]と座標x[m]を用い，以下

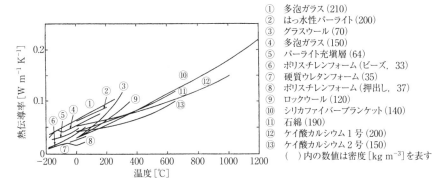

図 3.1a　種々保温材の熱伝導率

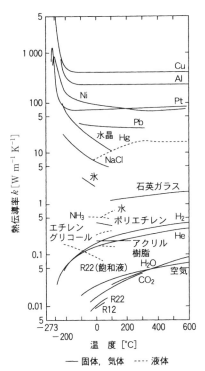

図 3.1b　種々物質の熱伝導率（化学工学便覧
　　　　（改訂六版），丸善，1999 より改変）

のフーリエの法則（Fourier's law）で表される．

$$q = -k \frac{dT}{dx} \quad (3.1)$$

ここで，$k[\mathrm{W\,m^{-1}\,K^{-1}}]$ は熱伝導度（heat conductivity）であり，負号は熱が温度勾配 dT/dx の逆方向に移動することを示している．種々の物質の熱伝導率を図 3.1 に示す．一般的に，熱伝導率の値は固体，液体，気体の順で大きく，固体の中でも金属，結晶性固体，非結晶性固体の順で大きくなる傾向にある．また氷の熱伝導率は水素結合のため大きく，蒸気になると小さくなる．

いま，図 3.2 に示す厚さ Δx の無限平板を，微小時間 Δt の間に通過する 1 次元熱流束について考える．単位面積あたりの熱収支式は，

$(x=x から流入する熱流束)-(x=x+\Delta x から流出する熱流束)$
$+(板の中での熱の発生速度)=(\Delta t の間に蓄積する熱量)$

と表される．定常状態で熱の発生がない場合には，熱収支は以下の式で表すことができる：

$$q|_x - q|_{x+\Delta x} = 0 \tag{3.2}$$

$\Delta x \to 0$ とすれば式（3.2）は，

$$-\frac{\mathrm{d}q}{\mathrm{d}x} = 0 \tag{3.3}$$

となる．熱伝導度が温度により変化しないという仮定のもと，式（3.3）に式（3.1）を代入することにより，以下の式を得る：

$$\frac{\mathrm{d}^2 T}{\mathrm{d}x^2} = 0 \tag{3.4}$$

なお，各種座標における1次元伝導伝熱は，以下の式で表すことができる：

$$\frac{\mathrm{d}}{\mathrm{d}x}\left(x^i \frac{\mathrm{d}T}{\mathrm{d}x}\right) = 0 \tag{3.5}$$

ただし，直交座標：$i=0$，円筒座標：$i=1$，球座標：$i=2$．

3.2.2 無限平板の定常伝熱

図3.2で，板の両面の温度が $T_1[\mathrm{K}]$，$T_2[\mathrm{K}]$，板の熱伝導度が $k[\mathrm{W\ m^{-1}\ K^{-1}}]$ であるとき，温度分布は式（3.4）を2回積分し境界条件を適用することにより，以下の式で表すことができる．

$$T = T_1 + \frac{x - x_1}{\Delta x}(T_2 - T_1) \tag{3.6}$$

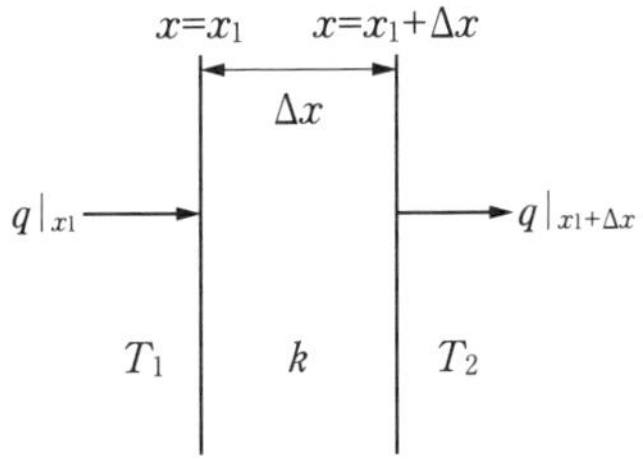

これにより，板の内部の温度分布は x 方向に対して直線分布をしていることが分かる．式

図3.2 厚さ Δx の板の中での熱収支

（3.6）を式（3.1）に代入することにより，板の厚さ方向の熱流束は以下で表される．

$$q = -\frac{k}{\Delta x}(T_2 - T_1) \tag{3.7}$$

次に，図3.3のように壁の材料が3種類から構成されている場合について考える．温度の高い側から壁面温度を T_1，T_2，T_3，T_4 とし，3種類の壁内熱伝導率と厚さをそれぞれ k_A，k_B，k_C，および Δx_A，Δx_B，Δx_C とする．定常状態におい

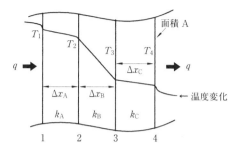
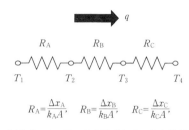

図3.3 無限の大きさをもった3層平板の伝導伝熱

図3.4 フーリエの方程式とオームの法則の相似性

ては壁を通る熱流束はどこでも同じ値となるので，面積 $A[\mathrm{m}^2]$ の3層平板を通過する伝熱量 $Q[\mathrm{W}]$ は以下で表される．

$$Q=qA=-Ak_\mathrm{A}\frac{T_2-T_1}{\Delta x_\mathrm{A}}=-Ak_\mathrm{B}\frac{T_3-T_2}{\Delta x_\mathrm{B}}=-Ak_\mathrm{C}\frac{T_4-T_3}{\Delta x_\mathrm{C}} \tag{3.8}$$

この式（3.8）において，未知の温度 T_2, T_3 を消去することにより以下の式を得る．

$$Q=\frac{T_1-T_4}{\Delta x_\mathrm{A}/(k_\mathrm{A}A)+\Delta x_\mathrm{B}/(k_\mathrm{B}A)+\Delta x_\mathrm{C}/(k_\mathrm{C}A)} \tag{3.9}$$

式（3.9）を n 枚の板に拡張すると，

$$Q=Aq=(T_1-T_n)\Bigg/\sum_{j=1}^{n-1}\frac{\Delta x_j}{k_jA} \tag{3.10}$$

となる．これは熱流束＝温度差/熱抵抗の形を取っており，電気回路におけるオームの法則（電流＝電位差/電気抵抗）と相似である．したがって，図3.3を電気回路として書き直せば図3.4のようになる．

〚例題3.1 伝導伝熱〛

ベニヤ板で囲まれた，いわゆる「プレハブ」といわれる作業小屋は，冬寒くて夏暑い．一方，われわれの住んでいる「家屋」は断熱することで住みやすくできている．いま，高さが3 m，幅4 m の壁で四面を囲まれた部屋を考える．天井と床は断熱されているとして，「プレハブ」と「家屋」それぞれの場合の，室内から室外への放熱量を求めよ．

ただし伝熱はすべて伝導によるものとし，冬季を想定して，室内は暖房により 20℃ に保たれ，外気温は5℃とする．また，プレハブの壁は5 mm 厚のベニヤ板（$k=0.2$ W m^{-1} K^{-1}）1枚であり，家屋の壁は2枚のベニヤ板で5 cm 厚のグラスウール断熱材（$k=0.04$ W m^{-1} K^{-1}）を挟んだものとする．

【解】

例題の部屋は図 3.5 (a) のような形をしており，壁の全面積（全伝熱面積）は，$(3\,\mathrm{m}\times 4\,\mathrm{m})\times 4$ で $48\,\mathrm{m}^2$ となる．ここで，ベニヤ板 1 枚からなる場合は (b) のような温度変化となり，式 (3.7) が適用される．ただし問題にあるように，ここではすべての伝熱は伝導伝熱によっているため，板の内側と外側に生ずる温度境界層（3.3.2a 項参照）は無視していることに注意されたい．

$$Q = Aq = -\frac{kA}{\Delta x}(T_2 - T_1) \tag{a}$$

この式 (a) に上の条件をあてはめると，

$$Q = -\frac{0.2\,\mathrm{W\,m^{-1}\,K^{-1}} \times 48\,\mathrm{m}^2}{5\times 10^{-3}\,\mathrm{m}}(5\,\mathrm{℃} - 20\,\mathrm{℃}) = 2.88 \times 10^4\,\mathrm{W}$$

となる．

壁がグラスウールで断熱されている場合には，温度変化は (c) のようになり，式 (3.9) が適用される．すなわち，

$$Q = \frac{20\,\mathrm{℃} - 5\,\mathrm{℃}}{\dfrac{5\times 10^{-3}\,\mathrm{m}}{0.2\,\mathrm{W\,m^{-1}\,K^{-1}} \times 48\,\mathrm{m}^2} \times 2 + \dfrac{5\times 10^{-2}\,\mathrm{m}}{0.04\,\mathrm{W\,m^{-1}\,K^{-1}} \times 48\,\mathrm{m}^2}} = 554\,\mathrm{W}$$

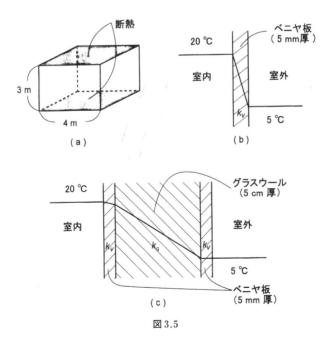

図 3.5

となる．以上の結果から，グラスウールで断熱することにより，ベニヤ板1枚の場合に比べて放熱量が2桁も少なくなり，いかに大きな省エネルギー効果が得られるかが分かる．また，グラスウールに比べてベニヤ板の熱伝導率が大きく，板厚が薄いため，計算結果にはほとんど影響していないことが分かる．

3.2.3 中空円筒および中空球における半径方向の定常伝熱

図3.6に示した，長さが無限の中空円筒の半径方向の1次元伝導伝熱について考える．内半径を r_i [m]，外半径を r_o [m]，温度差を ΔT，長さを L [m] とし，内側から外側への全熱量 Q ($=Aq$) を求める．ここで，A は前項同様伝熱面積であるが，この場合は $A=2\pi rL$ という半径座標 r の関数であるため，Q は以下の式で表される．

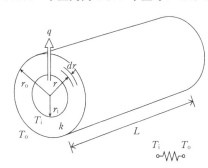

図3.6 円筒形上の1次元熱移動

$$Q = -kA\frac{dT}{dr} = -2\pi krL\frac{dT}{dr} \tag{3.11}$$

$r=r_i$ で $T=T_i$，$r=r_o$ で $T=T_o$ の境界条件のもとで積分すると，

$$Q = -\frac{2\pi kL(T_o - T_i)}{\ln(r_o/r_i)} = qA_r \tag{3.12}$$

となる．ここで，A_r [m²] は次式で表される対数平均伝熱面積である．

$$A_r = \frac{A_o - A_i}{\ln(A_o/A_i)} = \frac{2\pi L(r_o - r_i)}{\ln(r_o/r_i)} \tag{3.13}$$

温度分布は，式 (3.5) において $x \to r$，$i=1$ として，境界条件のもとで積分すれば以下のように求められる．

$$T(r) = T_i - \frac{T_i - T_o}{\ln(r_o/r_i)}\ln\frac{r}{r_i} \tag{3.14}$$

無限平板のときと同様，n 層の多重円筒の場合には，

$$Q = (T_1 - T_{n+1}) \bigg/ \sum_{j=1}^{n} \frac{\ln(r_{j+1}/r_j)}{2\pi k_j L} \tag{3.15}$$

で表される．一方，中空球の場合には $A = 4\pi r^2$ であるので，

$$Q = -\frac{4\pi k(T_o - T_i)}{1/r_i - 1/r_o} = \frac{T_i - T_o}{\Delta r/(kA_c)} \tag{3.16}$$

と表される.ここで,$A_\mathrm{c}[\mathrm{m}^2]$ は次式で表される幾何平均伝熱面積である.

$$A_\mathrm{c}=\sqrt{A_\mathrm{i}A_\mathrm{o}}=4\pi r_\mathrm{i}r_\mathrm{o} \tag{3.17}$$

また温度分布は以下のようになる.

$$T(r)=T_\mathrm{i}-\left(\frac{T_\mathrm{i}-T_\mathrm{o}}{1/r_\mathrm{i}-1/r_\mathrm{o}}\right)\left(\frac{1}{r_\mathrm{i}}-\frac{1}{r}\right) \tag{3.18}$$

3.2.4 内部発熱の影響

図 3.7 に示した,厚さ $2L$ の無限平板内で一様に $q'[\mathrm{W\,m^{-3}}]$ の発熱がある場合を考える.このとき,定常状態における1次元伝導伝熱を表す式は以下となる.

$$\frac{\mathrm{d}^2 T}{\mathrm{d}x^2}+\frac{q'}{k}=0 \tag{3.19}$$

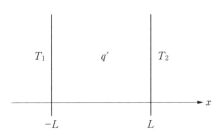

図 3.7 厚さ $2L$ の板の内部で,一様に q' の発熱がある場合

$x=-L$ のとき $T=T_1$,$x=L$ のとき $T=T_2$ の境界条件のもと積分すると,板内の温度分布は以下のように求めることができる.

$$T=-\frac{q'L^2}{2k}\left(\frac{x}{L}\right)^2+\frac{T_2-T_1}{2}\left(\frac{x}{L}\right)+\frac{T_2+T_1}{2}+\frac{q'L^2}{2k} \tag{3.20}$$

3.2.5 より一般的な伝導伝熱

ここまでは1次元で定常状態における伝導伝熱を取り扱ってきたが,実際われわれが遭遇する伝熱は2次元や3次元であったり,時間とともに温度が変化する非定常であったりすることがより一般的である.3次元の非定常伝導伝熱は,直交座標系において以下の式で表される.

$$\frac{\partial T}{\partial t}=\alpha\left(\frac{\partial^2 T}{\partial x^2}+\frac{\partial^2 T}{\partial y^2}+\frac{\partial^2 T}{\partial z^2}\right) \tag{3.21}$$

ここで $t[\mathrm{s}]$ は時間である.α は熱拡散係数で $[\mathrm{m}^2\,\mathrm{s}^{-1}]$ の単位を持ち,密度 ρ $[\mathrm{kg\,m^{-3}}]$ と熱容量 $c_\mathrm{p}[\mathrm{J\,kg^{-1}\,K^{-1}}]$ を用いて,$\alpha=k/(\rho c_\mathrm{p})$ と定義される.

1次元,非定常の場合には,上式は

$$\frac{\partial T}{\partial t}=\alpha\frac{\mathrm{d}^2 T}{\mathrm{d}x^2} \tag{3.22}$$

と表される.続いて2次元,定常の場合には,

$$\frac{\partial^2 T}{\partial x^2}+\frac{\partial^2 T}{\partial y^2}=0 \tag{3.23}$$

と簡略化される.これらの式は適切な境界条件のもとで解析解を持つが,その解は複雑であり,数値として表すには結局のところ計算機を用いる必要がある.昨今のコンピュータやソフトウェアの低価格化,高性能化を考えれば,差分法などの数値解析により直接数値を求めるのが得策であろう(アドヴァンスD参照).

3.3 対流伝熱

伝導伝熱が原子間あるいは分子間の微視的なエネルギー伝達に起因しているのに対し,流体の巨視的な運動である対流(convection)により熱が移動する現象を対流伝熱という.対流の原因には,ポンプなどにより強制的に流動を起こす強制対流(forced convection),浮力差により自発的に流動が生じる自然対流(natural convection)や,界面張力差に起因するマランゴニ対流(Marangoni convection)などがある.実際の化学プラントにおける熱操作においては,これらの対流が同時に発生していることも珍しくなく,どちらの対流が優勢であるのか,あるいはお互いどの程度影響しているのかを知った上での伝熱量の算出が必要となる.

3.3.1 ニュートンの冷却則

温度 T_w の固体とその固体に沿って流れる温度 T_∞ の流体との間の熱流束 q は,以下の式で表される.

$$q=h(T_\mathrm{w}-T_\infty) \tag{3.24}$$

この式(3.24)は,ニュートンの冷却則(Newton's cooling law)と呼ばれる経験則である.式中の比例定数 h を熱伝達係数(heat transfer coefficient)と言い,単位は [$\mathrm{W\,m^{-2}\,K^{-1}}$] である.式(3.24)より分かるように,温度差 $T_\mathrm{w}-T_\infty$ が一定の場合, h の値が大きいほど熱流束 q の値が大きくなる. h の値は,流体物性,流体の流動状態,固体形状などにより変化する値であり,伝熱量を求めるということは h の値をいかに算出するかということに帰着する.

3.3.2 無次元数

h の値を表す無次元数が,ヌッセルト数(Nusselt number, Nu)である.

$$Nu = \frac{hx}{k} \tag{3.25}$$

ここで,x[m]は代表長さである.上式から分かるように,Nu は伝導伝熱の大きさの指標である物性値 k と,対流伝熱の大きさの指標である変数 h との比となっており,Nu が大きいということは対流伝熱の寄与が大きいということを意味している.

一方,流体の物性を表す無次元数が,以下で表されるプラントル数(Prandtl number, Pr)である.

$$Pr = \frac{\nu}{\alpha} \tag{3.26}$$

ここで,ν[m^2 s^{-1}]は動粘度である.式(3.26)から分かるように,Pr は運動量の拡散のしやすさと熱拡散のしやすさの比であり,常温常圧の空気で 0.72 程度,水で 7 程度となり,水銀や溶融シリコンなどでは 10^{-2} のオーダーとなる.

強制対流において流れの大きさを標記する無次元数がレイノルズ数 Re であるのに対し,自然対流においてその流れの大きさを標記する無次元数は,以下のグラスホフ数(Grashof number, Gr)である.

$$Gr = \frac{g\beta\Delta T L^3}{\nu^2} \tag{3.27}$$

ここで,g[m s^{-2}]は重力加速度,β[K^{-1}]は熱膨張係数,ΔT[K]は温度差,L[m]は代表長さであり,Gr は自然対流による慣性力と流体の粘性力の比を表している.また $Gr \cdot Pr$ をレイリー数(Rayleigh number, Ra)と呼ぶ.

Nu が分かれば h の値が分かり,伝熱量が算出できる.しかし Nu は多くの因子の影響を受けるため,値を理論的,実験的に算出することは一般的に困難であったり,多くの手間を要する.そこで,Nu を物性値である Pr と流動状態を表す Re,あるいは Gr で相関する多くの式が提案されている.

3.3.3 強制対流伝熱

a. 平板に沿った流れ

長さ L の平板上に速度 u の流体が層流で流れている場合,以下の式で Nu は算出できる.

$$Nu_x = 0.332 Re_x^{1/2} Pr^{1/3} \tag{3.28}$$

$$Nu_L = 0.664 Re_L^{1/2} Pr^{1/3} \tag{3.29}$$

ここで，Nu_x, Re_x はそれぞれ局所ヌッセルト数，局所レイノルズ数（$=ux/\nu$）であり，代表長さに平板先端からの距離 x を取る．一方，Nu_L, Re_L はそれぞれ平均ヌッセルト数，平均レイノルズ数（$=uL/\nu$）であり，代表長さに平板長さ L を取っており，Nu 中の h は $x=0\sim L$ の間の伝熱係数の平均値を意味している．

流れが乱流（$3\times10^6 < Re_x$）の場合は，以下の式が適用できる．

$$Nu_x = 0.0288 Re_x^{4/5} Pr^{1/3} \tag{3.30}$$

$$Nu_L = 0.036 Re_L^{4/5} Pr^{1/3} \tag{3.31}$$

b. 円管内の流れ

図3.8に示すように，助走区間をすぎて十分に発達した層流となった流体に対しては次式が与えられている．

$$\text{壁温度一定の場合}: Nu_d = \frac{hd}{k} = 3.658 \tag{3.32}$$

$$\text{壁の熱流束一定の場合}: Nu_d = 4.364 \tag{3.33}$$

一方で乱流の場合，粘度が大きくない通常の液体，気体に対しては次式が用いられる．

$$Nu_d = \frac{hd}{k_b} = 0.023 Re_b^{4/5} Pr_b^{1/3} \tag{3.34}$$

ここで，添字 b は流体平均温度に対する物性値，d は管の内径である．式（3.34）の適用範囲は，$Re_b > 10^4 \sim 10^5$, $Pr_b > 0.7 \sim 120$, $L/d > 50$ である．管長 L が管内径 d の60倍より小さいときは，求めた熱伝達係数 h に $1+(d/L)^{0.7}$ を

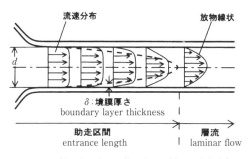

図3.8 円筒に流入する流体の流れの様子と速度分布

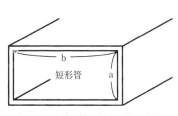

図3.9 円筒以外の場合の相当直径

かけることによって補正することができる.

以上のように，円管内強制対流伝熱は流れが層流か乱流かで適用される式が異なる．しかし，流路断面が円のときばかりとは限らない．図3.9のような円管以外の場合には，次に示す相当直径（hydraulic diameter）を用いて近似する．

$$d_e = \frac{4A}{P} \tag{3.35}$$

ここで，A は管路の断面積，P は管路の周囲長さである．

c. その他の円柱外表面，球表面の伝熱

1) 円柱外表面の伝熱

一様な液体の流れに置かれた単一円柱外の伝熱に対しては，次式が用いられる．
$10^3 > Re_f > 10^{-1}$ のとき，

$$Nu_d = \frac{hd}{k_f} = Pr_f^{0.3}(0.35 + 0.56 Re_f^{0.52}) \tag{3.36}$$

$5 \times 10^4 > Re_f > 10^3$ のとき，

$$Nu_d = 0.26 Re_f^{0.6} Pr_f^{0.3} \tag{3.37}$$

ここで，d は内管外径，添字 f は管表面と流体本体温度との算術平均値に対する物性値を用いるという意味である．円柱以外の形状の場合には，式（3.36）の相当直径 d_e を用いる．

2) 球表面からの伝熱

$7 \times 10^4 > Re_f > 1,400 > Pr_f > 0.6$ の範囲で次式（3.38）が用いられる．この式は，球体近似可能な液滴からの伝熱にも使用可能である（ランツ–マーシャルの式，Ranz-Marshall equation）．

$$Nu_d = \frac{hd}{k_f} = 2.0 + 0.60 Re_f^{1/2} Pr_f^{1/3} \tag{3.38}$$

〚例題 3.2　球周囲の伝導伝熱〛

式（3.38）において，$Re_f = 0$ のとき $Nu_d = 2$ となることを理論的に導出せよ．

【解】

$Re_f = 0$ のときには式（3.18）が適用できる．式（3.18）において $r_o \to \infty$ とすると，

$$T = T_i - \left(\frac{T_i - T_o}{1/r_i}\right)\left(\frac{1}{r_i} - \frac{1}{r}\right) = \frac{r_i}{r} T_i - \left(\frac{r_i}{r} - 1\right) T_o$$

となり，上式を球座標のフーリエの法則の式に代入すると，

$$q = -k \frac{dT}{dr}\bigg|_{r=r_i} = k(T_i - T_o)/r_i$$

となる．一方，式 (3.24) も成立するため $h=k/r_\mathrm{i}$ となるので，

$$Nu=\frac{hd}{k}=\frac{k}{r_\mathrm{i}}(2r_\mathrm{i})/k=2$$

である．

3.3.4　自然対流伝熱

a.　垂直平板からの伝熱

長さ L の垂直平板に沿って自然対流が生じている場合，以下の式で Nu は算出できる．

①層流領域（$10^9 > (Gr \cdot Pr)_\mathrm{f} > 10^4$）：

$$Nu_\mathrm{L}=\frac{hL}{k_\mathrm{f}}=0.59(Gr \cdot Pr)_\mathrm{f}^{1/4} \tag{3.39}$$

②乱流領域（$10^{12} > (Gr \cdot Pr)_\mathrm{f} > 10^9$）：

$$Nu_\mathrm{L}=0.10(Gr \cdot Pr)_\mathrm{f}^{1/3} \tag{3.40}$$

b.　垂直円管外面からの伝熱

円管があまり細くない場合には，上記の垂直平板の式を適用（L はパイプの長さ）できる．一方で，細い針金などの場合（$10^{-2} > Gr \cdot Pr > 10^{-7}$）は，

$$Nu_\mathrm{L}=(Gr \cdot Pr)^{0.1} \tag{3.41}$$

となる．

c.　水平円管外面

代表長さ L として円管の直径を取ると，$10^9 > Gr \cdot Pr > 10^4$ において，

$$Nu_\mathrm{L}=0.53(Gr \cdot Pr)^{1/4} \tag{3.42}$$

である．

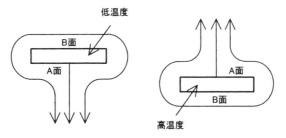

図3.10　水平面の自然対流

d. 水平平板（一辺が L の正方形）

図 3.10 に示した場合を考える．このとき，以下の式で Nu は算出できる．

① A 面（低温平板の下側・高温平板の上側）：

$$Nu_L = 0.54(Gr \cdot Pr)^{1/4} \quad (2 \times 10^7 > Gr \cdot Pr > 10^5 \text{ のとき}) \quad (3.43)$$

$$Nu_L = 0.14(Gr \cdot Pr)^{1/3} \quad (3 \times 10^{10} > Gr \cdot Pr > 2 \times 10^7 \text{ のとき}) \quad (3.44)$$

② B 面（低温平板の上側・高温平板の下側）：

$$Nu_L = 0.27(Gr \cdot Pr)^{1/4} \quad (3 \times 10^{10} > Gr \cdot Pr > 3 \times 10^5 \text{ のとき}) \quad (3.45)$$

【例題 3.3 自然対流伝熱】

人が裸のままで 20℃ に保たれた無風の室内に立っている．人体から自然対流で失われる熱量を求めよ．ただし，人体は高さ 170 cm，直径 30 cm の円柱と仮定し，皮膚表面温度は 30℃ で一定と仮定する．

【解】

表面を流れる空気の状態が層流であるか乱流であるかを調べるために，まず $(Gr \cdot Pr)$ を求める．$T_f = (293 + 303)/2 = 298$ K であるから，

$$Gr \cdot Pr = \left[\frac{(1.7 \text{ m})^3 (9.8 \text{ m s}^{-2})(1/298 \text{ K}^{-1})(30℃ - 20℃)}{(1.68 \times 10^{-5} \text{ m}^2 \text{ s}^{-1})^2} \right] \times 0.71 = 4.1 \times 10^9$$

となる．すなわち，流れが乱流であることを表しており，式 (3.40) を用いることができる．式 (3.40) に上で求めた $(Gr \cdot Pr)$ の値を代入すると $Nu = 159$ となり，$h = 2.45$ W m^{-2} K^{-1} と求まる．円筒側面の表面積は 1.60 m^2 であるから，式 (3.24) より，

$$Q = (2.45 \text{ W m}^{-2} \text{ K}^{-2}) \times 1.60 \text{ m}^2 \times (30℃ - 20℃) = 39.2 \text{ W}$$

となる．

3.3.5 強制対流と自然対流の共存

強制対流と自然対流が共存している場合，どちらが現象を支配しているか，あるいは伝熱に強く寄与しているかを知る必要がある．この場合は単なる Re と Gr の比ではなく，強制対流と自然対流との方向が同じである場合には，Gr/Re^2 の値で議論する必要がある．この値が 1 より十分大きければ自然対流が支配的で，逆に 1 よりも十分小さければ強制対流が支配的である．1 近辺であれば両者が共存しており，どちらかを無視することは適切ではない．

3.3.6 総括伝熱係数

図 3.11 に示すように，固体板の両側に温度の異なる流体が流れている場合について考える．このとき，高温流体の熱は板を通し低温流体に伝わる．高温流体

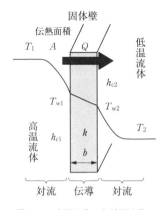

図 3.11 高温流体 1 と低温流体 3 に接している平板 2

1，固体板 2，低温流体 3 内のそれぞれにおける伝熱量は，以下で表される．

$$Q_1 = h_1 A (T_1 - T_2), \qquad Q_2 = \frac{k}{L} A (T_2 - T_3),$$
$$Q_3 = h_3 A (T_3 - T_4)$$

定常状態において $Q_1 = Q_2 = Q_3$ であるから，

$$Q = \frac{T_1 - T_4}{1/(h_1 A) + L/(kA) + 1/(h_3 A)} \quad (3.46)$$

となる．ここで，

$$\frac{1}{U} = \frac{1}{h_1} + \frac{L}{k} + \frac{1}{h_3} \quad (3.47)$$

とおくと，式 (3.46) は次のように書ける．

$$Q = UA(T_1 - T_2) \quad (3.48)$$

この U を総括熱伝達係数（overall heat transfer coefficient）と言い，局所熱抵抗の総和である．すなわち，それぞれの熱抵抗を R_1, R_2, R_3 とすれば，

$$R_1 = \frac{1}{h_1 A}, \qquad R_2 = \frac{L}{kA}, \qquad R_3 = \frac{1}{h_3 A} \quad (3.49)$$

となり，全熱抵抗 R は次式のようになる．

$$R = R_1 + R_2 + R_3 = \frac{1}{h_1 A} + \frac{L}{kA} + \frac{1}{h_3 A} = \frac{1}{UA} \quad (3.50)$$

〚例題 3.4　対流伝熱〛

例題 3.1 において，壁の室内，室外側に接する空気の熱伝述係数 h を $10 \, \mathrm{W \, m^{-2} \, K^{-1}}$ としたとき，それぞれの放熱量はどうなるか．

【解】

例題 3.1 と違うところは，伝導伝熱と対流伝熱が同時に存在するということである．グラスウール断熱材を用いた場合を例にとると図 3.12 のように書くことができ，放熱量は以下のように計算できる．

(1) ベニヤ板 1 枚だけのときは，式 (3.47) と (3.48) がそのまま適用できる．まず，式 (3.48) によって総括熱伝達係数を求めると，

$$\frac{1}{U} = \frac{1}{h_1} + \frac{L}{k} + \frac{1}{h_3} = \frac{1}{10 \, \mathrm{W \, m^{-2} \, K^{-1}}} + \frac{5 \times 10^{-3} \, \mathrm{m}}{0.2 \, \mathrm{W \, m^{-1} \, K^{-1}}} + \frac{1}{10 \, \mathrm{W \, m^{-2} \, K^{-1}}}$$

となり，したがって $U = 4.44 \, \mathrm{W \, m^{-2} \, K^{-1}}$ である．

部屋全体の放熱量は式 (3.48) により，

$$Q = UA(\Delta T) = 4.44 \, \mathrm{W \, m^{-2} \, K^{-1}} \times 48 \, \mathrm{m^2} \times (20℃ - 5℃)$$

と求められ，以上より放熱量は 3.20 kW となる．

(2) 次に，グラスウールで断熱された壁の場合も，式 (3.47) の右辺第 2 項が多少複雑になるだけで基本的に同様な計算方法となる．式 (3.47) より，

$$\frac{1}{U} = \frac{1}{h_1} + \left(\frac{L_V}{k_V} + \frac{L_G}{k_G} + \frac{L_V}{k_V}\right) + \frac{1}{h_3} \quad \text{(a)}$$

となるが，例題 3.1 の解答と同様であるため，途中を省略して $U = 0.667$ W m^{-2} K^{-1} となる．これより $Q = 0.667$ W m^{-2} K^{-1} × 48 m^2 × (20℃ − 5℃) となり，放熱量は 480 W となる．

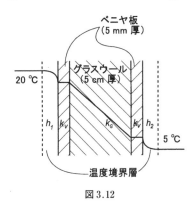

図 3.12

3.4 放 射 伝 熱

放射伝熱あるいは輻射伝熱とは，可視光および赤外域における電磁波による，高温物体から低温物体への空間を通した熱エネルギーの直接移動である．この現象は，太陽光が宇宙の真空中を通って地球表面に到達する現象からも想像できる．到達した電磁波は物体の表面に当たって吸収され，結果として物体の温度を上げる．

放射エネルギーが固体表面に到達すると，その一部は表面で反射され，また一部は固体に吸収され，残りは固体を透過する．全放射エネルギーに対する反射，吸収，透過の割合を，反射率 (reflectivity) ρ, 吸収率 (absorptivity) α, 透過率 (transmissivity) τ と呼び，以下の関係がある．

$$\rho + \alpha + \tau = 1 \tag{3.51}$$

伝導伝熱と対流伝熱は運動量移動や物質移動とアナロジーが成立する（コラム「流動，伝熱，物質移動のアナロジー」参照）のに対し，放射伝熱は伝熱に特有な現象である．

〚例題 3.5　放射伝熱〛

赤外線ガスストーブにもっとも暖かく当たるにはどうしたらよいか．

【解】

正面に座る，ストーブに近づく，ストーブとの間に障害物を入れない，放射を受けやすい服装の色を選ぶ，などが考えられる．これらは，3.4.4 項で説明する形態係数の値

流動, 伝熱, 物質移動のアナロジー

　化学工学における重要な概念に，流動，伝熱，物質移動という互いに異なる現象に相似性（アナロジー）があるというものがある．これはたとえば，熱いコーヒーに氷を入れ冷やす場合，スプーンでかき混ぜることにより，より早くコーヒーは冷たくなる．一方，ブラックコーヒーに角砂糖を入れ甘くする場合も，スプーンでかき混ぜることにより，より早く角砂糖が溶け甘くなる．これはスプーンで混ぜないときにはともに伝導伝熱，分子拡散であるのに対し，スプーンで混ぜることにより対流伝熱，対流拡散が生じ，移動を促進するという共通の現象によるものである．では流動の場合はどのように考えればいいのだろうか？　流動で移動するものは運動量である．そこで「流束」を表す式について考える．流束を表すには以下の2通りの方法がある．

　　　（流束）＝－（定数）×（勾配）　　　　　　　　　　　　　　　　　　(a)

　　　（流束）＝（定数′）×（駆動力）　　　　　　　　　　　　　　　　　　(b)

　式 (a) における（定数）は物性値であるのに対し，式 (b) における（定数′）は流動状態や形状などに依存する変数である．流動，伝熱，物質移動における流束を表す式を表にまとめる．注目している現象により，取り扱う流束，定数，物質量は異なるがいずれの場合でも (a) および (b) の形で表されることが分かる．これらの式はすべて経験則であるが，式の形が同一であるということは互いに現象が似通っているということを意味している．

　たとえば，滑らかな内径 R の円管内の，半径方向 (r) の速度分布は以下の Hagen-Poiseuille 式で表される．

$$u_z = A\frac{R^2}{4}\left\{1-\left(\frac{r}{R}\right)^2\right\} \tag{c}$$

これに対し，内径 R の円筒内に一様な発熱 Q があり，円筒周囲が温度 T_0 に保たれている場合の半径方向 (r) の温度分布は以下となる．

$$T - T_0 = B\frac{R^2}{4}\left\{1-\left(\frac{r}{R}\right)^2\right\} \tag{d}$$

ここで，A および B は圧力損失 dP/dx や Q を含む以下の定数となる．

$$A = -\frac{1}{\mu}\frac{dP}{dx}, \qquad B = \frac{Q}{k} \tag{e}$$

以上より，流動と伝熱といった異なる現象においても得られる解の形は類似しており，これは現象を支配しており方程式が同一の形をしているからである．

　ではこれによりどのような利点が生じるのであろうか？　たとえば気-液間の直

3.4 放射伝熱

接接触熱交換のように，低温の水中を高温の気泡が上昇している場合について考える．このとき気泡から水中への伝熱を測定するためにプローブなどを挿入すると流動状態が乱れ正確な測定ができなくなる．また水中に微量な界面活性剤などが存在する場合，気液界面の流動性が変化し，界面を通しての熱流束が変化する．しかし界面の流動状態を直接測定するのは通常不可能である．そこで，熱流束を直接測定する代わりに気泡の上昇速度を測定し，そこから熱流束を算出するなどの方法が取られる．

また式 (3.28)～(3.45) などのヌッセルト数 Nu を算出する式は，Nu をシャーウッド数（Sherwood number, Sh），Pr をシュミット数（Schmidt number, Sc）に置き換えればそのまま物質移動においても成立する．Sh は拡散に対しどの程度対流物質移動が大きいかを評価する指標であり，Sc とは運動量の拡散のしやすさと物質拡散のしやすさの比を表す物性値で，それぞれ以下で定義される．

$$Sh = \frac{k_c x}{D_{AB}}, \qquad Sc = \frac{\nu}{D} \tag{f}$$

ここで $k_c [\mathrm{m\ s^{-1}}]$ は物質移動係数である．また物質移動の場合の Gr は濃度による浮力を駆動力とした以下の定義を用いなくてはならない．

$$Gr_c = \frac{g \beta_c \Delta C L^3}{\nu^2} \tag{g}$$

ここで，$\beta_c [\mathrm{K^{-1}}]$ は濃度膨張係数，$\Delta C [\text{—}]$ はモル分率基準の濃度差である．また濃度差 Ra も，$Gr_c \cdot Sc = Ra_c$ と定義される．

このようにこれらの現象の相似性を理解していれば，何か1つの現象を理解すればほかの現象もほぼ理解できてお得である．ただし輻射伝熱だけは流動や物質移動にはない現象であるので注意が必要である．

流束（フラックス）を表す式

現象	(a)式に相当する式	名称	定数	注目している勾配における物理量	(b)式に相当する式	定数′	駆動力
流動	$\tau = -\mu \frac{\partial u}{\partial x}$	ニュートンの法則	粘度	速度	$\tau = C_\mathrm{f} \frac{1}{2} \rho u^2$	摩擦係数	運動エネルギー差(注)
伝熱	$q = -k \frac{\partial T}{\partial x}$	フーリエの法則	熱伝導率	温度	$q = h \Delta T$	伝熱係数	温度差
拡散	$J = -D \frac{\partial C}{\partial x}$	フィックの法則	拡散係数	濃度	$J = k_c \Delta C$	物質移動係数	濃度差

(注) 静止している固体上における剪断応力．
固体が u_0 で動いている場合には次のように定義すべきである：
$$\tau = C_\mathrm{f} \left(\frac{1}{2} \rho u^2 - \frac{1}{2} \rho u_0^2 \right)$$

をいかに大きくするかの工夫である．

3.4.1 完全黒体と灰色体

われわれの周囲にある黒く見える物体も，理想的な黒ではない．ここでいう完全黒体とは放射伝熱の基本となる理想的な黒色体であり，いかなる波長の放射も，どの方向から入射する放射も，すべて吸収するという完全な吸収体である．すなわち式（3.51）において，$\rho=\tau=0$，$\alpha=1$ ということである．

図3.13のような内部を黒色に塗った箱に小さい孔が開いているとき，孔から入射した放射は内部で反射，減衰を繰り返すうち，吸収されて二度と外へ出てこない．これは人工的につくられた完全黒体に近いものとして，放射温度計の検定にも用いられる．

灰色体も理想的なものであり，放射率や反射率が波長に寄らないものと仮定される．これに対して実在固体表面は，その色によっても異なるが，波長によってそれぞれ違う大きさの熱放射エネルギー量（射出能：emissive power）を持つ．これらをまとめると，図3.14のようになる．

3.4.2 電磁波の波長と放射

黒体からの放射は波長により異なる射出能を持ち，以下のプランクの分布則（Plank's distribution law）として知られる．

$$E_{\lambda b}=\frac{C_1}{\lambda^5}\frac{1}{e^{C_2/\lambda T}-1} \tag{3.52}$$

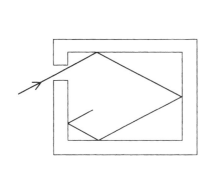

図3.13 完全黒体の模式図

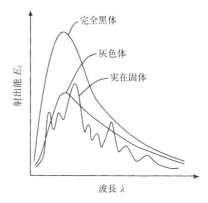

図3.14 実在個体の射出能

$E_{\lambda b}$ は,絶対温度 $T[\mathrm{K}]$ の黒体の単位表面積から単位時間に放射する,波長 λ の熱放射エネルギー量(単色射出能)である.また $C_1=3.7415\times 10^{-16}\,\mathrm{W\,m^2}$, $C_2=0.014388$ m K である.

式(3.52)を図示すると図3.15のようになる.太陽光では,可視光付近にあった射出能のピークが,温度が低くなるにつれて破線で示されるように長波長側に移行し,熱放射エネルギー量が桁違いに低下することが分かる.逆に言えば,温度が上

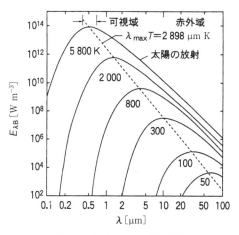

図3.15 式(3.52)の計算結果

がると色合いが赤から黄色,白色へと変化し,輝きも強くなる.この破線で示した射出能の最大値をとる波長はウィーンの変位則(Wien's displacement law)と呼ばれ,次式で与えられる.

$$\lambda_{\max}T = 2897.6\,\mathrm{\mu m\,K} \tag{3.53}$$

温度 T の黒体表面の単位面積から発散する射出能 E は,図3.15の横軸と曲線の囲む面積に相当し,ステファン-ボルツマンの式(Stefan-Boltzmann law)と呼ばれる次式で与えられる.

$$E = \sigma T^4 \tag{3.54}$$

ここで σ はステファン-ボルツマン定数で, $\sigma = 5.669\times 10^{-8}\,\mathrm{W\,m^{-2}\,K^{-4}}$ である.

3.4.3 放射率

式(3.54)は理想的な黒体表面に対する式であるが,実在固体表面においては,3.4.1項で述べたように灰色体近似により射出能を補正する必要がある.ある物体の射出能 E を同一温度の完全黒体の射出能 E_b で割った値を放射率 ε と呼び,次式のように表される.

$$\varepsilon = \frac{E}{E_b} \tag{3.55}$$

表3.1は放射率の例を示しており,研磨されたアルミニウムのような光沢面を持つ物質は ε が小さく,土などは値が大きいことが分かる.

また灰色体において，放射によってのみ2面間の熱エネルギーの授受が生じており，表面温度が等しく，かつ変化しないとき（熱平衡），放射率の値は吸収率の値と等しくなる．これをキルヒホッフの法則（Kirchhoff's law）と言う．

表3.1 種々物質の放射率

表面	温度[K]	放射率
アルミニウム		
研磨面	300～600	0.04～0.06
陽極酸化面	300～400	0.82～0.76
銅		
研磨面	300～1000	0.03～0.04
酸化面	600～1000	0.50～0.80
鉄鋼		
研磨面	300～1500	0.06～0.2
酸化面	300～800	0.6～0.8
タングステン		
研磨面	2000～2500	0.25～0.29
アルミナ	300～1000	0.55～0.70
炭化ケイ素	420～920	0.83～0.96
コンクリート	300	0.88～0.93
塗料		
ZnO，白	300	0.92
窓ガラス	300	0.90～0.95
土	300	0.93～0.96
水	300	0.96
皮膚	300	0.95

3.4.4 伝熱面間の角関係と形態係数

例題で前述したように，赤外線ストーブに暖かく当たるには，ストーブの正面に位置すること，体を正面に向けること，なるべく近づくことなどの工夫があげられたが，これらはすべて形態係数（view factor あるいは shape factor）の値を大きくしようとする生活の知恵にほかならない．

図3.16において，dA_iとdA_jは黒体の平面A_iとA_jにある微小面積とすると，高温平面iから平面jに至る正味のエネルギーは次式で与えられる．

$$Q = 5.669 \times 10^{-8}(T_i^4 - T_j^4)F_{ij}A_i \tag{3.56}$$

実在固体の放射伝熱量を計算するための実用的な式として，次式が提案されている．

$$Q = 5.669\varepsilon_i\varepsilon_j\left[\left(\frac{T_i}{100}\right)^4 - \left(\frac{T_j}{100}\right)^4\right]F_{ij}A_i \tag{3.57}$$

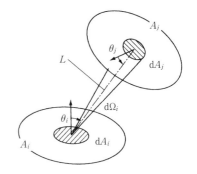

図3.16 2つの平面間の放射伝熱（化学工学便覧（改訂六版），丸善，pp.385, 1999）

ここでF_{ij}は形態係数であり，平面iからの放射のうち平面jに到達するエネルギーの割合を示す．形態係数は以下で示すように，2面間の距離，面積，相互の位置関係により決定される．

$$F_{ij} = \frac{1}{A_i} \int_{Ai} \int_{Aj} \frac{\cos\theta_i \cos\theta_j}{\pi L^2} dA_i dA_j \tag{3.58}$$

平面 j から平面 i への形態係数はその逆を考えればよく，相反則と呼ばれる次の関係がある．

$$F_{ij} A_i = F_{ji} A_j \tag{3.59}$$

n 個の面が空間を包囲している場合は，形態係数として $F_{ij}(i, j = 1, 2, 3, \cdots, n)$ の数は n^2 だけ存在する．いま面1に着目すると，面1から発散した熱放射線は全部他の面に到達するから，

$$F_{11} + F_{12} + F_{13} + \cdots + F_{1n} = 1 \tag{3.60}$$

となる．一般形で書くと，総和則と呼ばれる次の式となる．

$$\sum_{j=1}^{n} F_{ij} = 1, \quad i = 1, 2, 3, \cdots n \tag{3.61}$$

式（3.58）の積分は多少面倒であるため，工学的には通常用いられるいくつかの位置関係について計算された結果がチャートとして示されている（図3.17）．このチャートの使い方については，次の例題3.6で詳しく述べる．

〖例題3.6　形態係数を用いた放射伝熱〗

赤外線放射面の大きさが 20×20 cm のストーブがある．50 cm 離れてストーブとあい向かうように，人が両手（20×20 cm）をかざしたときの放射伝熱量を計算せよ．ただし，ストーブの放射面と手のひらの温度がそれぞれ 1000 K，300 K で，両方とも黒体であるものと仮定する．

【解】

20×20 cm の熱源から 50 cm 離れて 20×20 cm の受熱面があることになるので，図3.17 の「等しく平行な2平面の形態係数」に相当する．ここで，2平面間の距離 N は題意より 0.5 m，一辺の長さ l は 0.2 m であり，l/N が 0.4（横軸）のときの F を曲線2（正方形の場合）から読み取ると 0.04 となる．式（3.57）にこれらを代入すると，

$$Q = 5.669 \left[\left(\frac{T_i}{100} \right)^4 - \left(\frac{T_j}{100} \right)^4 \right] FA$$

$$= 5.669 \text{ W m}^{-2} \text{ K}^{-4} \times 0.04 \text{ m}^2 \times 0.04 \times (10^4 \text{ K}^4 - 3^4 \text{ K}^4) = 90 \text{ W}$$

となる．すなわち，ストーブから手のひらが受け取る熱量は 90 W ということになる．ほかの形状についても，図3.17 を用いることにより，同様にして伝熱量を計算することができる．

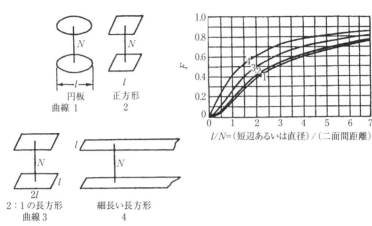

等しく平行な2平面の形態係数

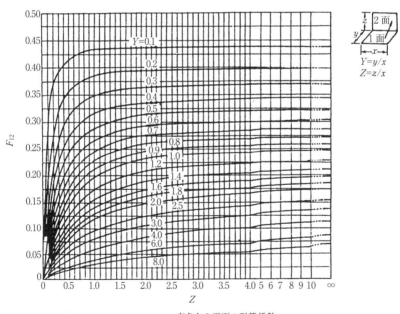

直角な2平面の形態係数

図3.17 形態係数を求めるためのチャート

3.4.5 灰色体間の放射伝熱

灰色体間の放射伝熱では,位置関係だけではなく互いの面での吸収と反射を考慮する必要がある.このとき,面1から面2への放射伝熱量は以下で表すことができる.

$$Q = \phi_{12} A_1 \sigma (T_1^4 - T_2^4) \tag{3.62}$$

ここで ϕ_{12} を総括吸収率と言い,2面間の角関係,面積,射出率を含む値となる.たとえば2枚の向かい合う無限平行面においては,

$$\frac{1}{\phi_{12}} = \frac{1}{\varepsilon_1} + \frac{1}{\varepsilon_2} - 1 \tag{3.63}$$

となる.

3.5 相変化を伴う伝熱

3.5.1 沸騰伝熱

沸騰伝熱といえば,日本における伝熱工学の先駆者である抜山四郎が,1934年に発表した論文が世界的に有名である.図3.18に示す簡単な実験装置で,容器に水を満たし白金の細線を浸す.その細線に電流を流して発熱させ,図3.19のような沸騰曲線を得た.

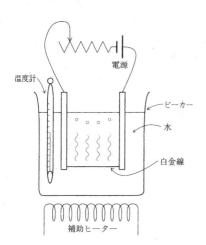

図3.18 抜山の実験装置

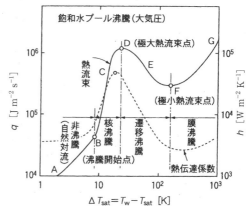

図3.19 抜山による沸騰曲線
実験:熱流束,破線:熱伝達係数(化学工学便覧(改訂六版),丸善,pp.366,1999)

図 3.19 において，A～B は電流が小さく，沸騰を伴わない自然対流によって伝熱が行われる（自然対流領域）．それより電流を大きくして熱流束を増すと気泡が発生し始め，B～D では白金線表面上に点在する核からの気泡発生が行われる（核沸騰領域）．さらに電流を増すと，気泡が互いにくっつき蒸気膜となって白金総表面を被うようになる（D～F，遷移沸騰領域）．蒸気膜によって伝熱能力が低下するため，白金線の温度が急に上昇する．F よりさらに熱流束を増すと膜沸騰領域となる．G 点は熱負荷の限界値であり，加熱温度がその物質（ここでは白金）の融点以上になると焼き切れる（バーンアウト）．熱交換器において G 値に達すると大事故になるため，注意を要する．

3.5.2 凝縮伝熱

冷却された面に飽和蒸気が接触すると，蒸気から液体への相変化が生じる．この現象を凝縮（condensation）と言う．また蒸気が凝縮した液体が，無数の液滴になって付着，成長，流下する状態を滴状凝縮（dropwise condensation）と言う．さらに蒸気と冷却面の温度差が大きくなると，液滴が互いに合体して膜状となる．この状態を膜状凝縮（film condensation）と言う．滴状凝縮の場合には蒸気が固体面と直接接触するが，膜状凝縮では固体面が液体膜で覆われるため，凝縮により放出される熱が凝縮膜を通して固体面に伝わる．そのため熱伝達係数が下がり，その値は滴状凝縮熱伝達係数のおよそ 1/10 となる．
垂直平板に沿った層流膜状凝縮において，蒸気密度が凝縮液密度に比べ無視しうる場合，以下の式が知られている（ヌッセルトの液膜理論）．

$$Nu_\mathrm{m} = 0.943 \left(\frac{GaPr}{H} \right) \tag{3.64}$$

ここで，Nu_m は代表長さに伝熱面長さ L を用いた平均 Nu であり，Ga，H はそれぞれ，以下で定義されるガリレオ数と顕熱潜熱比である．

$$Ga = \frac{gL^3}{\nu^2}, \qquad H = \frac{c_\mathrm{p}(T_\mathrm{s} - T_\mathrm{w})}{h_\mathrm{L}} \tag{3.65}$$

T_s，T_w はそれぞれ飽和蒸気圧温度および壁温度，h_L [J kg^{-1}] は凝縮潜熱である．

3.5.3 凝固伝熱

液体を凝固点以下に冷却すると，固体へと相変化する．この現象を凝固と言い，水の凍結，蓄熱材の開発や半導体結晶成長などの分野において重要となる．

凝固時には凝固潜熱（latent heat of solidification）が放出され，逆に固体が溶融する場合には融解潜熱（latent heat of fusion）が必要となる．

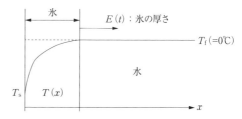

図 3.20 0℃に保たれた水を左から冷却し氷が成長

図 3.20 に示すような，0℃に保たれた水を左から冷却し，氷が成長する場合について考える．水の対流はなく，凝固は氷の中の熱移動によってのみ起こる．すなわち水中に温度分布はないものとする．また氷と水の界面も 0℃ に保たれ，x 方向の 1 次元凍結のみを考える．氷の厚さは時間 t の関数 $E(t)$ とし，$t=0$ のとき $E=0$ とする．すると，界面における熱収支は以下で表される．

$$h_\mathrm{w}\rho_\mathrm{w}\frac{dE}{dt}=k_\mathrm{ice}\frac{\partial T}{\partial x} \tag{3.66}$$

ここで，ρ_w は水の密度，k_ice は氷の熱伝導率である．$h_\mathrm{w}[\mathrm{J\,kg^{-1}}]$ は水の凝固潜熱であり，水 1 kg が相変化（この場合は凍結）する際に発生する熱量を意味する．dE/dt は氷の成長速度を意味し，ρ_w をかけることにより単位時間あたりに凍結する質量という意味となる．式（3.66）は，凍結により放出した熱が，氷の中を伝導伝熱により伝わるということを表している．

氷の中は伝導伝熱なので，以下の温度分布となる．

$$T=T_\mathrm{s}+(T_\mathrm{f}-T_\mathrm{s})\frac{x}{E} \tag{3.67}$$

式（3.67）を式（3.66）に代入し，$t=0$ のとき $E=0$ の初期条件のもとで積分すると次式を得る．

$$E(t)=\sqrt{\frac{2k_\mathrm{ice}(T_\mathrm{f}-T_\mathrm{s})}{\rho_\mathrm{w}h_\mathrm{w}}t} \tag{3.68}$$

以上より，氷の厚みは時間の 1/2 乗に比例することが分かる．以上をステファン問題と呼ぶ．

3.6 熱 交 換 器

温度の異なる流体間でエネルギーを交換し，流体を冷却したり加熱する装置を

熱交換器と言う．これは冷蔵庫，クーラー，自動車のラジエーターといった身のまわりのものはもちろん，工場における排熱の有効利用の観点からも大変重要である．

熱交換器の機構には，温度の異なる流体が直接接触する直接接触熱交換，固体蓄熱材を用いる蓄熱型熱交換などがあるが，ここではパイプなどの隔壁を隔てて異なる温度の流体が流れ，隔壁を通して熱交換を行う換熱型熱交換器の基礎について記述する．

図 3.21 に換熱型熱交換器の模式図を示す．ほかの方法とは異なり両流体が混合するおそれがないという利点を有しており，工業的に広く用いられている．図中，上段に流体の流れを，下段に温度変化を図示しており，T_c, T_h はそれぞれ低温側，高温側流体の温度を，添字 i と o は入口と出口を表す．一般に並流に比べ向流の方が，伝熱面積が小さい面積で同じ性能を出すことができる．

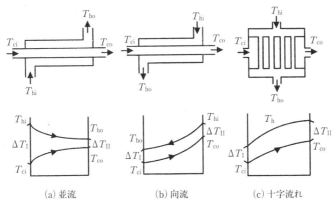

(a) 並流　　(b) 向流　　(c) 十字流れ

図 3.21　換熱型熱交換器

〚例題 3.7　ラジエーター〛

自動車のラジエーターはもっとも身近で最適化された熱交換器と考えられる．ラジエーターの構造と働きを熱工学的に考察しなさい．

【解】

自動車内ラジエーターは，冷却水が上から下へ，冷却用空気がそれに直角に当たるため，図 3.21 中の「十字流れ」に相当する．エンジンから発生する燃焼熱により暖められた冷却水は，ラジエーター内を通過する間に空気の流れにより冷却される．熱交換器の材料としては，安価，軽量で比較的熱伝導率の高いアルミニウム（約 200 W m^{-1}

K^{-1}) が広く使われている.

(1) 冷却水の働き

①伝熱媒体として,エチレングリコール水溶液に防錆剤などの添加剤を加えている.これにより凍結温度を下げ,長時間の使用を可能にする.

②伝熱媒体の循環はポンプによっているが,エンジンを必要以上に冷却しすぎないように,サーモスタットによってラジエーターへ流入する伝熱媒体の流量を制御している.

(2) 冷却用空気の働き

①強制的に冷却用空気を供給するためにファンが取り付けられ,エンジン回転によりベルトで駆動されて回る.動力エネルギーの損失を少なくするために,電動ファンにより冷却が必要なときだけ回転する場合もある.

②冷却用フィンが高密度に配置されており,小容量で大量の熱交換が可能となっている.

3.6.1 熱交換器の設計手法

a. 総括伝熱係数と熱流束

図 3.22 に示すように,温度 T_h の高温流体と温度 T_c の低温流体が,厚さ δ,熱伝導率 k の隔壁を通し熱交換している場合について考える.高温側隔壁温度および低温側隔壁温度をそれぞれ T_{wh},T_{wc},高温流体および低温流体内の熱伝達係数をそれぞれ h_h,h_c とすると,各領域における熱流束は以下のようになる.

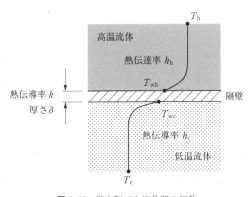

図 3.22 壁を隔てた流体間の伝熱

高温流体内: $q_h = h_h(T_h - T_{wh})$

隔壁内: $q_w = k(T_{wh} - T_{wc})/\delta$

低温流体内: $q_c = h_c(T_{wc} - T_c)$

定常状態においては $q_h = q_w = q_c$ であるので,隔壁温度は以下のように求めることができる:

$$T_{\mathrm{wh}} = \frac{\left(\frac{\delta}{k} + \frac{1}{h_{\mathrm{c}}}\right)T_{\mathrm{h}} + \frac{1}{h_{\mathrm{h}}}T_{\mathrm{c}}}{\frac{1}{h_{\mathrm{h}}} + \frac{\delta}{k} + \frac{1}{h_{\mathrm{c}}}}, \quad T_{\mathrm{wc}} = \frac{\left(\frac{\delta}{k} + \frac{1}{h_{\mathrm{h}}}\right)T_{\mathrm{c}} + \frac{1}{h_{\mathrm{c}}}T_{\mathrm{h}}}{\frac{1}{h_{\mathrm{h}}} + \frac{\delta}{k} + \frac{1}{h_{\mathrm{c}}}} \tag{3.69}$$

以上より,熱流束 $q (q_{\mathrm{h}} = q_{\mathrm{w}} = q_{\mathrm{c}})$ は以下のように求めることができる.

$$q = h_{\mathrm{h}}(T_{\mathrm{h}} - T_{\mathrm{wh}}) = \frac{T_{\mathrm{h}} - T_{\mathrm{c}}}{\frac{1}{h_{\mathrm{h}}} + \frac{\delta}{k} + \frac{1}{h_{\mathrm{c}}}} = U(T_{\mathrm{h}} - T_{\mathrm{c}}) \tag{3.70}$$

隔壁面に汚れなどが発生すると,式 (3.69) の分母に汚れ係数を考慮しなくてはならない.結果として,汚れにより熱流束は低下する.

b. 伝熱面積

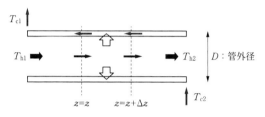

図 3.23 向流円筒二重管による熱交換

実際の設計においては,伝熱面積を算出することがほとんどである.そこで,図 3.23 に示す向流円筒二重管における伝熱面積の算出について考える. $z \sim z + \Delta z$ における熱収支をとると,以下のようになる.

$$\Delta Q = W_{\mathrm{h}} c_{\mathrm{ph}} (T_{\mathrm{h}}|_{z} - T_{\mathrm{h}}|_{z+\Delta z}) \tag{3.71}$$

$$\Delta Q = W_{\mathrm{c}} c_{\mathrm{pc}} (T_{\mathrm{c}}|_{z+\Delta z} - T_{\mathrm{c}}|_{z}) \tag{3.72}$$

式 (3.71) はこの区間で高温流体が失う熱量,式 (3.72) は低温流体が得る熱量を表している.ここで, W_{h}, W_{c} は高温流体および低温流体の流量, c_{ph}, c_{pc} は高温流体および低温流体の熱容量を表す.また総括伝熱係数を用いれば,

$$\Delta Q = U \pi D \Delta z (T_{\mathrm{h}} - T_{\mathrm{c}}) \tag{3.73}$$

と表される.以上を用いると,全伝熱量 Q は以下で表される.

$$\begin{aligned} Q &= U \pi D L \frac{(T_{\mathrm{h}1} - T_{\mathrm{c}1}) - (T_{\mathrm{h}2} - T_{\mathrm{c}2})}{\ln\{(T_{\mathrm{h}1} - T_{\mathrm{c}1})/(T_{\mathrm{h}2} - T_{\mathrm{c}2})\}} \\ &= UA \frac{\Delta T_1 - \Delta T_2}{\ln(\Delta T_1/\Delta T_2)} = UA(\Delta T)_{\mathrm{lm}} \end{aligned} \tag{3.74}$$

ここで, $(\Delta T)_{\mathrm{lm}}$ は対数平均温度差 (logarithmic mean temperature difference) であり,とくに並流操作の場合においては,単純な算術平均値を用いると大きな誤差を生ずる場合がある.

二重円筒間における伝熱面積の決定に関するフローを,図 3.24 に示す.ここ

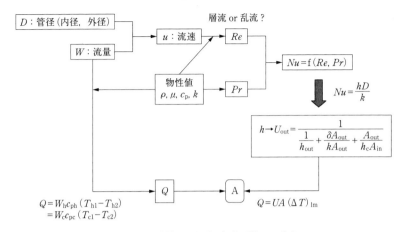

図 3.24 熱交換器の設計:伝熱面積 A の決定

で,Nu の算出には式 (3.32)〜(3.34) などを用いる.また外管を流れる流体に対しては,相当直径を用いて Re を算出しなくてはならない.

〖演 習 問 題〗
3.1 自然対流伝熱
50 cm 角で高さが 1 m の氷柱が 40℃ の室内においてある.扇風機などは用いずに自然対流伝熱のみのとき,次の問いに答えよ.ただし氷柱の大きさは不変であり,氷の密度は水と同じで,氷柱の上面と下面は断熱されていると仮定する.
① 問題の状態を温度変化の線図とともに図示せよ.② 氷柱表面での熱伝達係数を求めよ.③ 1 時間あたりに融ける氷の重量を求めよ.
3.2 管内伝熱 1
空気 23 kg h^{-1} が 20℃ (T_1) で内径 2.5 cm の管内を流れている.もし,管長 100 cm にわたって蒸気ジャケットを設け 99℃ に保たれるとき,加熱部分を通った後の空気の平均温度 (T_2) はいくらになるか,下記の手順にしたがって解答せよ.なお,管内壁と空気との平均温度差として算術平均値を用いてよい.
①レイノルズ数とヌッセルト数を求めよ.②管内ガス側熱伝達係数を求めよ.③加熱部出口における空気の平均温度を求めよ.④空気の代わりに水を同一流量で流し出口温度を求めるとき,空気の場合と大きく異なる点について記述せよ.
3.3 室内暖房
幅 1 m,高さ 50 cm,厚さ 5 cm の温水循環式ラジエーターで室内を暖房している.ラジエーター表面が 93.0℃ に保たれ,室内空気が 16.0℃ のとき,ラジエーターから単位時間に放出される熱量を求めよ.ただし放射の効果は無視し,ラジエーター端面は断熱されているものとする.

3.4 管内伝熱 2

断面内側の寸法が 3 cm×2 cm の四角いパイプ内を，10℃の水が 2000 kg h^{-1} で流れている．パイプ内壁の温度が 50℃のときの熱伝達係数を，次の手順に従って求めよ．

①水の平均流速を求めよ．②パイプの相当直径を求めよ．③レイノルズ数を求め，流れの状態を規定せよ．④プラントル数とヌッセルト数を求めよ．⑤熱伝達係数を求めよ．

3.5 管内伝熱 3

内径 200 mm，肉厚 10 mm の鋳鉄管内を 450℃の燃焼ガスが流れている．外界の温度が 10℃，管内面の熱伝達係数が 47 W m^{-2} K^{-1}，管外面で 5 W m^{-2} K^{-1} とするとき，長さ 1 m あたりの伝熱量を求めよ．ただし，鋳鉄の熱伝導度を 60 W m^{-2} K^{-1} とし，パイプの肉厚が直径に比べて薄いために平面と仮定してよい（対数平均を使わなくてよい）．

3.6 管内伝熱 4

内径 2.5 cm の管内を空気が 20 kg h^{-1} で流れているときの管内ガス側の熱伝達係数を求めよ．また，空気の代わりに水を同じ速さ [m s^{-1}] で流した場合，熱伝達係数は何倍になるか，下記の手順に従って解答せよ．ただし，圧力は標準大気圧で温度は 20℃ とする．

①空気の流速を求めよ．②空気のレイノルズ数を求めよ．③空気のヌッセルト数を求めよ．④空気側の熱伝達係数を求めよ．⑤水のレイノルズ数を求めよ．⑥水のヌッセルト数を求めよ．⑦水の場合の熱伝達係数を求めよ．⑧両者の比を求めよ．

4 物質分離

　物質の分離・濃縮・精製は，製造プロセスでは必須不可欠な単位操作である．従来から分離技術は，化学産業に限らず，バイオ，医薬品，医療，食品，電子産業など様々な分野で用いられており，また環境保全や新材料開発などでも重要な役割を担っている．近年では，持続可能社会や低炭素化社会など資源の有限性を意識した社会的要請に応え，低品質材料や廃棄物を出発原料として有価値物質を回収する分離技術も開発されている．製造プロセスに最適な分離精製法を導入するには各種の分離精製法（抽出，吸着，晶析，固液分離など）を知らねばならないが，本章では代表的な分離法である，蒸留，ガス吸収および膜分離について説明し，分離の原理や分離装置の基本的な設計法などを学ぶ．

4.1　はじめに—分離技術序論—

4.1.1　分離の原理と分離技術

　分離の原理は，対象物質の性質（物性）の「差」を利用する点にある．分離技術には，異なる相の平衡状態に存在する分子の物性差を利用する平衡分離法（4.3節参照）と，各分子が持つ運動や移動の速度の差を利用する速度差分離法（4.4節参照，表4.1）がある．たとえば，平衡分離法の1つである蒸留では，混合物を構成する各成分の蒸気圧の差を利用して，気相から揮発性成分（低沸点成分）を濃縮分離する．また，平衡分離法では分離される相は混合物の相と異なるため，基本的には潜熱変化を伴う．一方で，速度差分離法の1つである膜分離では，気体分子の平均速度が分子量の平方根に反比例する関係性に基づき，混合物を構成する成分の速度差を活用して分離することが可能である．速度差分離法は，基本的には同じ相で分離されるため潜熱変化を伴わない．それゆえ，代表的な速度差分離法である膜分離技術は，省エネルギー分離プロセスとも言われる．

　また，分離するためにはエネルギーもしくは分離剤が必要である．たとえば，気液平衡分離の蒸留においては相転移を伴うため，溶液を気体にし，さらに液体に戻すための潜熱が必要である．しかし，同じ気液平衡分離の吸収においては，

表 4.1　代表的な速度差分離技術

分離技術	膜分離						熱拡散	電気泳動	遠心分離
	RO, UF, MF	透析		ガス分離	PV				
		電気透析	濃度透析						
推進力	圧力差	電圧	濃度差	圧力差	圧力差		温度差	電圧	遠心力
混合物の相	液相	液相	液相	気相	液相		気相,液相	液体	液相,気相
物性の差	溶解拡散, 分子径, 粒径	電荷	拡散係数	溶解拡散 分子量	蒸気圧 溶解拡散		熱拡散係数	電荷	密度差
分離相	液相	液相	液相	気相	気相		気相,液相	液相	液相,気相
分離エネルギー (ESA)	○	○	×	○	○		○	○	○
分離剤 (MSA)	×	×	○	×	×		×	×	×

RO：逆浸透 (reverse osmosis), UF：限外濾過 (ultra-filtration), MF：精密濾過 (micro-filtration), PV：パーベーパレーション (pervaporation), ESA：energy-separating agent, MSA：mass-separating agent.

分離剤である吸収剤の水を使うことで分離ができる．ただ，分離だけを見るとエネルギーを必要としないものの，分離剤の再生にはエネルギーを要する．前者のようにエネルギーを必要とする分離をエネルギー付加分離 (energy-separating agent, ESA)，また後者のように分離剤を必要とする分離を分離剤付加分離 (mass-separating agent, MSA) と言うこともある（表 4.1 参照）．

4.1.2　分離装置と分離係数

図 4.1 のように，一般的な連続分離装置における物質の流れについて考える．定常状態においては，連続分離装置には 1 つの入力流れ (F) と 2 つの出力流れ (E と S) が最小限必要である．装置内で接触しながら 2 つの出力流れが分離され，一方は濃縮流れ E となり，もう一方は回収流れ S となって装置から流出する．代表的な接触方式として，棚段のような間欠的・断続的に接触する段型接触法（図 4.6 参照）と，充填層のように塔内を連続的に接触する微分接触法（図 4.11 参照）がある．また物質の流れに着目した場合，濃縮流れと回収流れが同じ方向で接触する並流 (co-current) 接触，向かい合って接触する向流 (counter-current) 接触，さらには膜分離などで利用される十字流れ (cross-flow) がある．

分離装置の性能は，一般的に「質」的指標である分離係数と「量」的指標である処理速度により評価される．混合物の各成分が分離器の相や膜などの分離媒体

4.1 はじめに―分離技術序論―

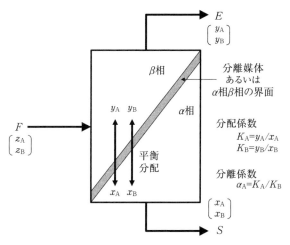

図 4.1 単位分離器と分離係数

により α 相と β 相に分配され，各相における成分 A の濃度（モル分率）が x_A と y_A（同様に，成分 B の濃度が x_B と y_B）であるとすれば，A, B 各成分の分配係数 K は次式で定義される：

$$K_A = \frac{y_A}{x_A}, \qquad K_B = \frac{y_B}{x_B} \tag{4.1}$$

また，B に対する A の分離係数 α_{AB} は次式で定義される：

$$\alpha_{AB} = \frac{K_A}{K_B} = \frac{y_A/x_A}{y_B/x_B} \tag{4.2}$$

分離係数は「分離のしやすさ」の指標であり，種々の分離操作においてそれぞれ異なる呼称で呼ばれる（たとえば蒸留の場合は，α_{AB} を相対揮発度あるいは比揮発度と呼ぶ）．

〖考察 1〗
　向流接触，並流接触および十字流れについてフローシートの概要を図示せよ．

〖例題 4.1　分離器における物質収支〗
　図 4.1 に示す装置を用いた，成分 A と B の分離操作を考える．濃縮流れ E から成分 A, B がそれぞれ $E_A = 7$ mol s^{-1}，$E_B = 3$ mol s^{-1} の流量で，また回収流れ S からそれぞれ $S_A = 8$ mol s^{-1}，$S_B = 12$ mol s^{-1} の流量で取り出される分離器がある．この分離器に供給される原料の流量 F とその A の濃度 z_A，濃縮流れおよび回収流れの A の濃度（y および x）はいくらか．またこの分離器の分離係数 α_{AB} はいくらか．

【解】

全成分の物質収支より,$F=(7+3)+(8+12)=30 \text{ mol s}^{-1}$. 原料中における成分Aの濃度は, $z_A=(7+8)/30=50 \text{ mol\%}$. また, 濃縮流れおよび回収流れにおける成分Aの濃度 y_A および x_A は, $y_A=7/(7+3)=70 \text{ mol\%}$, $x_A=8/(8+12)=40 \text{ mol\%}$. したがって分離係数の α_{AB} は, $\alpha_{AB}=(0.7/0.4)/(0.3/0.6)=3.5[-]$

4.1.3 分離に要するエネルギー

「分離」と「混合」は逆の現象である. したがって, 分離に要する最小エネルギーは混合の可逆過程から見積もることができる. ここで, 純成分AとBを混合した系を考える (等温 T, 等圧 p). 2種類の完全気体が入った2個の容器 (各々, n_A, n_B mol) が接続されているコックを開くと, 両成分ともにそれぞれ拡散し, 十分時間が経過すると均一な混合物Mになる. 混合前と完全に混合した後のギブス (Gibbs) 関数の差を混合ギブス関数 ΔG_{mix} と言い, 全モル数を $n(=n_A+n_B)$ とすれば次式が成立する:

$$\Delta G_{mix}=nRT(x_A \ln x_A + x_B \ln x_B) \tag{4.3}$$

ここで, x_A, x_B は成分A, Bのモル分率であり, 上式から自発過程である混合 (拡散) の ΔG_{mix} は負である ($\Delta G_{mix}<0$) ことが分かる. また, T, p 一定のとき, 膨張以外の最大仕事 $W_{e,max}$ とギブス関数の変化量 ΔG との関係は次式で与えられる:

$$W_{e,max} = -\Delta G \tag{4.4}$$

したがって, 混合物Mから純成分A, Bに分離するために必要な最小理論仕事 W_{min} は, 混合によって減った ΔG_{mix} だけのエネルギーが必要になる. すなわち,

$$W_{min} = -nRT(x_A \ln x_A + x_B \ln x_B) > 0 \tag{4.5}$$

である.

実際の分離操作で消費されるエネルギーは最小理論仕事よりかなり大きいの

表4.2 最小エネルギーと分離に必要なエネルギー

	海水淡水化に必要なエネルギー [kWh m^{-3} (電力換算)]
最小エネルギー W_{min}	3
蒸発	25
電気透析	18
透過気化	12
逆浸透膜	7

で，工業的生産プロセスにおいて分離を効率化するためには，所要エネルギーあたりの分離度の大きい分離操作を選択する必要がある．一例として，表4.2には海水の淡水化に必要なエネルギーを比較して示した．しかし，純粋製品を得るために要する仕事は一般的には $\ln x$ のマイナスに比例するから，目的成分の原料濃度が低ければ，その分，分離に必要な最小仕事は大きくなる．また，

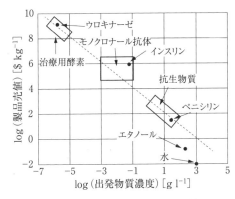

図 4.2 製品コストと原料濃度の関係

分離に要するエネルギーは製品コストに直接影響し，それが総製品コストを支配するケースもある．図4.2に示した製品コストと原料濃度の関係に見られるように，原料濃度が薄くなれば，製品価格は指数的に増加する．

〚**考察 2**〛

ΔG_{mix} が式（4.3）で表されることを示せ．

〚**考察 3**〛

膨張以外の最大仕事 $W_{e,max}$ が式（4.4）で表されることを示せ．

4.2 気液平衡と物質移動

「物性」の差を利用して効果的に分離するためには，対象とする系における平衡状態を理解し，また異相間における物質移動現象を理解する必要がある．本節では，分離操作を設計する上で基礎となる，気液平衡および拡散現象について述べる．

4.2.1 気液平衡

理想溶液（ideal solution）とは，混合しても容積の増減がなく，発熱や放熱も起こさない溶液のことである．理想溶液の例としては，①希薄溶液，あるいは②化学的性質が非常に類似している同族列炭化水素（たとえばベンゼン-トルエン），同族アルコール（たとえばメタノール-エタノール）があげられる．理想溶液における気相と液相における成分濃度との対応関係は，各々ヘンリーの法則，およ

びラウールの法則として知られている．

a. ヘンリーの法則：希薄な理想溶液における気液平衡

一般に，気体成分 A の液体中の濃度 c_A は，温度が低いほど，また気体分圧 p_A が大きいほど大きい．一定温度で c_A が低い条件では（希薄な溶液），p_A と c_A は比例する．これをヘンリーの法則（Henry's law）と言い，式 (4.6)～(4.8) で表される．式中では，c_A は平衡にある溶液中の濃度 [mol m^{-3}]，p_A は平衡にある気相中の溶質の分圧 [Pa] とし，x は平衡にある溶液中の溶質のモル分率 [―]，y は平衡にある気相中の溶質のモル分率 [―] である．また，ヘンリー定数は H[m^3 Pa mol^{-1}]，K[Pa]，m[―] で表され，小さいほどガスの溶解度は大きい．一般的に，ガス吸収においては溶質分子の濃度は低い（希薄溶液である）ことが多く，気液平衡関係はヘンリーの法則で表される：

$$p_A = Hc_A \tag{4.6}$$
$$p_A = Kx_A \tag{4.7}$$
$$y_A = mx_A \tag{4.8}$$

ヘンリー定数に関わる H と K および m の関係は，次式で与えられる：

$$H = K/c_M = m\Pi/c_M \tag{4.9}$$

c_M は溶液の全濃度 [mol m^{-3}] であるが，希薄溶液では溶媒のモル濃度 c_B と見なしてよい．また Π は全圧である．表 4.3 には各種のヘンリー定数を示す．K が小さい溶質成分のモル溶解度は大きく，たとえば二酸化炭素が溶解性の高い気体であることが分かる．

〖**例題 4.2　ヘンリーの法則による平衡濃度の計算**〗────────

1 atm，20℃で空気中のアンモニア分圧が 19.2 mmHg のとき，アンモニアの水への溶解度は 3.3 g-NH$_3$/100 g-H$_2$O である．①ヘンリーの法則が成立するとして，ヘンリー定数 H[Pa m^3 mol^{-1}]，K[Pa]，m[―] を求めよ．ただし，溶液の密度は 1.00 g cm^{-3}

表 4.3　主な気体のヘンリー定数

溶媒	C_B[1)][mol m^{-3}] ×10^{-3}	気体（25℃）				
		H$_2$	N$_2$	O$_2$	CH$_4$	CO$_2$
水	54.9	7180	8570	4420	4040	166
エタノール	17.0	492	284	174	79.3	15.3
ベンゼン	11.2	391	230	125	49	10.4
アセトン	13.5	337	187	120	54.8	5.42
ヘキサン	7.6	153	73.6	51.2	20.1	―

[1)] C_B は溶媒のモル濃度．

とする．② 1 atm, 20℃で NH_3 10 mol%, 空気 90 mol% の混合気体 $1.00 \, m^3$ を 50 kg の水と接触させ，温度，圧力一定のまま平衡に達したとする．このときの NH_3 の液相中の濃度 $[mol \, m^{-3}]$ と気相中の濃度 $[mol\%]$，および気相の容積 $[m^3]$ を求めよ．ただし，容積の密度は $1.00 \, g \, cm^{-3}$，空気は水に不溶とし，水の蒸発はないものとする．

【解】

① 溶液中の溶質濃度 c_A および気相中の溶質分圧 p_A は以下のようになる：

$$c_A = \frac{3.3 \times 10^{-3}/17}{(100+3.3) \times 10^{-6}} = 1.88 \frac{kmol}{m^3(solution)}$$

$$p_A = 19.2/760 = 2.526 \times 10^{-2} \, atm = 2.56 \times 10^3 \, Pa$$

したがって，

$$H = p_A/c_A = 2.56 \times 10^3/1.88 \times 10^3 = 1.36 \, Pa \, m^3 \, mol^{-1}$$

となる．また水の分子量は 18 だから，$x = (3.3/17)/(3.3/17 + 100/18) = 0.0338$ であり，

$$K = p_A/x_A = 2.56 \times 10^3/0.0338 = 7.57 \times 10^4 \, Pa$$

$$m = y_A/x_A = 2.526 \times 10^{-2}/0.0338 = 0.747$$

となる．

② NH_3 と空気の混合気体のモル数は理想気体法則から，

$$n_A = \frac{p_A V}{RT} = \frac{(1.013 \times 10^5) \times 1.00}{8.314 \times (20+273.2)} = 41.56 \, mol$$

となる．混合気体中の NH_3 のモル数は $41.56 \times 0.10 = 4.16 \, mol$，$NH_3$ の $a \, [mol]$ が水に溶けるとすると，$y = mx$ より，

$$\frac{4.16-a}{41.56-a} = 0.747 \frac{a}{a+(50 \times 10^3)/18} = \frac{0.747 a}{a+2778}$$

となり，これを解くと $a = 4.12 \, mol$ である．

気相中および液相中の濃度は，

$$100y = \{(4.16-4.12)/(41.56-4.12)\} \times 100 = 0.107 \, mol\%$$

$$c_A = 4.12/\{(50 \times 10^3 + 4.12 \times 17) \times 10^{-3}\} = 0.0823 \, kmol \, m^{-3}$$

となり，気相の容積は，

$$V = n_A RT/p_A = \{(41.56-4.12) \times 8.314 \times 293.2\}/(1.013 \times 10^5) = 0.901 \, m^3$$

となる．

b. ラウールの法則：理想溶液における気液平衡

理想溶液と見なせる 2 成分混合系について考える．蒸留では，一般に揮発性成分（低沸点成分）を注目成分 A として取り扱い，液相および気相における成分 i のモル分率を x_i および y_i で表す．理想溶液の場合，気相中の成分 A の分圧 p_A と液相中の成分 A のモル分率 x_A は比例関係にある．これをラウールの法則

（Raoult's law）と呼び，成分 B の気相中分圧 p_B についても同様である：

$$p_A = P_A x_A, \qquad p_B = P_B x_B, \qquad ただし\ x_A + x_B = 1 \qquad (4.10)$$

ここで，P_A と P_B はそれぞれ純物質 A と B の蒸気圧（飽和蒸気圧）である．一般的に，ベンゼン-トルエン系などの同族列炭化水素系溶液では，ラウールの法則が成立することが知られている．

全圧 Π は，ダルトンの法則（Dalton's law）から次式で与えられる：

$$\Pi = p_A + p_B = P_A x_A + P_B x_B = P_B \{1 + (\alpha^* - 1)x\} \qquad (4.11)$$

ここで，α^* は理想溶液の相対揮発度と呼ばれ，次式で表される：

$$\alpha^* = P_A / P_B \qquad (4.12)$$

2 成分混合系（$x_A + x_B = 1$）では，ふつう，状態量は成分 A の濃度 x_A，y_A だけの変数で表されるため，添え字を除いて表記（x, y）する．また相対揮発度 α^* は，蒸留による分離・精製のしやすさを表しており，蒸留操作における分離係数 α_{AB} に等しい．

また，ラウールの法則に従わない（理想溶液と見なせない）実在溶液からなる 2 成分混合系においては，液活量係数（liquid activity coefficient）γ_A，γ_B を用いることで，式（4.12）と同様に次式のように相対揮発度 α を表すことができる：

$$\alpha = \alpha_{AB} = (y_A / x_A)/(y_B / x_B) = (\gamma_A / \gamma_B)\alpha^*$$

なお，理想溶液では $\gamma_A = 1$，$\gamma_B = 1$ である．この液活量係数 γ_A，γ_B を求めるためには，マーギュレスの式（Margules' equation），ファンラールの式（van Laar's equation），ウィルソンの式（Wilson's equation），NRTL 式や UNIQUAC 式が用いられている（化学工学会 (2011)，Seader and Henley (2006)）．

液相の組成 x と全圧 Π との関係式（4.11）を液相線と言い，理想溶液の場合，液相線は P_A と P_B を結ぶ直線になる．一方，気相の A 成分のモル分率 y_A は，ダルトンの法則から次式で与えられる：

$$y_A = \frac{p_A}{\Pi} = \frac{p_A}{p_A + p_B} = \frac{\alpha^* x}{1 + (\alpha^* - 1)x} \qquad (4.13)$$

上式は理想溶液の気液平衡関係を表す．また気相の組成 y と全圧 Π との関係を気相線と言い，気相線は式（4.11）と式（4.13）から次式で表される：

$$\Pi = \frac{P_A}{\alpha^* + (1 - \alpha^*)y} \qquad (4.14)$$

一例として，2 成分混合系（$T =$ 一定，$P_A = 250$ mmHg，$P_B = 100$ mmHg，すなわち $\alpha^* = 2.5$）における液相線と気相線を図 4.3 に示す．系の圧力が液相線より

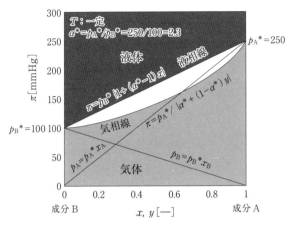

図 4.3 組成と蒸気圧の関係（温度一定）

高いときは液体で，気相線より低いときには気体になり，その中間領域では気体と液体が混在する．

蒸留は一般に大気圧下で行われるから，圧力一定の操作である．蒸留塔内の任意の位置における沸点は組成の変化に伴って変化し，α^* も変化する．蒸留塔の上部では低沸点成分が濃縮されるので，上部は下部より低い温度で運転される．

〚考察 4〛

理想溶液の相対揮発度は分離係数と等価であることを示せ．

4.2.2 拡散現象と物質移動

対象成分が移動するためには推進力が必要であり，物質移動における推進力は分圧や濃度の差となる．単位面積あたりの流量を流束（flux）と言い，相対座標に基づく拡散流束を J_i[mol m^{-2} s^{-1}]とすれば，フィックの拡散式（Fick's laws of diffusion，フィックの第 1 法則）は次式で表すことができる．なおここでは，空間的な座標は x 軸の代わりに r 軸を用いて表記した（以下同様とする）：

$$J_i = c_i(v_i - v^*) = -D_{AB}\frac{dc_A}{dr} = -D_{AB}c_M\frac{dx_A}{dr} \tag{4.15}$$

ここで，c_i は成分 i の濃度[mol m^{-3}]であり，c_M はモル平均濃度[mol m^{-3}]で次式で定義される：

$$c_M = \sum c_i \tag{4.16}$$

v_i は成分 i の絶対座標に基づく移動速度[m s^{-1}]で，v^* はモル平均速度[m s^{-1}]

と称し,絶対座標に基づく移動流束 N_i [mol m^{-2} s^{-1}] を用いて次式で定義される:

$$v^* = \frac{\sum N_i}{c_\mathrm{M}} \tag{4.17}$$

$$N_i = c_i v_i \tag{4.18}$$

したがって,A と B の 2 成分からなる系の拡散現象は次式で与えられる:

$$N_\mathrm{A} = -D_\mathrm{AB} c_\mathrm{M} \frac{\mathrm{d}x_\mathrm{A}}{\mathrm{d}r} + x_\mathrm{A}(N_\mathrm{A} + N_\mathrm{B}) \tag{4.19}$$

一般的に,蒸発,昇華,ガス吸収や液液抽出の場合は $N_\mathrm{B}=0$ と考えてよい.また,分子蒸発熱の等しい 2 成分系混合溶液の蒸留においては,$N_\mathrm{B}=N_\mathrm{A}$ と見なせる場合がある.さらに,2A→A$_2$ と言った 2 量化反応の触媒表面上の物質移動では,$N_\mathrm{B}=N_{\mathrm{A}_2}=-N_\mathrm{A}/2$ とおくケースもある.

$N_\mathrm{B}=-N_\mathrm{A}$ のケースを等モル相互拡散(equi-molar counter-diffusion, EMD)と言い,$N_\mathrm{B}=0$ のケースを一方拡散(uni-directional diffusion, UDD)と言う.これらの 2 つのケースについて,物質移動係数と拡散係数との関係を検討する.

等モル相互拡散において,$N_\mathrm{B}=-N_\mathrm{A}$ とおけば,式(4.19)は次式のように変形できる:

$$N_\mathrm{A} = -D_\mathrm{AB} c_\mathrm{M} \frac{\mathrm{d}x_\mathrm{A}}{\mathrm{d}r} \tag{4.20}$$

境界条件は,$r=0$ のとき $x=x_{\mathrm{A}i}$,$r=\delta_\mathrm{L}$ のとき $x=x_\mathrm{A}$ であり,積分すると次式が得られる:

$$N_\mathrm{A} = \frac{D_\mathrm{AB} c_\mathrm{M}}{\delta_\mathrm{L}} (x_{\mathrm{A}i} - x_\mathrm{A}) \tag{4.21}$$

したがって,等モル相互拡散の物質移動係数 $(k_\mathrm{x})_\mathrm{eq}$ は次式のように表される:

$$(k_\mathrm{x})_\mathrm{eq} = D_\mathrm{AB} \frac{c_\mathrm{M}}{\delta_\mathrm{L}} \tag{4.22}$$

一方拡散においては,$N_\mathrm{B}=0$ とおけば式(4.19)は次式になる:

$$N_\mathrm{A} = -D_\mathrm{AB} \frac{c_\mathrm{M}}{1-x_\mathrm{A}} \frac{\mathrm{d}x_\mathrm{A}}{\mathrm{d}r} \tag{4.23}$$

境界条件($r=0$ のとき $x=x_{\mathrm{A}i}$,$r=\delta_\mathrm{L}$ のとき $x=x_\mathrm{A}$)を使って積分すると,次式が得られる:

$$N_\mathrm{A} = D_\mathrm{AB} \frac{c_\mathrm{M}}{\delta_\mathrm{L} x_{\mathrm{B,lm}}} (x_{\mathrm{A}i} - x_\mathrm{A}) \tag{4.24}$$

したがって，一方拡散の物質移動係数 $(k_x)_{uni}$ は次式になる：

$$(k_x)_{uni} = D_{AB} \frac{c_M}{\delta_L x_{B,lm}} \tag{4.25}$$

ここで $x_{B,lm}$ は，

$$x_{B,lm} = \frac{x_{Bi} - x_B}{\ln(x_{Bi}/x_B)} \tag{4.26}$$

で表され，成分 B の界面とバルクの濃度の対数平均である．

一方拡散の物質移動係数は常に等モル相互拡散のそれより大きい．すなわち，

$$\frac{(k_x)_{uni}}{(k_x)_{eq}} = \frac{1}{x_{B,lm}} > 1 \tag{4.27}$$

となる．

〖**考察 5**〗

一方拡散の物質移動係数が式 (4.25) で与えられることを示せ．また，一方拡散の物質移動係数は常に等モル相互拡散のそれより大きいことを示せ．

4.3 平衡分離法

平衡を利用した分離技術（平衡分離法）の中でも，もっとも基本的なものは蒸留とガス吸収である．蒸留は混合液の蒸気圧の差，ガス吸収は混合ガスの溶解度の差を利用しており，基本的に対象成分が移動する方向は逆である（蒸留：液相→気相，吸収：気相→液相）．また前述したように，分離手段として前者は熱エネルギー（ESA）を利用するのに対して，後者は分離媒体（MSA）の吸収剤を利用する．加えて，前者はラウールの式（理想溶液）に代表される気液平衡関係を広い濃度範囲に使うのに対し，後者はヘンリーの式で代表される気液平衡関係を希薄濃度域で用いる．本節ではこのように対照的な 2 つの技術に関し，蒸留塔の棚段接触装置やガス吸収塔の微分型接触装置を対象として，平衡分離法の原理とその基本的な操作・設計法を学ぶ．

4.3.1 蒸　　留

混合物から揮発性成分（低沸点成分）を分離・濃縮するためには，各成分の蒸気圧差が利用できる．そのために混合物を加熱して蒸気（気相）を生成し，低沸点成分の多い混合物蒸気を再び冷却して凝縮することで，液相として回収する．

この操作を蒸留 (distillation) と言う.蒸留は代表的な分離方法の1つであり,古くから有効成分の回収や濃縮・精製などのために実験室や化学工場など広く利用されている.本項では蒸留の原理に基づいて,回分単蒸留(レイリーの式),連続単蒸留(フラッシュ蒸留),および段型連続蒸留(精留)を対象として,蒸留塔の基本的な設計概念を説明する.

a. 蒸留による低沸点成分の濃縮の原理

平衡関係に基づいて,蒸留塔による低沸点成分の濃縮の原理を考える.図4.4には,圧力一定の場合の組成と沸点の関係を示す.点Fで示される原液(組成x_1)を点B(温度T_1)まで加熱すると沸騰し始め,点C(温度T_C)で完全に蒸気になり,さらに点S(温度T_S)まで加熱すると過熱蒸気になる.逆に点Sから冷却して点Cになると凝縮し始め,点Bで完全に溶液になる.各組成に対して,沸騰し始める温度の軌跡を沸騰線と言い,凝縮し始める温度の軌跡を凝縮線と言う.

原液を温度T_1まで加熱して蒸発させると,x_1に平衡な組成y_1の蒸気(点P)が得られる.この蒸気を冷却すると蒸気は凝縮し始め,沸騰線(点Q,温度T_2)

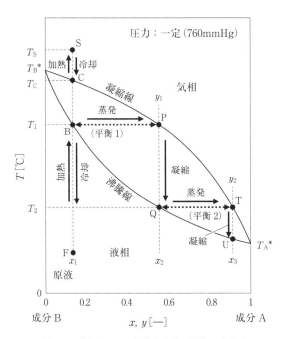

図4.4 蒸留塔による低沸点成分の濃縮の原理図

で組成 x_2 の溶液になる（$y_1=x_2$）．凝縮した溶液を再び蒸発させれば，溶液 x_2 に平衡な組成 y_2 の蒸気（点T）が得られる．このように蒸発と凝縮を繰り返すことで，低沸点成分の濃度がしだいに高くなり，操作の進行とともに基本的に沸点も低下する．

混合蒸気の一部分が凝縮することを分縮（partial condensation）と言う．この分縮効果を利用して濃縮する操作を精留（rectification）と言うが，蒸留には分縮が伴うので，精留のことを蒸留と呼ぶのが一般的である．また蒸留塔内においては，気液が十分に接触すれば平衡に近づき，相転移に伴って潜熱変化が生ずる（蒸発：蒸発潜熱を奪い，凝縮：凝縮熱を出す）．したがって蒸留塔で重要な点は，気液の接触と相変化に伴う熱の出入りを効率よく行わせることであり，そのための接触方法として段型と微分型がある．微分接触型装置の設計方法については4.3.2項で述べることとし，次項以降では段型連続蒸留塔の設計方法について説明する．

b. 単 蒸 留

単蒸留（simple distillation）は，簡便に操作できることから実験室でよく利用されるほか，ウイスキーの蒸留など工業的利用も多い．いま，2成分系の単蒸留操作（図4.5）を考える．ある時刻の蒸留器内の液量を F [mol]，液相および発生蒸気（気相）中の低沸点成分を x [—] および y [—] とする．この状態からさらに dF [mol] だけ蒸気が発生したとき，液相と気相の低沸点成分の物質収支から，

$$d(Fx) = y dF \tag{4.28}$$

$$F dx + x dF = y dF \tag{4.29}$$

$$\frac{dF}{F} = \frac{dx}{y-x} \tag{4.30}$$

となる．この関係を，最初の状態 (F_0, x_0) から任意の時刻の状態 (F_1, x_1) まで積分すると，次のレイリーの式（Rayleigh's equation）が得られる．

$$\ln \frac{F_0}{F_1} = \int_{x_1}^{x_0} \frac{dx}{y-x} \tag{4.31}$$

また，仕込んだ原料のモル数と蒸留器から留出したモル数の比を留出率 β と言い，次式で表される：

$$\beta = \frac{F_0 - F_1}{F_0} \tag{4.32}$$

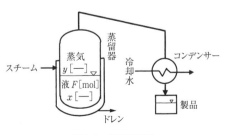

図4.5 単蒸留装置

一般的には，気液平衡関係から y と x の関係を式（4.31）に代入し，数値積分もしくは図積分することになる．しかし，気液平衡関係がラウールの法則（式(4.13)）で与えられるとすると，式（4.32）は次の式（4.33）に変形できる．

$$\ln\frac{1}{1-\beta}=\ln\frac{F_0}{F_1}=\frac{1}{\alpha_{av}-1}\ln\frac{x_0(1-x_1)}{x_1(1-x_0)}+\ln\frac{1-x_1}{1-x_0} \tag{4.33}$$

したがって，x_0 と β が与えられれば，式（4.33）より x_1 が求まる．

留出液の平均組成 x_D は，物質収支から次式のように得られる．

$$x_D=\frac{x_0F_0-x_1F_1}{F_0-F_1}=\frac{x_0-(1-\beta)x_1}{\beta} \tag{4.34}$$

〖例題 4.3　2 成分混合溶液の単蒸留〗

40 mol% のベンゼン-トルエン 2 成分系混合溶液 300 g を蒸留器に入れ，大気圧下で単蒸留した．蒸留器内の残液組成がベンゼン 20 mol% のときの留出液量 [g] と留出液平均組成 [mol%] を求めよ．ただし，平均相対揮発度は $\alpha_{av}=2.48$ とする．

【解】

式（4.33）を用いると，

$$\ln\frac{F_0}{F_1}=\frac{1}{\alpha_{av}-1}\ln\frac{x_0(1-x_1)}{x_1(1-x_0)}+\ln\frac{1-x_1}{1-x_0}$$

$$=\frac{1}{2.48-1}\ln\frac{0.4(1-0.2)}{0.2(1-0.4)}+\ln\frac{1-0.2}{1-0.4}=0.950$$

となるので，$F_0/F_1=2.586$ である．

ベンゼン（C_6H_6）とトルエン（C_7H_8）の分子量はそれぞれ 78 と 92 であるから，

$$F_0=\frac{300}{0.4\times 78+0.6\times 92}=\frac{300}{86.4}=3.472 \text{ mol}$$

$$F_1=\frac{F_0}{2.586}=\frac{3.472}{2.586}=1.342 \text{ mol}$$

と求められ，残留液の平均分子量は $0.2\times 78+0.8\times 92=89.2$ であるから，

$$F_1=1.342\times 89.2=119.8 \text{ g}$$

となり，留出液量は

$$F_0-F_1=300-119.8=180.2 \text{ g}$$

と求まる．

また，留出液量の平均組成は式（4.34）より，

$$x_D=\frac{x_0F_0-x_1F_1}{F_0-F_1}=\frac{0.4\times 3.472-0.2\times 1.342}{3.472-1.342}=0.526$$

と求まる．

c. 平衡フラッシュ蒸留

平衡フラッシュ蒸留（連続単蒸留とも呼ぶ，equilibrium flash vaporization, EFV）は，原料を連続的に供給して加熱し，減圧弁から低圧室に噴射（フラッシュ）させ，蒸気と液に分離する操作である．このとき得られる蒸気と液の組成は平衡となる．たとえば図4.6のように原料を連続的に加熱し，減圧弁からフラッシュ蒸留器に噴射すると蒸気と液に分離し，気液の組成は平衡状態になる．この方法は，もともと原油の粗い分離に用いられたものである．

2成分系の平衡フラッシュ蒸留の全物質収支は，

$$F = V + L \tag{4.35}$$

と表され，また低沸点成分の物質収支は，

$$Fx_F = Vy + Lx \tag{4.36}$$

となる．以上の式より，

$$y = -\frac{L}{V}(x - x_F) + x_F \tag{4.37}$$

が導かれ，平衡関係 $y = f(x)$ と式(4.37)の交点より (x, y) が求まる．

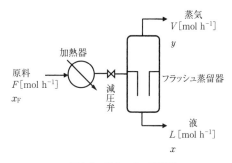

図4.6　フラッシュ蒸留器

d. 精留塔の設計：マッケーブ-シール法

一般的な段型連続蒸留塔の概念図を図4.7に示す．なお段型回分蒸留塔の場合には，原料を仕込んだ蒸留缶（スチル）より上を濃縮部と考え，濃縮部だけからなる蒸留塔を考えればよいので，以下では連続蒸留塔であるとして話を進める．段型連続蒸留塔では，適切な濃度の段から原料を供給し（供給流量 $F \mathrm{[mol\ s^{-1}]}$，濃度（モル分率）$z_F[-]$），塔底のスチルあるいはリボイラーで加熱蒸発させて蒸気にして，残りの液は缶出液として取り出す（缶出液流量 $W \mathrm{[mol\ s^{-1}]}$，濃度（モル分率）$x_W[-]$．一方，塔頂では濃縮された全蒸気を凝縮器（コンデンサー）で液体に戻し（全縮），その一部は分縮のため塔内へ還され，残りを留出液として取り出す（留出液流量 $D \mathrm{[mol\ s^{-1}]}$，濃度（モル分率）$x_D[-]$）．ここで，凝縮液を塔に戻す操作を還流（還流液流量 $L \mathrm{[mol\ s^{-1}]}$）と言い，還流の大きさは次の還流比（reflux ratio）$R[-]$ で表す：

$$R = L/D \tag{4.38}$$

還流比が大きいほど，蒸気と溶液との接触が十分に行われ，分縮効果が大きくな

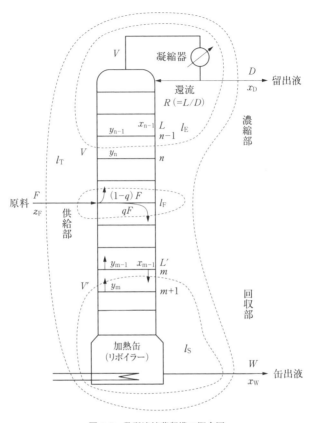

図 4.7 段型連続蒸留塔の概念図

る.とくに,蒸留のスタート時や蒸留塔の性能を解析する場合,すべての凝縮液を塔内へ還す全還流(total reflux)操作を行う.その際 R は無限大となり,留出液(製品)は得られない.

キャップ(泡鐘)型蒸留塔の断面図を図 4.8 に示す.塔内の各段では,気液はキャップや皿を介して接触し,蒸気は上昇流となり,凝縮液がダウンカマーなどを通して下降流となる.このほかにも,気液を効率的に接触させる,圧力損失の小さい段型接触装置も考案されている.

〚考察 6〛────────────────────
　モル分率 x と質量分率 ω の関係式を示せ.
〚考察 7〛────────────────────
　一般的に利用されているほかの段型接触装置について調査し,その概略図を示せ.

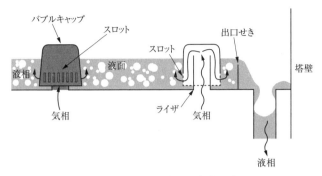

図 4.8 キャップ（泡鐘）型蒸留塔の断面図

McCabe と Thiele は 1925 年に 2 成分系混合溶液の蒸留塔の設計において，以下の仮定（①〜⑤）を設けたうえで，塔内の蒸気の上昇流と液の下降流の流量はそれぞれ各段で等しいとして，塔の段数を推算する方法を提案した．①蒸留潜熱は組成によらず一定，②各段に出入りする液のエンタルピーは組成によらず一定，③塔は断熱で操作されている，④各段で気相液相は完全混合，⑤各段で気液平衡が成立する．以下では，蒸留塔の段数の推算法（いわゆるマッケーブ-シール法（McCabe-Thiele method））について説明する．なおポンション-サバリ法（Ponchon-Savarit method）は，上記の①および②の仮定を含まない，2 成分系の連続蒸留塔の理論段数を図解法により求める方法（各組成におけるエンタルピー線図（H-x, y 線図）に基づく方法）であるが，ここでは触れない．

低沸点成分は，原料供給位置より上方で濃縮され，下方で回収されるので，上方は濃縮部，下方は回収部と呼ばれる．図 4.7 のように段数は塔頂から数え，濃縮部の任意の段を n 段，回収部のそれを m 段とし，濃縮部および回収部の上昇流量をそれぞれ V, V'[mol s^{-1}]，下降流量をそれぞれ L, L'[mol s^{-1}] とする．また，塔内の溶液および蒸気の A 成分の組成（モル分率）をそれぞれ x, y とし，段数を添え字で表す．包囲線 l_T における溶液全体および低沸点成分の物質収支から，次式が得られる：

$$F = D + W \tag{4.39}$$
$$z_F F = x_D D + x_W W \tag{4.40}$$

濃縮部においては，n 段（包囲線 l_E）で溶液全体と低沸点成分の物質収支を取れば，次式が得られる：

$$V = L + D \tag{4.41}$$

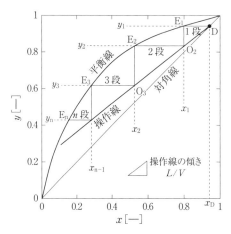

図4.9 濃縮部の各段の濃度（平衡線と操作線）

$$y_n V = x_{n-1} L + x_D D \qquad (4.42)$$

さらに還流比 R を用いると，上式より n 段目の蒸気組成 y に関する次式が得られる．

$$y_n = \left(\frac{R}{R+1}\right) x_{n-1} + \left(\frac{1}{R+1}\right) x_D \qquad (4.43)$$

この式 (4.43) は n 段目の y と $n-1$ 段目の x との関係を表し，濃縮部の操作線 (operating line) と言う（図 4.9）．濃縮部の操作線は傾き $R/(R+1)(<1)$ であり，$x=x_D$ と対角線との交点 P を通る直線である．各段では気液平衡が成立すると仮定しているから，各段の組成ならびに理論段数は階段作図から求めることができる．

次に，各段の気相・液相の濃度の求め方（階段作図法，図 4.9 参照）を以下の表 4.4 に示す．

つまり，塔頂から出発して，平衡線と操作線の間を階段状に作図していくことになる．

回収部においても，図 4.7 の包囲線 l_S で同様に物質収支を取ると，次の操作線が得られる：

$$L' = V' + W \qquad (4.44)$$
$$x_{m-1} L' = y_m V' + x_W W \qquad (4.45)$$
$$y_m = \left(\frac{L'}{V'}\right) x_{m-1} - \frac{W}{V'} x_W \qquad (4.46)$$

上式 (4.46) を図示すると，$x=x_W$ と対角線との交点 Q を通る傾き L'/V' (<1) の直線となる（図 4.10）．これを回収部の操作線と言う．

原料供給部（包囲線 l_F）で，下降流および上昇流について物質収支を考える．ここでは原料の状態が重要であり，液体（沸点）の割合が q，蒸気（沸点）の割合が $1-q$ で原料が供給されるとすると，次式が成立する：

$$L + qF = L' \quad \text{(下降流)} \qquad (4.47)$$
$$V = (1-q)F + V' \quad \text{(上昇流)} \qquad (4.48)$$

この関係式を使うと，濃縮部の操作線と回収部の操作線の交点 Q は次式で表せる：

4.3 平衡分離法

表 4.4　図 4.9 における階段作図の手順

段(n)	蒸気相濃度:y, 操作線:$y=f(x)$ とする		溶液相濃度:x, 操作線:$x=g(y)$ とする		
1	$y_1=f(x_0)=x_D$	(点 D)	$x_1=g(y_1)$	(点 E_1)	点 D から点 E_1 への平行線 点 E_1 から点 O_2 の垂直線
2	$y_2=f(x_1)$	(点 O_2)	$x_2=g(y_2)$	(点 E_2)	点 O_2 から点 E_2 への平行線 点 E_2 から点 O_3 の垂直線
3	$y_3=f(x_2)$	(点 O_3)	$x_3=g(y_3)$	(点 E_3)	点 O_3 から点 E_3 への平行線
⋮	⋮	⋮	⋮	⋮	⋮

$$(1-q)y = -qx + z_F + V' \quad (4.49)$$

これを q 線（q-line）と言う．q 線は，$x=z_F$ と対角線の交点 F を通る傾き $-q/(1-q)$ の直線であり，原料の状態に依存する（図 4.11 (a)）．また q 線は，濃縮部の操作線（式（4.43））および回収部の操作線（式（4.46））と 1 点で交わる（点 Q）ので，回収部操作線が，濃縮部操作線と q 線の交点（点 Q）と点 W を結ぶ直線から作図できる．以上より，留出液濃度と缶出液濃度の間における，濃縮部と回

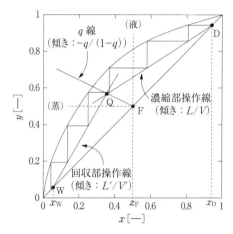

図 4.10　平衡線，操作線および q 線

収部の操作線と平衡線の間の階段作図から，容易に平衡（理論）段数を求めることが可能である．なお，段数が 2 つの段の中間で塔底組成になるときは，比例配分で小数の段数とする．作図から求めた段数（ステップ数 S）は，塔底のスチルあるいはリボイラーの 1 段も含まれているため，必要な理論段数は $N=S-1$ で与えられる．

上述の方法で求めた理想段に対し，実際の蒸留塔では各段において気液は必ずしも平衡でないため，平衡への到達の程度を表す段効率（＝理論段数/実際の段数）を用い，理論段数を補正する（たとえば総括段効率，マーフリーの段効率（Murphree tray efficiency））．

〖考察 8〗

図 4.10 において，濃縮部および回収部の操作線が点 D および点 W を通ること，また q 線が式（4.49）で表せること，および点 F を通ることを示せ．

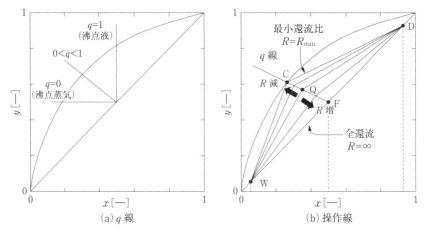

図 4.11 各種操作条件における (a) q 線および (b) 操作線の傾き

〖考察 9〗

原料供給段より上方付近で塔内混合物を抜き出した場合（サイドカット）の操作線を，x-y 線図上に示せ．

e. 全還流と最小理論段数

還流比を変化させた場合における所要段数の変化について考える．蒸留塔の操作線の傾きは，還流比 R に依存する（図 4.11 (b)）．蒸留塔を全還流で運転すると還流比 R は無限大となり，操作線は対角線（$y=x$）と一致し，塔段数はもっとも少なくなる．この段数は最小理論段数 N_m と呼ばれ，蒸留塔の段数を推算する基本になる．N_m は前述した図解法から簡便に求めることができるが，理想溶液においては以下のように変形したラウールの式を用いて，各段の物質収支に基づき，解析的にも容易に求めることができる：

$$\frac{y}{1-y} = \frac{\alpha x}{1-x} \tag{4.50}$$

全還流で操作するとき，塔頂から塔底までの各段における操作線と平衡線は，次の表 4.5 で表される．

相対揮発度 α を一定と仮定して，表内の式を辺々かけ合わせれば，次式が得られる．

$$\frac{x_D}{1-x_D} = \frac{\alpha^{N_m+1} x_W}{1-x_W} \tag{4.51}$$

4.3 平衡分離法

表 4.5 全環流条件における各段の物質収支（最終理論段数の計算手順）

段 (n)	操作線（対角線）	平衡線（ラウールの式 (4.50)）
1	$x_D = y_1$	$y_1/(1-y_1) = \alpha x_1/(1-x_1)$
2	$x_1 = y_2$	$y_2/(1-y_2) = \alpha x_2/(1-x_2)$
⋮	⋮	⋮
N	$x_{n-1} = y_n$	$y_n/(1-y_n) = \alpha x_n/(1-x_n)$
⋮	⋮	⋮
スチル (N_m+1段)	$x_{W-1} = y_W$	$y_W/(1-y_W) = \alpha x_W/(1-x_W)$

$$S_m = N_m + 1 = \frac{\ln[\{x_D/(1-x_D)\}\{(1-x_W)/x_W\}]}{\ln \alpha} \tag{4.52}$$

式 (4.52) をフェンスケの式（Fenske equation）と言い，最小理論段数 N_m が x_D, x_W および α から解析的に求められる．実際の操作では α は組成と温度に依存するので，塔頂と塔底の相対揮発度 α_t と α_b の幾何平均 α_{av} が用いられる．

$$\alpha_{av} = \sqrt{\alpha_t \alpha_b} \tag{4.53}$$

〖**考察 10**〗

ラウールの式を変形して式 (4.50) を導出せよ．

f. 最小還流比

塔頂からできるだけ多くの留出液を回収するためには，還流をできるだけ少なくする必要がある．図 4.11 (b) に示すように，還流比 R を小さくすると，濃縮部の操作線は D 点を軸にして傾きが少しずつ低下する．操作線が q 線と平衡線とが交わる点 C を通るときに，最小還流比 R_m となる（ピンチポイント）．R_m は実際の蒸留操作の目安として使用され，R_m の 1.5～3 倍程度の還流比が経済的と言われる．

以上のように，原料の組成およびその状態 q と留出液，缶出液の組成がわかれば，最小理論段数 N_m，最小還流比 R_m が求まり，さらに還流比 R が与えられると所要理論段数 N は求まる．

〖**考察 11**〗

還流比 R と理論段数 N との関係を図示せよ．

g. 共沸混合物と共沸蒸留

図 4.12 (a) に示すような気液平衡関係にある系では，ある一定の濃度 x 近傍で $y=x$ になり，蒸留ではこれを超える濃縮はできない．このような混合物を共沸混合

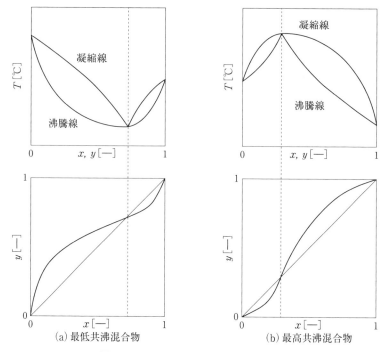

図4.12 共沸混合物の気液平衡関係の概念図

物(azeotrope)と言い,その沸点を共沸点と呼ぶ.共沸混合物を共沸組成以上に濃縮する場合は,共沸蒸留,抽出蒸留,反応蒸留などの特殊蒸留法を用いる.

たとえばエタノール-水系の場合,エタノールのモル分率が0.904(質量分率で0.96)のとき共沸し,そのときの沸点は78.2℃で,水の沸点よりも,さらにエタノールの沸点(78.3℃)よりも低くなる.このように,混ざり合うと沸点が構成する純成分の沸点よりも低くなる混合物を,最低共沸混合物(図4.12 (a))と言う.逆に,アセトン-クロロホルム系のように混合物の沸点が高くなるものもある.このような混合物を最高共沸混合物(図4.12 (b))と言う.最低共沸混合物は,異種分子が入ることで分子間力が同種のものより弱くなる.以下では,エタノール-水系における蒸留を例に,最低共沸混合物を共沸組成以上に濃縮する,共沸蒸留について説明する.

共沸蒸留は,2成分系共沸混合物に新たに共沸剤(エントレーナ)を添加し,3成分系の共沸混合物をつくる方法である.一般的には,共沸混合物の共沸点や共沸組成,また共沸混合物からの分離しやすさを考慮して,共沸剤が選定され

る．エタノール-水系においては，原料は2成分の共沸組成に近い溶液（わずかに水が混入）である．共沸剤として，シクロヘキサンやベンゼン，ペンタンが用いられるが，ここではベンゼンを共沸剤に用いて純エタノールを製造するプロセスを説明する．そのプロセスのフローシートを図4.13に示す．

原料のエタノール-水系2成分系共沸混合物は第1蒸留塔に供給され，この共沸混合物にベンゼンを添加して蒸留すると，塔頂から3成分からなる最低共沸混合物が留出する．その組成はモル分率で，エタノール：水：ベンゼン＝0.2281：0.5388：0.2331であり，沸点は64.86℃である（ベンゼンの沸点は80.13℃）．原料中の水は3成分共沸混合物として塔頂から抜き取られ，沸点の高いエタノールは塔底より純エタノールとして回収される．また共沸蒸留で重要なことは，3成分系共沸組成が2相を形成することである．すなわち上記の場合は，3成分系共沸組成の蒸気を凝縮させるとベンゼン相と水相に相分離し，水と共沸剤は容易に分離できるのであるが，前述のようにこれが共沸蒸留の1つの条件ともなる．第1蒸留塔の凝縮器から出るベンゼン相は第1塔に戻されて再び共沸剤として用いられ，水相は第2蒸留塔に送られ，第2蒸留塔の塔頂では水相にわずかに溶けているベンゼンとエタノールがまた3成分系共沸混合物を形成し，その蒸気は第1蒸留塔の凝縮器へ送られる．第2蒸留塔でベンゼンが完全に取り除かれ，水が

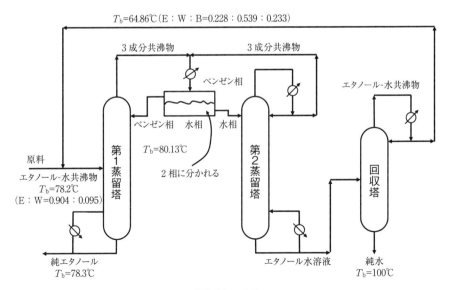

図4.13 共沸蒸留の分離システム

大部分のエタノール水溶液の缶出液は回収塔へ送られ，回収塔で塔頂からエタノール水系2成分系共沸混合物が留出液として得られる．これは第1蒸留塔の原料としてリサイクルされる．一方の回収塔の蒸留缶からは，共沸混合物形成に必要なエタノールが取り除かれた純水が得られる．このようにしてベンゼンをリサイクルしながら，第1蒸留塔の塔底から純エタノールが，また回収塔の塔底から

ケミカルエンジニアの知恵

　高度経済成長期以来，化学工学（とくに，分離工学）は，環境・エネルギー問題と常に向き合ってきた．日本の製造業全般のエネルギー消費量において，化学産業の割合は約20%を占め，その約40%は蒸留分離プロセスが占めると言われている．地球温暖化や東日本大震災，産業競争力強化などに起因する諸問題を解決するためにも，省エネルギー型の蒸留技術の開発は重要かつ喫緊の課題となっている．蒸留における省エネルギー化は，如何にして理想的限界に近い条件で機能を発現させていくかという点にある（可逆蒸留）．省エネルギープロセスとしては，フローを見直してプロセス集約化した例（Petlyuk塔や垂直分割型蒸留塔（DWC）），あるいは，濃縮部と回収部におけるエネルギーのコジェネ化を達成した例（内部熱交換型蒸留塔（HIDiC））などがあり，産官学の連携により実用化プロセスについても報告されている（化学工学会（2010））．最新の蒸留技術に触れることで，物質やエネルギーのフローに基づいて新しい戦略を提案するケミカルエンジニアの特徴の「知恵」を学んでほしい．

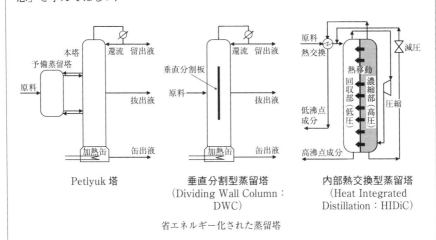

省エネルギー化された蒸留塔

純水が得られる．

[考察 12]

圧力一定のときのエタノール-水系の組成と沸点の関係を化学便覧で調査し，T-x, y 線図として描け．また，各温度における純エタノールと水の蒸気圧 p_E^*，p_W^* を求め，$\alpha^* = p_E^*/p_W^*$ をプロットせよ．

[考察 13]

共沸混合物をつくる系の沸点と組成の関係（図 4.12）を用いて，単純蒸留では蒸留した組成が共沸点に収束することを説明せよ．

4.3.2 ガス吸収

ガス吸収は，適切な溶媒（吸収剤）を用いて気体混合物から有用な成分を回収したり，有害な成分を除去する操作である．古くから，ガスを分離する目的で製造プロセスや環境対策で広く用いられてきた分離法である．最近では環境保全対策技術の1つにもあげられ，たとえば火力発電所や製鉄所などから発生する燃焼ガスから二酸化炭素を回収・利用する有力プロセスとして注目されている．ガス吸収には，単なる物理的な溶解度の差を利用する物理吸収と，化学反応を伴って吸収する反応吸収がある．代表的な実用例を表 4.6 に示す．ふつう，単なる物理吸収では溶解度に限度があるので，化学吸収を利用する場合が多い．

本項では微分接触法について説明する．代表的な微分接触装置と代表的な充填

表 4.6 ガス吸収の実用例

型		溶質	吸収剤
物理吸収		アセトン	水
		アンモニア	水
		ホルムアルデヒド	水
		塩化水素酸	水
		ベンゼンとトルエン	炭化水素オイル
		ナフタレン	炭化水素オイル
反応吸収（化学吸収）	不可逆	二酸化炭素	水酸化ナトリウム水溶液
		シアン化水素酸	水酸化ナトリウム水溶液
		硫化水素	水酸化ナトリウム水溶液
	可逆	塩素	水
		一酸化炭素	アンモニウム第I銅塩水溶液
		$CO_2 + H_2S$	モノエタノールアミン（MEA）水溶液，あるいはジエタノールアミン（DEA）
		窒化酸化物	水

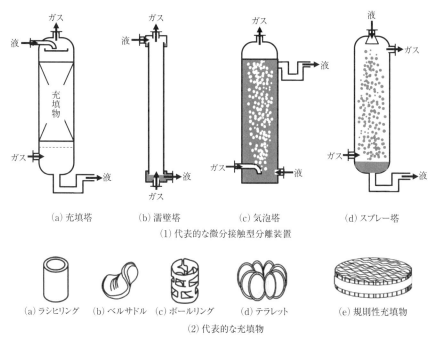

図 4.14 微分接触型分離装置と充填物

物を図 4.14 に示す．微分接触装置には，充填塔のほか，ぬれ壁塔や気泡塔などがある．充填物には，比表面積が大きく，圧力損失の少ないものが選ばれる．

吸収塔の設計においては，気液界面における物質移動（拡散）が重要になってくる．物質移動のメカニズムには，もっとも一般的に用いられる①二重境膜説（Lewis-Whitman），非定常の現象解析に用いられる②浸透説（Higbie），同じく非定常の現象解析に用いられる③表面更新説（Danckwerts），界面近傍で展開される④境界層理論（2.3.1 項参照）などが提案されている．本項では，充填層型ガス吸収塔の設計を対象として，二重境膜説に基づくガス吸収（物理吸収）の一般的な概念を学ぶとともに，微分接触型の分離装置の基本的な設計法について学ぶ．

〚考察 14〛

反応吸収の一例としてアミン類による二酸化炭素の吸収がある（表 4.6 参照）．その反応式を示せ．

a. 二重境膜説に基づく物質移動

一例として，ぬれ壁塔における物質移動を考える（図 4.14（1）の（b）参照）．図 4.15 には，ぬれ壁塔の任意の位置における界面近傍の様子を概念的に示した．成分 A（たとえば二酸化炭素）を含んだ空気の流れが壁を伝って，流下する水（吸収剤）と平行に向流接触している．空気中の成分 A は，絶えずフレッシュな水に接触して定常的に吸収される．空気流本体（バルク）は十分乱れ，成分 A の分圧は界面近傍の厚み δ_G までバルクの分圧 p_A であるが，δ_G の間で急激に減少し，気液界面で界面分圧 p_{Ai} になる．このように濃度勾配が形成される「仮想的」な境界の厚みを境膜と言い，分圧や濃度の境膜を濃度境膜と言う．境膜という仮想的な概念は 1904 年に Nernst により提唱されたと言われており，熱の移動現象でも用いられる重要な概念である．

液相本体（バルク）も気相と同様に十分乱れながら流下するので，液側界面でも厚み δ_G の濃度境膜が存在する．すなわち成分 A の濃度は液界面で c_{Ai} であり，液境膜厚み δ_L を隔てて液のバルク濃度 c_A になる．二重境膜説（two film theory）は，このように界面を介して両相に濃度境膜があり，その仮想的な境膜の中で溶質成分の直線的な濃度勾配が生じるという考え方である．これは 1914 年に Lewis と Whitman によって提唱されたモデルであるが，仮定と結果が簡潔明瞭であり，工学的要求にも合致していることから，微分型吸収塔の設計におけるモデルとして一般的に使われている．

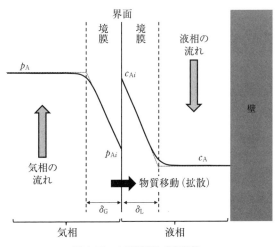

図 4.15　二重境膜説（濡壁塔）

対象成分が移動するためには推進力が必要であり，物質移動における推進力は分圧や濃度の差となる．定常状態における物質 A の流束 $N_A[\mathrm{mol\,m^{-2}\,s^{-1}}]$ は，成分 A の分圧 $p_A[\mathrm{Pa}]$，濃度 $c_A[\mathrm{mol\,m^{-3}}]$，液相の濃度（モル分率）$x_A[-]$，気相の濃度（モル分率）$y_A[-]$ を用いて，次式で表すことができる．

$$N_A = k_G(p_A - p_{Ai}) = k_L(c_{Ai} - c_A) = k_y(y_A - y_{Ai}) = k_x(x_{Ai} - x_A) \quad (4.54)$$

ここで，比例定数 k を境膜物質移動係数と言う．また，気液界面では平衡が成立するものと仮定する．

気液の平衡関係は式 (4.8) で表せるものと仮定する．気相濃度 y に平衡な液相濃度を $x^*(=y/m)$，液相濃度 x に平衡な気相濃度を $y^*(=mx)$ とすると，式 (4.54) は気相基準で次式になる（推進力の添え字 A は割愛する）．

$$N_A = \frac{y - y_i}{1/k_y} = \frac{y_i - y^*}{m/k_x} \quad (4.55)$$

上式は，総括推進力 $y - y^*$ に基づく式に変形できる：

$$N_A = \frac{(y - y_i) + (y_i - y^*)}{1/k_y + m/k_x} = K_y(y - y^*) \quad (4.56)$$

ここで，

$$\frac{1}{K_y} = \frac{1}{k_y} + \frac{m}{k_x} \quad (4.57)$$

となるが，この K_y を気相基準総括物質移動係数と言う．K_y に対して k_y を気相基準境膜物質移動係数と言う．

同様に，物質移動を液相基準で表すと次式になる：

$$N_A = \frac{(x^* - x_i) + (x_i - x)}{1/mk_y + 1/k_x} = K_x(x^* - x) \quad (4.58)$$

ここで，

$$\frac{1}{K_x} = \frac{1}{mk_y} + \frac{1}{k_x} \quad (4.59)$$

となり，k_x および K_x をそれぞれ，液相基準境膜物質移動係数および総括物質移動係数と言う．

〖考察 15〗

関係式 (4.56) と (4.58) を導出し，推進力と抵抗を示せ．また，総括物質移動係数と境膜物質移動係数の関係式 (4.57) と (4.59) を導出せよ．

〘考察 16〙
　フィックの第 2 法則について調べ，二重境膜説に基づく物質移動係数と浸透説および表面更新説に基づく物質移動係数を比較せよ．

b. 吸収塔の設計と操作線

(1) 操作線：微分接触型ガス吸収塔の概念図を図 4.16 に示す．塔底から溶解性成分 A を含む混合ガス（モル分率 y_b）を流量 G_M[mol m^{-1}] で供給し，塔頂からモル分率 x_t の吸収液を流量 L_M[mol m^{-1}] で供給する．気液は塔内で向流接触し，混合ガスは塔頂で濃度 y_t まで吸収される．一方，吸収液は塔底で x_b まで増加する．吸収塔出口では，ガス吸収に伴って混合ガス全体のモル流量は減少し，溶液のモル流量は増加する．したがって物質収支を取る際には，吸収塔全体で変化しない溶解成分を除いたキャリアガス流量 G_I[mol m^{-1}] と，溶媒流量 L_I[mol m^{-1}] を基準にすると便利である．すなわち，塔頂 $z=0$ から任意の位置 z の間における気相と液相についての成分 A の物質収支から，ガス吸収の操作線と言われる次式が得られる．

$$G_I\left(\frac{y}{1-y}-\frac{y_t}{1-y_t}\right)=L_I\left(\frac{x}{1-x}-\frac{x_t}{1-x_t}\right) \tag{4.60}$$

以下，2 成分系混合ガスからの希薄な溶質成分 A の吸収を考える．その場合，

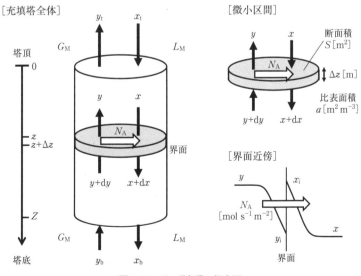

図 4.16　ガス吸収塔の概念図

次式が成立する：

$$G_M = \frac{G_I}{1-y} \approx G_I, \qquad L_M = \frac{L_I}{1-x} \approx L_I \tag{4.61}$$

つまり，希薄な溶質成分を対象とする場合，G_M および L_M を一定と見なしてよい．さらに希薄な溶質成分については，操作線は次式で近似できる：

$$G_M(y - y_t) = L_M(x - x_t) \tag{4.62}$$

液相濃度 x と気相濃度 y の関係（x-y 線図）を図 4.17 に示す．ガス吸収の場合，蒸留とは異なり，操作線は気液平衡線より上方に描かれる（放散の場合，下になる）．ガス吸収の操作線は塔底点 $B(x_b, y_b)$ と塔頂点 $T(x_t, y_t)$ を通るので，希薄な溶質成分を対象とする場合は傾き L_M/G_M の直線になり（式 (4.62)），それ以外の条件では一般的に上に凸の曲線となる（式 (4.60)）．操作線の傾きは液流量を下げると低下し，直線 TP まで操作線の傾きを小さくすることが可能である（点 P：$y = y_b$ と平衡線の交点）．そのとき，塔底の吸収液の濃度は y_b に平衡な x_b^* に等しくなり，推進力（濃度勾配）が形成されず，これ以上吸収できなくなる．この点はピンチポイントと呼ばれ，最小液流量を与える．実際に操作する液流量は，この最小流量の 1.5〜3.0 倍で運転される．逆に，液流量に対してガス流量を増加させると圧力損失の増大により液が流下しなくなり，フラッディング

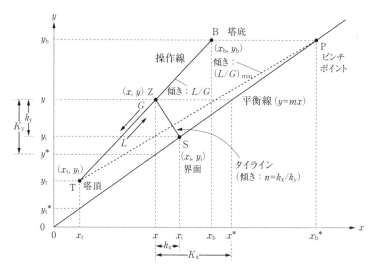

図 4.17 操作線と平衡線
図中の k，K の範囲は当該係数に関係する，推進力（driving force）の大きさを示す．

(flooding：溢流)が起こる．実際のガス吸収では，フラッディングが起こる流量より少し小さいローディング速度で運転するのがよいとされている．ローディング速度は，吸収塔の直径を決める上で重要な条件である．

(2) 吸収塔の高さの推算：図 4.16 の概念図を使って，吸収塔高さを推算する．断面積 $S[\mathrm{m}^2]$ の吸収塔の高さ $Z[\mathrm{m}]$ を求めるために，まず任意の高さ z と $z+\Delta z$ の微小空間において気相を中心に物質収支を取る．すなわち，気相側で減少した溶質成分 A の物質流量（モル流量）は，気相から液相に移動した物質流量（モル流量）である．

$$-G_\mathrm{M}\Delta y = N_\mathrm{A} a S \Delta z \tag{4.63}$$

ここで a は比表面積 $[\mathrm{m}^2\,\mathrm{m}^{-3}]$ と言い，吸収塔単位体積あたりに気液が接触する面積（気液界面積）で，充填物の種類や，流量などの操作条件に依存する微分接触型分離装置にとって重要な特性である．式 (4.56) あるいは式 (4.58) で示した物質移動の関係式を式 (4.63) に代入し，塔の $z=0$ から $z=Z$ まで積分して次式を得る：

$$Z = \frac{G_\mathrm{M}/S}{k_y a}\int_{y_\mathrm{t}}^{y_\mathrm{b}}\frac{\mathrm{d}y}{y-y_\mathrm{i}} = \frac{G_\mathrm{M}/S}{K_y a}\int_{y_\mathrm{t}}^{y_\mathrm{b}}\frac{\mathrm{d}y}{y-y^*} \tag{4.64}$$

物質移動係数 k, K と比表面積 a との積は物質移動容量係数 $[\mathrm{mol}\,\mathrm{m}^{-3}\,\mathrm{s}^{-1}]$ と言われ，微分接触装置の重要な装置特性である．ka および Ka を，それぞれ境膜物質移動容量係数および総括物質移動容量係数と言う．また上式の積分の部分を移動単位数（number of transfer units, NTU）N と言い，移動単位数が 1 のときの高さを移動単位高さ（height per a transfer unit, HTU）H と呼ぶ．すなわち，塔高 Z と HTU および NTU の関係は次式で表される：

$$Z = H_\mathrm{G} N_\mathrm{G} = H_\mathrm{OG} N_\mathrm{OG} \tag{4.65}$$

ここで，

$$H_\mathrm{G} = \frac{G_\mathrm{M}/S}{k_y a},\quad N_\mathrm{G} = \int_{y_\mathrm{t}}^{y_\mathrm{b}}\frac{\mathrm{d}y}{y-y_\mathrm{i}},\quad H_\mathrm{OG} = \frac{G_\mathrm{M}/S}{K_y a},\quad N_\mathrm{OG} = \int_{y_\mathrm{t}}^{y_\mathrm{b}}\frac{\mathrm{d}y}{y-y^*} \tag{4.66}$$

であり，同様に液相基準で物質収支を取ることで次式を得る．

$$Z = \frac{L_\mathrm{M}/S}{k_x a}\int_{x_\mathrm{t}}^{x_\mathrm{b}}\frac{\mathrm{d}x}{x_\mathrm{i}-x} = \frac{L_\mathrm{M}/S}{K_x a}\int_{x_\mathrm{t}}^{x_\mathrm{b}}\frac{\mathrm{d}x}{x^*-x} \tag{4.67}$$

したがって，液側基準の塔高 Z と HTU および NTU の関係は次式で表される．

$$Z = H_\mathrm{L} N_\mathrm{L} = H_\mathrm{OL} N_\mathrm{OL} \tag{4.68}$$

$$H_\mathrm{L} = \frac{L_\mathrm{M}/S}{k_x a},\quad N_\mathrm{L} = \int_{x_\mathrm{t}}^{x_\mathrm{b}}\frac{\mathrm{d}x}{x_\mathrm{i}-x},\quad H_\mathrm{OL} = \frac{L_\mathrm{M}/S}{K_x a},\quad N_\mathrm{OL} = \int_{x_\mathrm{t}}^{x_\mathrm{b}}\frac{\mathrm{d}x}{x^*-x} \tag{4.69}$$

N_G および N_{OG} は気液界面における溶質成分濃度が分かれば，また N_{OG} および N_{OL} は気液平衡関係が分かれば図積分から求めることができる．界面における成分濃度を求めるには，式 (4.55)，(4.66) および式 (4.69) から得られる次式を使う．

$$\frac{y-y_i}{x-x_i} = -\frac{k_x}{k_y} = -\frac{L_M}{G_M} \times \frac{H_G}{H_L} = n \tag{4.70}$$

すなわち図 4.17 において，操作線の任意の点 $Z(x, y)$ を通る傾き n の直線と平衡線の交点 S において界面濃度 (x_i, y_i) が求められる．また，希薄条件でヘンリーの法則が適用できる場合，N_G, N_L, N_{OG}, N_{OL} は解析的に求められる．

$$N_G = \frac{y_b - y_t}{(y - y_i)_{lm}}, \quad N_L = \frac{x_b - x_t}{(x - x_i)_{lm}}, \quad N_{OG} = \frac{y_b - y_t}{(y - y^*)_{lm}}, \quad N_{OL} = \frac{x_b - x_t}{(x - x^*)_{lm}} \tag{4.71}$$

ここで，たとえば $(y-y^*)_{lm}$ は塔底と塔頂の $(y-y^*)$ の対数平均であり，次式で定義される．

$$(y-y^*)_{lm} = \frac{(y_b - y_b^*) - (y_t - y_t^*)}{\ln\{(y_b - y_b^*)/(y_t - y_t^*)\}} \tag{4.72}$$

また，希薄溶液と見なせない系においても，推進力の逆数の図積分から NTU の推算も可能である（図 4.18）．

総括物質移動係数が式 (4.57)，(4.59) で表せるから，総括 HTU についても次の関係が成立する：

$$H_{OG} = H_G + \lambda H_L \tag{4.73}$$

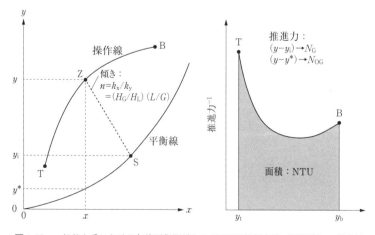

図 4.18　一般的な系における気液平衡関係および NTU 解析方法（図解法）の概念図

$$H_{OG} = (1/\lambda) H_G + H_L \tag{4.74}$$

ここで，$\lambda = mG_M/L_M$ であり，気液の容量比と言われる．

〚考察 17〛
式 (4.71)，(4.73) および式 (4.74) を導出せよ．

〚考察 18〛
次の操作における操作線の概略図を x-y 線図上に描き，推進力の観点から各操作の特徴を考察せよ．①放散操作，②液相をリサイクルした場合の吸収操作，③2つの微分接触装置を用いて，等流量で気相を導入し，1:2 流量で液相を導入した場合の吸収操作．

c. 化学吸収

溶質成分と化学反応する液体あるいは溶液を用いて，溶解度の小さいガスの吸収速度や液相の吸収能力を改善する操作を化学吸収と言う（表 4.6 参照）．一般的に化学吸収は，気相中の溶質成分が液相に溶解・拡散するとともに，液相中に存在する反応溶質と反応する液相反応と見なすことができる．

溶質成分は反応により消失するので，液相における成分濃度が減少し，物質移動の推進力（濃度勾配）が増加するため，物理吸収と比較して大きな吸収速度が得られる．気液界面近傍においては，溶質成分と反応溶質成分が同時に拡散し反応するため，濃度分布や総括反応速度式の形が異なる（5.2 節参照）．化学吸収における吸収速度 N_A は，物理吸収の液側物質移動係数に対する反応吸収における，見かけの液側物質移動係数の比である反応係数を用いて表す（図 4.19）．ここで，二重境膜説で化学吸収を考えてみる．次式に示すように，液相中に溶解した溶質成分 A が，液相中の反応成分 B と不可逆瞬間反応する場合を考える．

$$A(気) + nB(液) \rightarrow AB_n(液) \tag{4.75}$$

上式で表される溶解ガス A と反応物質 B との不可逆瞬間反応の場合，A と B は出会った瞬間に反応が完了するので共存できず，気液界面あるいは液相内部においては，A と B の濃度が 0 となる反応面（界面からの距離 z_1：反応面は液側境膜内にある）が形成される（図 4.19）．反応溶質 B の濃度が高いほど反応面は気液界面の近くに形成され，ある濃度以上では気液界面上が反応面になる．この場合はガス境膜における拡散が律速段階になり，液相の現象は重要ではない．

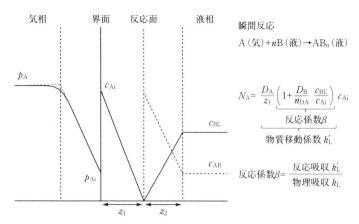

図4.19 化学吸収（瞬間反応）における界面近傍の濃度分布の概略図

d. HETP

充填層型ガス吸収塔においても気液が各段で平衡になっているものと仮定し，各平衡段の物質収支に基づいて，蒸留のマッケーブ-シール法と同様に，操作線と平衡線の間を階段作図することで理論段数 N を推算することができる（式(4.52)参照）．同じ分離をするために必要な段数あたりの充填塔高さは，HETP（理論段相当高さ，height equivalent to a theoretical plate）と呼ばれる．HETP は次式で定義され，ガス吸収操作ばかりでなく，クロマト分離などに対しても求められる．

$$\text{HETP} = 充填塔の充填高さ/理論段数 \tag{4.76}$$

したがって，HETP が小さい充填塔の方が，装置の吸収性能は高いことになる．

「もの」にこだわる「ものづくり」？

気候変動に関する政府間パネル（IPCC）の報告の中で，炭素貯留（Carbon Capture & Storage：CCS）技術は CO_2 削減の中でも必須不可欠の鍵技術であるとされており，分離操作の中では，ガス吸収技術が操作性・コストの視点から有効である．特に，MSA に分類される CO_2 ガス吸収操作においては，アミン系吸収液を利用する必要があり，吸収液を再生する場合，顕熱および潜熱によるエネルギー損失が不可避な要素となっている．経済産業省の技術戦略マップ 2010 に沿って，地球環境産業技術研究機構（RITE）では，(i) PEI 系の新規吸収剤，および，(ii) そ

れを含浸させたメソ多孔質材料（メソポーラスシリカ）を開発しており，従来の吸収液（モノエタノールアミン（MEA）水溶液）と比較して，各々，(i) 約30%，および，(ii) 約50%の再生エネルギーの削減に成功しており，次世代のCCS技術として期待されている．「もの」にこだわる「ものづくり（プロセス）」戦略も未来のケミカルエンジニアに必要とされている．

4.4 速度差分離技術—膜分離法

成分 i の気体の平均速度 $\bar{v}_i$ は，マクスウェル分布（Maxwell distribution）を仮定すれば次式で与えられる：

$$\bar{v}_i = \sqrt{\frac{8RT}{\pi M_i}} \tag{4.77}$$

すなわち，気体分子の平均速度は分子量 M_i の平方根に反比例する．たとえば水素の平均速度は，窒素の平均速度の $\sqrt{28/2} = 3.74$ 倍である．この分子の速度差をうまく利用すれば，水素と窒素を分離することができる．速度差分離技術とは，このような分子やイオンの移動や拡散などの速度差を利用した分離法であり，速度差を呈する場や方法を適切に選択し，それを分離に活用するために工夫した技術である．そういった場としては，膜，電場や遠心力場がある．ここでは膜を使った分離法について述べる．

4.4.1 膜分離技術

ふるい（シーブ，フィルター）を考える．ふるいの穴より大きい物質は透過を阻止されるものの，小さい物質は透過して分離される．膜分離の原理の1つは，この「ふるい効果」を利用するものであり，たとえばガスクロマトグラフィーの充填剤のモレキューラーシーブ（分子ふるい）の分離原理などがあげられる．もう1つの原理は，高分子膜のように相への溶解などにより速度差の出る担体を利用することである．たとえばシリコン膜の中では，水分子よりも分子量の大きいアルコール分子の方が，移動速度が大きい．分離膜は，穴がある多孔質膜と穴のない非多孔質膜に分類される．多孔質膜の場合は，基本的にはふるい効果（細孔モデル）を利用し，非多孔質膜の場合は，混合物の各分子が高分子膜中で溶解拡散する現象（溶解拡散モデル）の差異を利用する．一般的に，分子の透過速度は多孔質膜の方が大きいので，大きな粒子や分子は多孔質膜で濾過することが多

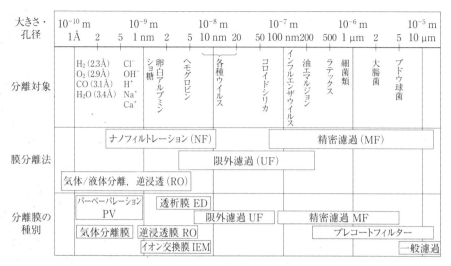

図4.20 膜分離法と分離対象

い．

　図4.20には，分離対象物質の大きさとその膜分離法を示した．1 μm以上の粒子は一般濾過（filtration）で分離し，分離媒体として濾紙，濾布や濾過助剤を用いる．0.1 μm前後の粒子は精密濾過（micro-filtration, MF）で分離し，いわゆるメンブレンフィルターを用いる．インフルエンザウイルスをはじめ，細菌・細胞類などはMFで分離が可能である．限外濾過（ultra-filtration, UF）は各種ウイルスや高分子（タンパク質など）の透過を阻止し，低分子を透過する膜分離法で，バイオ分離，食品の濃縮，人工腎臓などの医用機器，あるいはメンブレンリアクターとしても利用され，応用範囲が広い．逆浸透（reverse osmosis, RO）膜は，原理的には溶質分子やイオンなどを阻止し，溶媒のみを透過する．膜には半透膜が用いられ，海水の淡水化や超純水などの製造に応用されている．潜熱変化を伴わないことから，従来の蒸留などに代わって省エネルギー型分離法として注目されている（表4.2）．近年の膜材質開発によって，限外濾過と逆浸透の両領域をカバーするナノ濾過（nano-filtration, NF）膜も用いられるようになっている．

　また，膜分離では溶質を分離する割合を表すのに阻止率（式（4.85）および（4.86）参照）を用いるが，UFやRO膜の細かさ（緻密性）は分画分子量として表される．この分画分子量とは，膜が95％以上阻止する溶質分子の分子量の

ことであり，RO と UF は分画分子量 500 程度を目途に区別している．また NF 膜の分画分子量の範囲は，おおむね 100〜1000 程度である．

4.4.2 濃度分極と物質移動係数

膜分離法は，従来の濾過とは分離対象物が異なるばかりでなく，流れパターンも異なる．図 4.21 にクロスフロー濾過と全量濾過のフローパターンを示す．多くの膜分離法では，透過液が供給液に対してクロスし（crossflow, 十字流れ），1 つの供給口に対して 2 つ（以上）の取出口のあるフローが採用されているため，定常かつ連続操作が可能である．一方，従来の濾過操作では 1 つの供給口に対し 1 つの取出口が対応するため（全量濾過，dead end filtration），非定常かつ回分操作である．膜分離法が画期的な新しい分離装置として位置付けられた背景には，省エネルギー分離法である点に加えて，プロセスの連続性や集中制御性に優れる点も大きな要因である．

膜表面における対象物質の濃度分布について考える．コロイド，タンパク質あるいは高分子などを膜で分離すると，高圧側の膜表面近傍には阻止された物質が濃縮され，その濃度は極端に高まる．場合によっては，溶液のゲル化を誘導する飽和濃度を超過し，膜表面にゲル層が形成される．このような現象を濃度分極（concentration polarization）と言い，とくにゲル層を形成する場合をゲル分極（gel polarization）と言う．この濃度分極は，透過流束や阻止率などに直接影響を与えるうえにその効果も大きいことから，実際の膜分離プロセスでは膜本来の性能と同様に重要な問題になる．ゲル濃度は溶質や膜の種類，また原料濃度，供

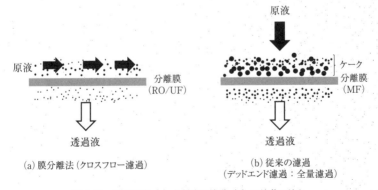

図 4.21　膜分離法 (a) と従来の濾過 (b) の流体の流れ

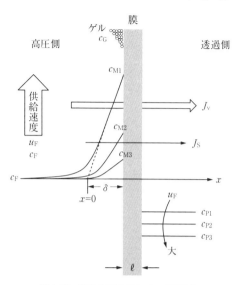

図4.22 濃度分極モデル (u_F は変化)

給速度や圧力や温度など,各種の操作条件などに影響を受ける.しかし,濃度分極が形成された後は定常操作が可能になる.

図 4.22 には,操作圧 $p_H[\mathrm{Pa}]$,供給濃度 $c_F[\mathrm{mol\ m^{-3}}]$ において,供給速度 $u_F[\mathrm{m\ s^{-1}}]$ だけを変化させたときの濃度分極の模式図を示す.濃度分極が形成されているとき,溶質の透過流束 $J_S[\mathrm{mol\ m^{-2}\ s^{-1}}]$ は体積透過流束 $J_v[\mathrm{m^3\ m^{-2}\ s^{-1}}]$ と濃度分極による拡散の和として次式で表される.

$$J_S = cJ_v - D\frac{dc}{dx} \quad \text{(濃度境膜内)} \tag{4.78}$$

$$= c_P J_v \quad \text{(膜透過後)} \tag{4.79}$$

ここで,c は境膜内の溶液濃度 c_P は透過液濃度であり,x は透過方向の座標軸である.以下に示す濃度分極による濃度境膜内の境界条件を用いて,J_v を求めることができる:

$$x=0; \quad c=c_F \tag{4.80}$$

$$x=\delta; \quad c=c_M \tag{4.81}$$

ここで,δ は濃度境膜厚み,c_M は膜表面における溶液濃度である.J_v は高圧側から低圧側にわたって一定と見なしてよく,境膜内で積分して次式を得る:

$$J_v = k\ln\frac{c_M - c_P}{c_F - c_P} \tag{4.82}$$

ここで,$k=D/\delta$ と表され,k は物質移動係数 $[\mathrm{m\ s^{-1}}]$ であり,D は境膜内の溶質の拡散係数 $[\mathrm{m^2\ s^{-1}}]$ である.ゲル分極の場合には,式 (4.81) の代わりに式 (4.83) を用い,式 (4.82) の代わりに式 (4.84) を得る:

$$x=\delta; \quad c=c_G \tag{4.83}$$

$$J_v = k\ln\frac{c_G - c_P}{c_F - c_P} \tag{4.84}$$

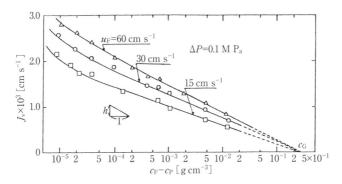

図 4.23 卵白アルブミン水溶液の透過流速 J_v と供給濃度 c_F との関係

一例として，卵白アルブミン（分子量 45000）水溶液を異なる供給速度 u_F で処理し，得られた透過流束 J_v と供給濃度 c_F の関係を図 4.23 に示す（濃度範囲：10〜10000 ppm）．一定になったときの傾きが物質移動係数 k であり，収束した切片濃度が $(c_G - c_P)$ に相当し，ゲル層濃度 c_G を推算することができる．ゲル分極モデルが成立する領域では，透過流束 J_v は操作圧に直接影響を受けない（4.3.4 項参照）．J_v を大きくするには物質移動係数 k を大きくする必要があり，そのためには u_F を大きくして δ を小さくする必要がある．

〚**考察 19**〛
図 4.23 におけるそれぞれの供給速度に対する物質移動係数 k を求めよ．

4.4.3 阻止率

UF や MF の濾過膜の性能を評価するために，透過流束と同様に重要な特性として阻止率（rejection）R がある．阻止率は，膜が物質をどの程度阻止するかという分離の度合を示し，濃度分極も考慮して次の 2 通りで定義できる．すなわち，膜表面濃度 c_M（あるいはゲル層濃度 c_G）を基準とした真の阻止率（intrinsic rejection）R_{int} と原料濃度 c_F を基準とした見かけ阻止率（observed rejection）R_{obs} があり，それぞれ次式で定義される（図 4.22 参照）．

$$R_{int} = 1 - \frac{c_P}{c_M}, \quad \text{あるいは} \quad R_{int} = 1 - \frac{c_P}{c_G} \tag{4.85}$$

$$R_{obs} = 1 - \frac{c_P}{c_F} \tag{4.86}$$

R は一般に $0 \sim 1$ の間の値を取り，透過濃度 c_P が 0(純溶媒) の完全分離（阻止）のとき $R=1$, c_P が供給濃度 c_F に等しく，分離がまったく行われないとき $R_{obs}=0$ となる．また，

$$R_{int} - R_{obs} \fallingdotseq c_P \{(c_M - c_F)/(c_M \cdot c_F)\} \geqq 0$$

となり，常に $R_{int} \geqq R_{obs}$ である．

R_{int} と R_{obs} は，物質移動係数 k により次式で関係付けることができる．

$$\frac{J_v}{k} = \ln\left\{\frac{R_{int}/(1-R_{int})}{R_{obs}/(1-R_{obs})}\right\} \tag{4.87}$$

また，k が供給速度 u_F に依存して変化し，式 (4.88) が適用できる場合，式 (4.87) は式 (4.89) のように変形できる．ここで a, b は定数である．

$$k = a \cdot u_F^b \tag{4.88}$$

$$\ln\left\{\frac{1-R_{obs}}{R_{obs}}\right\} = \ln\left\{\frac{1-R_{int}}{R_{int}}\right\} + \frac{J_v}{a \cdot u_F^b} \tag{4.89}$$

式 (4.89) から，$\ln\{(1-R_{obs})/R_{obs}\}$ と J_v/u_F^b の関係はほぼ直線関係にあり，その切片から $\ln\{(1-R_{int})/R_{int}\}$ が求められ，真の阻止率が得られる．

〚考察 20〛

見かけの阻止率と供給速度との関係式 (4.89) から，真の阻止率を求める方法を説明せよ．

4.4.4 限界流束と溶質排除

膜分離操作において，水の透過流束 J_v は操作圧 Δp に比例する（ダルシーの法則 (Darcy's law)）．

$$J_v = k_D \frac{\Delta p}{\mu l} \tag{4.90}$$

ここで k_D は透過係数 $[m^2]$ である．しかし，酵母，タンパク質や高分子などの水溶液では少し様子が異なる．図 4.24 には，ウシ血清アルブミン（分子量 65000）水溶液の透過流束 J_v と操作圧 Δp との関係を，膜面撹拌速度（回転数）と濃度をパラメーターにして示した．Δp が小

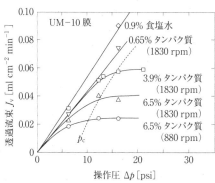

図 4.24　透過流速と操作流圧との関係
（ウシ血清アルブミン-水系）

さい場合は J_v と Δp はほぼ直線関係にあるが，Δp が大きくなると，濃度が濃いほど，また回転数が低いほど，J_v は小さくなり，より小さい Δp で一定値に近づくことが分かる．これは濃度分極の効果に起因するものである．操作圧 Δp を大きくすると，膜により阻止される溶液の速度も大きくなり，濃度分極が加速され，膜表面にゲル層が形成され始める．圧力をさらに上げると J_v は増えるが，次第に Δp を大きくしても J_v はほとんど変わらなくなる．このときの圧力を限界圧力(p_c)，また透過流束を限界流束と言う．限界圧力以上の圧力で操作しても，圧力に見合った厚みのゲル層による透過抵抗が増加した結果，ゲル–膜間界面での圧力は変わらず，J_v はほぼ一定になる．一方，ゲル層を形成しない場合でも，濃度分極による浸透圧の効果により限界流束が存在するとの報告がある．

4.4.5 浸透圧

膜分離の対象となる物質が分子オーダーまで小さくなれば，その溶液には浸透圧が生じ，物質移動に対して抵抗として作用する．半透膜を介した物質移動を考えてみよう．海水と真水を半透膜で仕切ると濃度は均一になろうとするが，溶質分子は半透膜を透過できないため，真水側の水が海水側に浸透して海水の濃度を薄めようと作用する．この浸透流に平衡な力が浸透圧であり，希薄溶液における浸透圧 π は次のファントホッフの式（van't Hoff equation）で与えられる．

$$\pi = c_A RT \tag{4.91}$$

ここで，c_A は溶質 A のモル濃度で，R は気体定数，T は温度である．浸透圧は溶質および溶媒の種類によらず，濃度と温度だけの関数であり，希薄な理想溶液の場合（$0.2\,\mathrm{kmol\,m^{-3}}$ 以下）に成立する．電解質の溶質においては，ファントホッフの i 係数を用いて，次式で与えられる．

$$\pi = i c_A RT \tag{4.92}$$

たとえば希薄な NaCl 水溶液の場合，完全電離と考えて $i=2$ とおく．浸透圧はモル濃度に比例するので，もし同じ質量濃度の水溶液であれば，分子量の小さい分子の浸透圧の方が大きい．また，実在溶液では浸透係数 ϕ を用いて次のように補正する：

$$\pi = \phi i c_A RT \tag{4.93}$$

タンパク質や高分子の中には，濃度が高くなれば ϕ が急激に大きくなるものもある．また透過流束を増加させるため，使用目的に応じて溶質分子も適度に透過する NF 膜（反射係数 $\sigma<1$）を使用することがある．反射係数については次項

を参照されたい．

　浸透流に逆らって溶液側から溶媒（水）を取り出す脱分離法を，逆浸透（RO）法と言う．RO法は浸透圧が透過の抵抗になり，操作圧にはそれ以上の圧力が必要になる．RO法の操作圧は一般に浸透圧の2倍程度にとる．また，半透膜を介して，より高濃度の溶液（ドロー溶液）を接触させ，処理したい溶液から溶媒を取り出す正浸透（forward osmosis, FO）法についても開発されている．

4.4.6　膜分離の透過モデル

　膜を介した物質の透過モデルは2つに大別できる．MFなどで比較的大きい分離対象物を処理する場合やゲルが形成しやすい場合に用いる抵抗モデルと，分離対象物が比較的小さいUFやROに用いる現象論モデルである．

a.　透過抵抗と透過抵抗モデル

　精密濾過（MF）では，分離対象物が0.1μm以上と大きく，透過流束におけるゲル抵抗が支配的であるため，抵抗モデルが適用される．一方限外濾過（UF）は，分離対象物が0.1μm以下と小さく，膜分離進行に伴って浸透圧の影響も現れてくる．膜分離における透過抵抗として，①膜本来の抵抗R_M，②膜細孔内の吸着と目詰まり抵抗R_P，③膜表面の吸着とゲル層による抵抗R_G，④浸透圧による抵抗$\Delta\pi$，⑤濃度分極による境膜抵抗R_B，⑥膜の圧密化による抵抗，⑦膜の劣化による抵抗などが考えられる．MFの透過抵抗は，高分子水溶液などのようにゲル層を形成しやすい水溶液では①のほか②と③が支配的であるが，UFやROでは①，④，⑤が支配的になる．また，⑥と⑦は経時的な要素が強く，不可逆的なものである．支配的な各種の抵抗を総括した透過抵抗R_Tを，次式で定義する：

$$J_V = \frac{(\Delta P - \sigma \Delta \pi)}{R_T} \cdot \frac{1}{\mu} \tag{4.94}$$

ここで，

$$R_T = R_M + R_B + R_G + R_P \tag{4.95}$$

となり，膜抵抗R_Mは純水の透過実験から求めることができる．R_Bは溶液を純水にすることにより，R_Gは膜表面をスポンジなどで静かに洗浄することにより，また，R_Pは薬品洗浄により取り除くことができる．すなわち，適切に実験条件を設定することにより，それぞれの透過抵抗を分離して解析することができる．このような考え方を透過抵抗モデルと言う．

b. 現象論的モデル

分離対象物が分子レベルまで小さくなると,溶質による浸透圧の影響が大きくなる.このような系は現象論的モデルで解析される.溶液の体積透過流束 J_v [m³ m⁻² s⁻¹] および溶質の透過流束 J_S [mol m⁻² s⁻¹] は非平衡の熱力学から導出され,最終的には Staverman によって定義された反射係数 σ を用いて,次式で表すことができる:

$$J_v = L_P(\Delta P - \sigma \Delta \pi) \tag{4.96}$$

$$J_S = \omega \Delta \pi + (1-\sigma) J_v \bar{c}_S \tag{4.97}$$

ここで,σ は一般に 0〜1 の間の値を取り,溶質を完全に阻止する理想的半透膜の場合は 1,まったく選択性がないときは 0 となる.また,L_P は純水透過係数,ω は溶質透過係数であり,$\bar{c}_S$ は供給液濃度と透過液濃度との平均濃度である. RO や UF の膜透過特性は,この 3 つの濾過係数 L_P, ω, σ で一義的に決まる.詳細については成書(木村・中尾(1997))を参照されたい.

4.4.7 膜の構造,素材とモジュール

a. 膜構造と膜素材

UF や MF および RO に用いられる膜の構造には,①均質膜,②非対称膜,③複合膜がある.分離度は膜厚にほとんど影響を受けないので,現在では透過流束を大きくするために②または③が用いられ,分離度に影響する活性層の薄膜化・緻密化が積極的に進められている.

膜素材は,大きく高分子膜(有機膜)と無機膜に分けられる.高分子膜の場合,酢酸セルロース系と非酢酸セルロース系(ポリスルホン系,ポリメチルメタクリレート系ほか)とに分けることができる.一方で,近年では各種の無機膜系材料(セラミック系,ゼオライト系ほか)についても報告されている.また,UF や MF の分野でもセラミック膜やガラス膜などの無機分離膜の研究開発が活発に行われている.さらに,バイオ分野におけるメンブレンリアクターにも無機分離膜の応用が期待されている.膜分離法の性能は膜素材によることも大きいため,各種膜素材の研究開発が活発に行われている.

b. 膜モジュール

膜を分離装置として用いるには,膜のモジュール化が必要である.単位体積あたりの透過面積を大きくすることやメンテナンスの利便さなどの観点から,現在では,①平膜型,②チューブラー(管状)型,③ホローファイバー(中空糸)

人工臓器と膜分離

　正常に機能しなくなった人体の臓器の機能の一部または全部を代行させるための人工物あるいは装置は，人工臓器（Artificial Organ）と呼ばれる．1912年にAbleらによってセルロース製透析膜を使った *in vitro* での人工腎臓の開発に成功して以来，人工腎臓（血液透析）は目覚ましく発展してきた．血液透析は，図に示すように，中空糸型高分子膜モジュールを用いて，血液と透析液（生理食塩水）を接触させ，体内に蓄積する老廃物（尿素，クレアチニン，中分子量のβ_2-ミクログロブリン（β_2-MG）など）を除去し，膜細孔を通過できないタンパク質（血清アルブミンなど）や赤血球などは血液中に残す技術である．平成25年度時点で，31万人超の慢性透析患者が血液透析を利用しているとの統計もあり，今や医療分野において必須不可欠な技術である．しかし，長期間透析治療を受ける患者は，β_2-MG結晶が蓄積した関節で激痛を伴う透析アミロイドーシスという疾病に苦しむ症例もあり，より天然・生体系に類似した人工膜素材の開発が進行している．現時点では実用段階にないが，再生医療技術を用いてiPS細胞などを用いた代替臓器の開発，あるいは，両者を組合わせたハイブリッド型の人工臓器の開発を目指す萌芽的研究例も報告されている．人工臓器？　再生（医療）臓器？　あなたならいずれに期待しますか？（吉田・酒井（1997））

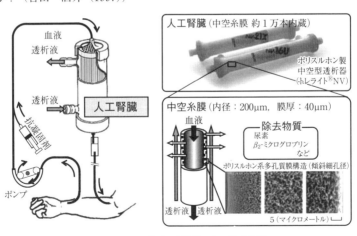

人工臓器と人工膜（写真提供：東レ株式会社）

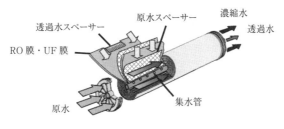

図4.25 スパイラル型モジュール

型,④スパイラル型モジュールなどが考案されている.図4.25にスパイラル型モジュールを示す.

〚考察21〛
膜素材にはどのようなものがあるか,また種々の膜分離技術と膜素材との関係を考察せよ.

4.4.8 膜によるガス混合物の分離

最近では,膜の特徴を生かしたガス混合物の膜分離法が開発され,種々の分野で応用研究が展開されている.表4.7に具体的な応用例,あるいは研究例を示しており,たとえば空気から濃縮酸素を得る酸素富化膜,天然ガスから不純物の炭酸ガスを除去する合成膜,反応プロセスから生成物の水素を選択的に取り除く無機/金属膜などがある.ここではガス混合物を対象にした膜分離について,代表的な2つの分離メカニズムを説明する.1つは微細孔膜に適応するクヌッセン拡散(Knudsen diffusion)に代表される細孔モデル,もう1つは高分子などの非多孔質膜に適用する溶解拡散モデルである.

a. 多孔質膜におけるクヌッセン拡散

本節の冒頭で述べたように(式(4.77)),成分iの気体の平均速度は分子量M_iの平方根に反比例する.クヌッセン拡散法は,この現象を細孔膜を利用して分離するものである.分子の平均自由行程λより小さい直径d_pの細孔を持つ膜の細孔内の分子運動においては,分子同士が衝突するよりも壁に衝突する割合が多いので,この効果を発現することができる.すなわち,クヌッセン数Knを$Kn=\lambda/d_p$で定義し,$Kn \gg 1$のとき,多孔質膜内の成分iの透過流束は次式で与えられる:

表4.7 ガス分離膜の応用例

分離対象ガス	代表的な膜素材など	適用分野例
C_2/N_2	プラズマセパレーター	アンモニア合成排ガスからの水素回収
H_2/CO		合成ガス組成調整
H_2/炭化水素	パラジウム,多孔質ガラス	石油精製水素回収,メンブレンリアクター
He/炭化水素	ポリジメチルシロキサン	天然ガスからヘリウム分離
He/N_2		ヘリウム回収
O_2/N_2	含フッ素ポリマー	酸素富化,燃料用酸素,医用窒素製造
H_2O/空気		空気乾燥
H_2O/炭化水素	ポリイミド,セルロース	水/有機溶媒分離,天然ガスの脱湿
CO_2/N_2		天然ガスからCO_2の回収
CO_2/炭化水素		天然ガスから酸性ガス除去,ランドフィルガスの濃縮
VOC/空気	ポリイミド	揮発性有機化合物(VOC)の回収,大気汚染防止
SO_2/N_2		燃焼排ガスの脱硫
H_2S/炭化水素		サワーガス除去

$$J_i = \frac{k_p \Delta p_i}{\delta} \tag{4.98}$$

$$k_p = \frac{4\varepsilon d_p}{3\tau} \frac{1}{\sqrt{2\pi RTM_i}} \tag{4.99}$$

ここで,k_pは多孔質膜の透過係数[mol m^{-1} s^{-1} Pa^{-1}],εは空間率[—],d_pは細孔直径[m],τは迷路係数[—],Rは気体定数[J mol^{-1} K^{-1}],M_iは気体の分子量[g mol^{-1}],Tは絶対温度径[K],Δpは膜間の圧力差[Pa],δは膜厚[m]である.透過係数k_pは分子量の平方根に反比例するため,分子量の小さい気体ほどよく透過する.実際には,多孔質膜は細孔径分布を持ち,また細孔内では物理・化学吸着が誘導されるため,クヌッセン拡散のほかに表面拡散や毛管凝縮が生じる.しかし高温条件においては,水素や窒素などの非凝縮性ガスではクヌッセン拡散が支配的と考えてよい.クヌッセン拡散に従うとすれば,たとえば水素と窒素の50 mol%の混合ガスを多孔質(V_{ycor})ガラス膜($d_p=4$ nm)に透過すれば,窒素に対する水素の透過係数の比は$\sqrt{28/2}$になるので,透過側には約79%の水素が得られることになる.

b. 非多孔質膜に対する膜透過

シリコン膜のような非多孔質膜の高分子膜の場合,気体分子は膜に溶解し,膜内を拡散するため,混合ガスは各成分の溶解拡散の速度差で分離される.すなわち,膜内でフィックの法則に基づく拡散を考えると,次式が成立する:

4.4 速度差分離技術—膜分離法

$$J_i = -D_{iM}\frac{dc_i^*}{dz} = -D_{iM}S_i\frac{dc_i}{dr} = -P_i dp_i \tag{4.100}$$

ここで，

$$c_i^* = S_i c_i, \qquad P_i = \frac{D_{iM} S_i}{\delta RT} \tag{4.101}$$

となるが，c_i^*，c_i は成分 i のそれぞれ膜内濃度，溶液濃度であり，$S_i[-]$ は溶解度または分配係数，δ は膜厚みである．また $P_i[\mathrm{mol\,m^{-2}\,s^{-1}\,Pa^{-1}}]$ は成分 i の透過係数である．A と B の 2 成分系で，透過（2次）側圧力が真空に近い場合，分離度 α は各成分の透過係数の比で与えられる．すなわち，A 成分の高圧（1次）側および 2 次側のモル分率をそれぞれ x および y とすると，次式が得られる．

$$J_A = P_A(p_A^I - p_A^{II}) = P_A(p^I x - p^{II} y) \tag{4.102}$$

$$J_B = P_B(p_B^I - p_B^{II}) = P_B\{p^I(1-x) - p^{II}(1-y)\} \tag{4.103}$$

$$\frac{J_A}{J_B} = \frac{J_A/(J_A+J_B)}{J_B/(J_A+J_B)} = \frac{y}{(1-y)} = \frac{P_A p^I x}{P_B p^I (1-x)} \tag{4.104}$$

ここで，p^I および p^{II} はそれぞれ 1 次側および 2 次側の全圧である．

窒素や酸素などの無機成分に対し，ベンゼンやトルエンなどの有機成分の透過係数の比が大きい含フッ素ポリイミド膜は VOC（揮発性有機化合物：volatile organic compound）を高度に分離することができるので，このような膜を使った分離法が環境保全対策技術として注目されている．また，水素を特異的に透過するパラジウム膜も溶解拡散モデルと考えられ，水素透過流束 J_H は次式で表される：

$$J_H = \frac{k_H}{\delta}\left(\sqrt{\frac{p_H^I}{p_0}} - \sqrt{\frac{p_H^{II}}{p_0}}\right) \tag{4.105}$$

ここで，k_H はパラジウム膜の透過係数，δ はパラジウム膜厚みで，p_H^I，p_H^{II} はそれぞれ水素の 1 次側と 2 次側の分圧である．パラジウム膜は水素を特異的に透過できるため，超純水素を生成する製造プロセスとして実用化されている．

「膜」の役割と宿命

地球は約 70% が水であるが，元々，飲料水として使用できる水は少ない．今後の人口の急増や工業化の進展などに伴って，世界的な水不足，そして水質汚染はより深刻になると予想されている．離島地域の多い日本では，従来から海水の淡水化のための膜分離技術の開発が活発に行われており，ナノ濾過膜を用いた逆浸透法による水処理システムは実プロセスとして応用されてきた．特に，2000 年以降，世

界的にも商業化が活発化し,中東やアジアを中心に淡水 100,000 m^3/day を製造できる大型プラントが建設されている.現在,日本でも,神戸大学先端膜工学研究センターや RITE などを拠点として,各種の膜素材(もの)の設計・開発とそれを基盤とした水処理システム(ものづくり)の開発が進捗しつつあり,水資源獲得のためのグローバル競争にさらされても決して負けない技術基盤が形成されつつある.一方で,既存戦略の延長ではなく,パラダイムシフトを誘起するための設計戦略(たとえば,ナノ材料(カーボンナノチューブなど)やバイオ分子(チャンネル膜タンパク質など)を利用した膜素材)に関する素材の開発競争も進んでいる.実用化や基礎研究,常に最先端の競争環境にさらされるのは,異なる空間を隔てる「膜」の宿命かもしれない?

〚参考文献〛
1) 化学工学会編:化学工学便覧(改訂七版),丸善出版,2011.
2) Seader, J. D., Henley, E. J. : *Separation Process Principles* [2nd Edition], John Wiley & Sons, 2006.
3) 化学工学会監修:最新拡散分離工学の基礎と応用,三恵社,2010.
4) 木村尚史・中尾真一:分離の技術—膜分離を中心として,大日本図書,1997.
5) 吉田文武・酒井清孝:化学工学と人工臓器(第2版),共立出版,1997.

〚演習問題〛
4.1 混合のエネルギー
 p, T が一定のとき,混合物のギブス関数 G が $G=\sum n_i\mu_i$ で表せること,また成分 i の気体の化学ポテンシャル μ_i が $\mu_i=\mu_i^*+RT\ln(p_i/p_0)$ で表せることを示せ.ここで添え字 * は純物質,また下付き 0 は標準状態を示す.

4.2 分離に要する最小エネルギー
 純物質が入っている2つの容器が,コックのついた細い短い管で結ばれている.一方の容器には酸素が 1.0 atm,25℃ で 2 mol 入っており,もう一方の容器には窒素が 4.0 atm,25℃ で 6 mol 入っている.コックを開き均一になると,混合のギブス関数 ΔG_{mix} はいくらになるか,またこの混合物をもとの純物質に分離するには,最低どれほどのエネルギー W_{min} が必要か.

4.3 気液平衡(ラウールの法則)
 理想溶液のヘキサン 50 mol% とヘプタン 50 mol% からなる混合蒸気 100 mol を 1 atm,85℃ の容器に入れたところ,気液に分離した.ヘキサン-ヘプタンの混合溶液も理想溶液と見なせるとして,平衡状態における液相と気相の量 [mol],および各組成 [mol%] を求めよ.
〔データ〕85℃でのヘキサンの蒸気圧は 1233 mmHg,85℃でのヘプタンの蒸気圧は 503 mmHg である.

4.4 単蒸留(レイリーの式)
 A 成分 40 mol% からなる A-B 2 成分系混合液 900 g を,大気圧下で単蒸留した.留出率 $\beta=0.4$ のとき,留出液中の A 成分の平均組成は $x_D=0.7$ であった.この系は理想溶液とみな

せるとして，平均揮発度 α を求めよ．ただし，必要があれば A および B 成分の分子量は各々 30 および 40 とする．

4.5 平衡フラッシュ蒸留

A 成分（低沸点成分）40 mol% と B 成分 60 mol% からなる 2 成分系混合液 100 kmol h^{-1} を，操作圧力 0.125 MPa で平衡フラッシュ蒸留し，蒸気と液に分離する．このとき得られる蒸気と液の組成は平衡状態にある．蒸気中の成分 A の組成が 60 mol% であるとき，得られる液と蒸気の流量 [kmol h^{-1}] を求めよ．なお，平均相対揮発度は 2.5 で，ラウールの法則が適用できるとする．

4.6 蒸留塔の最小理論段数

2 成分系理想溶液（平均相対揮発度 $\alpha=3$）を全還流で操作して，留出液，および缶出液の低沸組成の濃度がそれぞれ 0.9 および 0.1 モル分率となった．このとき，蒸留塔の最小理論段数はいくらになるか．

4.7 精留塔の設計 1（マッケブ-シール法）

相対揮発度 α が 2.5 の 2 成分系理想溶液を，段型連続蒸留塔において 1 atm のもとに還流比 $R=2$ で精留している．また，モル分率 0.45 の原料を $q=0.5$ の状態で 400 mol h^{-1} の流量で供給している．塔頂より留出する液のモル分率は 0.95，缶出液のモル分率は 0.05 である．マッケブ-シール法を用いて，次の問いに答えよ．

①(a) 留出流量 D および缶出流量 W はいくらか．(b) 塔内下降液の流量 L（濃縮部）および L'（回収部）はいくらか．(c) 塔内上昇蒸気の流量 V（濃縮部）および V'（回収部）はいくらか．②(a) 気液平衡線の式を書き，作図せよ．(b) 濃縮部の操作線を求め，作図せよ．(c) q 線の式を求め，作図せよ．(d) 回収部の操作線を求め，作図せよ．③上から 3 段目の液相および気相の組成を求めよ．④最小理論段数 N_{min} はいくらか．⑤最小還流比 R_{min} はいくらか．

4.8 精留塔の設計 2（還流比と所要理論段数）

相対揮発度が 1 に近い 2 成分理想混合系の精留分離を考える．原料は $z_F=0.40$ の沸点の液で供給され，塔頂組成を $x_D=0.90$，塔底組成を $x_W=0.05$ としたい．還流比を最小還流比の 2 倍とする場合の所要理論段数を求めよ．なお，相対揮発度が 1.5 の場合と 1.1 の場合について求めよ．

4.9 気液平衡（ヘンリーの法則）

アンモニアの 20℃ における水に対する溶解度を表 4.8 に示した．

①このデータを用いて，モル比 $X(=x/(1-x))$ 対 $Y(=y/(1-y))$ の形で平衡関係を図示せよ．②組成 $Y=0.3$ の混合ガス 10 mol を，組成 $X=0.10$ の溶液 10 ml と接触させて平衡状態に達した際の気相・液相の組成を求めよ．

表 4.8

p_{NH3}[mmHg]	31.7	69.6	114	166	227
C[NH$_3$-kg/kg-H$_2$O]	0.05	0.10	0.15	0.20	0.25

4.10 吸収塔の設計 1

1.5%のアンモニアを含む20℃, 1 atm の空気(流量 1300 mol h^{-1})を流量 3300 mol h^{-1} のフレッシュな水で向流接触させ,アンモニアの96%を吸収したい.吸収塔の断面積を 0.5 m^2 とし,次の問いに答えよ.ただし,アンモニア-水系の気液平衡は $y=0.75x$ で表せるものとする.
①吸収塔の出口液濃度 x_B と出口アンモニア濃度を求めよ.②総括物質移動単位数 N_{OG} を求めよ.③$H_{OG}=0.7$ m として,所要理論塔高さ Z を求めよ.

4.11 吸収塔の設計 2

SO_2 を10%含む工業排ガス 25 m^3 h^{-1} を水で洗浄して SO_2 の90%を吸収除去し,塔底より排出する吸収液の濃度を 0.2%にする吸収液を設計したい.吸収液の流量と吸収塔の高さを次の手順で求める.ただし吸収塔の断面積は 1 m^2,操作は 30℃,大気圧で行うものとし,SO_2-水系の溶解度は $y=40x$ で与えられるものとする.また $H_G=0.7$ m,$H_L=0.5$ m とする.
①出口ガス濃度 y_T を求めよ.②液流量 L はいくらか.③操作線の式を求めよ.④ガス側基準移動単位数 N_G を図積分と解析法から求めよ.⑤塔の高さ Z はいくらか.

4.12 平均自由行程

20℃の水素の平均速度を求めよ.また水素の 1 atm,20℃における平均自由行程 λ はいくらか調べよ.さらに,減圧されると λ はどうなるか答えよ.

4.13 クヌッセン拡散

水素 30%,窒素 70%からなる 200℃の混合ガスを,細孔径 4 nm の多孔質ガラスを使って分離すると,透過側のガス組成はいくらか.この場合,透過メカニズムはクヌッセン拡散と考えてよい.また透過側は十分減圧がされているものとする.

4.14 浸透圧

海水を 3 wt%の NaCl 水溶液と見なし,$\phi=0.92$ として,20℃の海水の浸透圧を計算せよ.また,同じ濃度のスクロース水溶液の浸透圧を計算せよ.

4.15 限外濾過

濃度 100 mol m^{-3} のウシ血清アルブミン水溶液を,有効膜面積 10 m^2 の UF モジュールを用いて濃縮したい.UF 膜の純水透過係数 L_P は 3.0×10^{-3} m s^{-1} Pa^{-1},タンパク質水溶液の UF 膜に対する反射係数 σ は 0.85,および溶質透過係数 ω は 0.323×10^{-9} mol s^{-1} N である,0.2 MPa の操作圧で運転するとき,透過流量 Q [m^3 s^{-1}] と阻止率 R [―] を求めよ.ただし,水溶液は 25℃で十分撹拌され,浸透圧は無視してよい.

5 反応工学

5.1 均一系反応における反応速度論

　化学反応速度（chemical reaction rate）または単に反応速度は，「単位時間，単位容積あたりにどれだけの量の化学反応が進行したか」で表され，化学結合の組み換えの速さを意味する．本節では，気相，液相のいずれかの単一相で等温条件のもと行われる化学反応について，反応速度論（reaction kinetics）を展開する．単一相内で起こる気相反応，液相反応を一括して，均一系反応（homogeneous reaction）と呼ぶ．

　すべての化学反応は熱力学的には可逆的であるが，反応速度を扱う上では可逆反応と不可逆反応とに区別される．可逆反応（reversible reaction）とは，正反応と逆反応の反応速度の差で反応全体の速度を表せる平衡反応のことであり，不可逆反応（irreversible reaction）とは，化学平衡が著しく生成系に片寄っているために逆反応の反応速度を無視できる反応のことである．化学平衡論では，一定条件下における化学反応の進行可能性を論じることができる．これに対して反応速度論では，反応原系と生成系とが平衡状態に達する前の非平衡状態における反応速度を扱う．本節では，実験で得られた化学反応データを速度解析するための基礎的な事項を学ぶことになる．

5.1.1 反応速度

　均一系反応の反応速度を定量化するには，特定の成分の単位容積あたりの生成速度，または消失速度を用いる．注目した成分 i の反応速度 r_i は，式（5.1）のように成分 i の濃度 C_i の反応時間 t に関する微分で表される．反応速度 r_i の次元は $[\mathrm{mol\ V^{-1}\ T^{-1}}]$ であり，単位は $[\mathrm{mol\ dm^{-3}\ h^{-1}}]$ などである．

$$r_i = \frac{dC_i}{dt} \tag{5.1}$$

　均一系の可逆反応 $a\mathrm{A}+b\mathrm{B} \rightleftharpoons c\mathrm{C}+d\mathrm{D}$ について考えるとき，一般に反応物 A

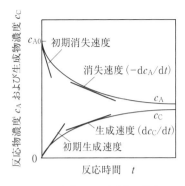

図 5.1 反応物および生成物の濃度の時間変化

と生成物 C の濃度 c_A, c_C の経時変化は図 5.1 のようになり, 曲線の勾配で表される反応速度は時間とともに変化する (c_{A0}：A の初濃度).

化学反応の量論的関係を考慮すると, この反応の反応速度 r は式 (5.2) のように表される. なお, r_A, r_B は消失速度であるので負の値となる.

$$r = \frac{-r_A}{a} = \frac{-r_B}{b} = \frac{-r_C}{c} = \frac{-r_D}{d} \quad (5.2)$$

5.1.2 反応速度式

2段階以上の複雑な反応機構を経て進行する化学反応を複合反応 (complex reaction) と言い, その各段階を素反応 (elementary reaction) と言う. また, 素反応だけで表される化学反応を単一反応 (single reaction) と言う.

化学反応 A→B が単一反応で不可逆的に進行する場合, 反応速度 r は反応物 A の濃度 c_A に比例し, $r = kc_A$ と表される. 比例定数 k を反応速度定数 (reaction rate constant) と言い, k の値は反応系と反応温度 T だけに依存する. また, この反応を c_A に対する一次反応 (first order reaction) と言う.

$aA + bB \rightarrow cC + dD$ で表される単一反応, または複合反応を構成する1つの素反応について, 正反応 (右向き) の反応速度式を次のように一般化できる.

$$r = k(c_A)^a(c_B)^b \quad (5.3)$$
$$\log r = \log k + a \log c_A + b \log c_B \quad (5.4)$$

このとき, この反応は成分 A に関して a 次, 成分 B に関して b 次, 全体として $(a+b)$ 次の反応であると言う. また式 (5.3) のように, 反応速度を反応原系の濃度のべき数の連乗積で表すことをべき数表現と言い, その速度式をべき数表現式と言う. 式 (5.3) の両辺対数を取ると式 (5.4) が得られ, 実験で得られた反応速度とそのときの反応物の濃度から, 反応次数と反応速度定数を求めることができる.

複合反応では, 反応全体の反応速度式は各素反応の反応速度式を考慮して組み立てなければならない. 複合反応を構成する一連の素反応群の中で, 反応速度が著しく小さい素反応があるとき, 化学反応全体の反応速度はその素反応の反応速

度に依存し，ほかの素反応はいずれも平衡状態にあると仮定できる．このように，化学反応全体の反応速度を支配する素反応を化学反応の律速段階（rate-determining step）と言う．以下，平衡状態を記号 $\rightleftharpoons$ で，律速段階を $\overset{\curlywedge}{\rightleftharpoons}$ で表す．

〚例題5.1　反応速度式〛

均一系可逆反応 $A+B \rightleftharpoons C+D$ が次のような素反応①，②からなり，素反応①を律速段階と仮定できる場合について，反応全体の反応速度 r を各成分濃度，平衡定数，速度定数を用いて表しなさい．

素反応①　$B \overset{\curlywedge}{\rightleftharpoons} 2B'$　　　　　　（平衡定数 K_1，正，逆反応の速度定数 k_1, k_1'）
素反応②　$A+2B' \rightleftharpoons C+D$　（平衡定数 K_2，正，逆反応の速度定数 k_2, k_2'）

【解】

素反応①，②の正反応（右向き）の速度は，それぞれ反応系の濃度のべき数表現式で $r_1=k_1 c_B$, $r_2=k_2 c_A c_B{}^2$ と表せる．また，素反応①が律速段階であるので，反応全体の反応速度 r は①の正反応と逆反応の速度差に等しく，

$$r = k_1 c_B - k_1' c'_B{}^2 \tag{a}$$

と表せる．中間体 B' の濃度 $c_{B'}$ は測定できないので，ほかの成分の濃度項で表現して消去する．素反応②は平衡状態と仮定できるので，質量作用の法則から，

$$K_2 = \frac{k_2}{k_2'} = \frac{c_C c_D}{c_A (c'_B)^2}, \qquad \therefore \quad c'_B = \left(\frac{c_C c_D}{K_2 c_A}\right)^{1/2}$$

となる．これを式 (a) に代入して，$K_1=k_1/k_1'$ の関係を使って式を変形すれば，反応速度式は次式で表される．

$$r = k_1 c_B - k_1' \left(\frac{c_C c_D}{K_2 c_A}\right) = k_1 \left\{ c_B - \left(\frac{1}{K_1 K_2}\right)\left(\frac{c_C c_D}{c_A}\right) \right\}$$

■

5.1.3　反応速度定数の温度依存性

反応速度は反応温度に大きく依存する．反応速度定数 k と反応温度 T との関係は，アレニウスの式（Arrhenius equation）と呼ばれる (5.5)，(5.6) で表される．

$$k = A e^{-E/RT} \tag{5.5}$$

$$\ln k = \ln A - E/RT \tag{5.6}$$

ここで，A は頻度因子（frequency factor），E は見かけの活性化エネルギー（apparent activation energy）である．頻度因子 A は反応温度には大きく依存しないので，式 (5.6) の $\ln A$ は定数と見なすことができる．このことから，図5.2のように $\ln k$-$1/T$ プロットを作成し，直線の傾きから見かけの活性化エネルギーの値を求めることができる．気体定数 R に $8.31 \text{ J mol}^{-1}\text{K}^{-1}$ を取れば，

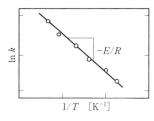

図 5.2 Arrhenius プロット

見かけの活性化エネルギー E の単位は $[\mathrm{J\ mol^{-1}}]$ で求まる.

　反応速度定数 k がどの程度の温度依存性を示すかは, 見かけの活性化エネルギー E の大小により決まる. E の値は, 多くの化学反応で $40 \sim 250\ \mathrm{kJ\ mol^{-1}}$ の範囲にあると言われ, ラジカル反応などでは $10\ \mathrm{kJ\ mol^{-1}}$ 程度のこともある. たとえば, $E \fallingdotseq 50\ \mathrm{kJ\ mol^{-1}}$ の反応の場合, 300 K 付近の反応温度で, 反応温度が 10 K 上がると k は約 2 倍になる.

5.1.4 反応器の種類と反応流体の流れ型式

　反応器の種類を, 反応流体の流れ型式によって次のように分類することができる. 代表的な反応装置の概略図を図 5.3 に示す.

(1) 回分式 (batch system)
(2) 半回分式 (semi-batch system)
(3) 連続流通式 (continuous-flow system)
　(a) タンク型反応器 (tank-type reactor, 槽型とも呼ばれる)
　(b) 管型反応器 (tubular-type reactor)

これらの反応器内における反応流体の流れ型式には, 完全混合流れ (complete mixing flow) とピストン流れ (piston flow) とがある. (1), (2), (3a) の反応器では完全混合流れとなり, (3b) の反応器ではピストン流れとなる.

　これらの様々な型式の反応器が, 目的や規模などにより選択される. 一般に, 高価な製品 (医薬品, 染料など) の少量規模の生産には回分式反応器が使われる. 回分式装置は建設費が安く, 使用の融通性が高いことが利点である. 半回分式装置は, 反応に関与する 1 成分の供給速度を制御することにより, 反応温度の制御が可能である. 一方, 安価な製品を大規模に工業生産する場合には, 連続流通式の装置が使用される.

5.1.5 微分法による反応速度解析

　微分法とは, 実験により注目する成分について濃度–時間 (あるいは転化率–時間) 曲線を作成し, この曲線上の任意の時間における勾配から反応速度を数値として求める方法である. 微分法では, 曲線の勾配を図上微分で求める際に実験者

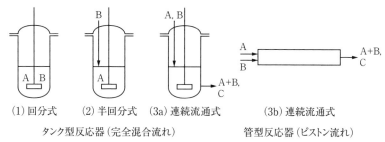

図5.3 反応装置の概念図

により個人差が生じやすい．

a. 回分式反応装置の場合

回分式撹拌タンク型反応装置（図5.3（1））で$aA+bB\rightarrow cC+dD$のような反応を取り扱うとき，反応速度（r_Aまたはr_C）は図5.1の濃度-時間曲線を図上で微分して求められる．式（5.7）のように，反応速度は注目成分iの転化率x_i，モル数n_i，圧力P_iを変数としても表せるので，これらの変数の時間変化のプロットからも反応速度を求めることができる．この転化率（conversion）は反応率とも呼ばれ，反応物質の反応した割合を示す．たとえば，成分Aの転化率x_Aは，$x_A=(c_{A0}-c_A)/c_{A0}=1-c_A/c_{A0}$と定義される．

$$r_A=\frac{-dc_A}{dt}=r_C=\frac{dc_C}{dt}=c_{A0}\frac{dx_A}{dt}=\frac{n_{A0}}{V_r}\frac{dx_A}{dt}=\frac{1}{V_r}\frac{dn_C}{dt}=\frac{1}{RT}\frac{dP_C}{dt} \quad (5.7)$$

c_{A0}はAの初濃度，n_{A0}はAの反応開始時のモル数，V_rは反応器容積である．

微分法で求めた速度データから反応次数を決定し，反応機構を推測することができる．Bの初濃度c_{B0}を一定（または過剰）にして，c_{A0}をいくつか変化させて反応を行い，各実験の$t=0$における初期反応速度r_{A0}を微分法で求める．式（5.4）に従って$\log r_{A0}$-$\log c_{A0}$プロットを作成すれば，傾きが次数aとなり（初速度法），同様にして次数bも求められる．実験的に求まる反応次数a, bの値は整数とは限らず，小数，負の数，0のこともある．また，反応条件の範囲が広いときにはべき数値を一定にできないこともあり，このような場合は反応条件範囲を区切って取り扱う．なお，べき数値が整数にならないとき，反応は複合反応である可能性が高い．

〚**例題5.2 微分法による速度解析**〛

塩化ベンゼンジアゾニウムの分解反応（$C_6H_5N_2Cl\rightarrow C_6H_5Cl+N_2$）を，$C_6H_5N_2Cl$の初濃度を$c_0=100$ mmol dm^{-3}として反応温度50℃で行ったところ，発生したN_2量か

ら反応時間 t における $C_6H_5N_2Cl$ の転化率 x は表5.1のようになった．この結果を微分法により解析して，反応次数 n，反応速度定数 k を求めなさい．

表5.1

t [min]	6	9	12	14	20	24	30
x [—]	0.331	0.446	0.559	0.617	0.743	0.798	0.864

【解】

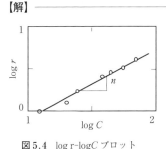

図5.4 log r-log$C$ プロット

$c=c_0(1-x)$ より，図5.1と同様の $C_6H_5N_2Cl$ 濃度 c-t 曲線を描き，任意の t における傾きから反応速度 $r(=dC/dt)$ を次の表5.2のように求める．

これより c, r の対数を計算した後，$\log r$-$\log c$ グラフを作成する（表5.3および図5.4）．

$\log r = \log k + n \log c$（式(5.4)）を用いると，グラフの y 切片（$\log k = -1.14$）と傾きより，$n = 0.98$，$k = 0.072$ min^{-1} が求まる．

表5.2

t [min]	0	6	9	12	14	20	24	30
C [mmol dm^{-3}]	100	66.9	55.4	44.1	38.3	25.7	20.2	13.6
r [mmol dm^{-3} min^{-1}]	5.5	4.5	3.5	3.1	2.8	1.8	1.2	1.0

表5.3

$\log C$	2.00	1.825	1.744	1.644	1.583	1.410	1.305	1.134
$\log r$	—	0.653	0.544	0.491	0.447	0.255	0.079	0.00

b. 連続流通式タンク型反応器の場合

図5.5の連続流通式撹拌タンク型反応器では，一定速度で反応器への反応物の供給と，生成物を含む反応溶液の排出が行われる．反応器内の流れ型式は完全混合流れとしてよい場合が多く，反応を始めてしばらくすると，反応速度と反応器内，および排出される溶液中の各成分濃度は一定になる．この状態を定常状態と言う．定常状態では反応速度は一定であるので，微分を取る操作をしなくても反応速度を数値として簡単に求められる．

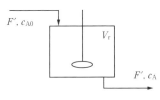

図5.5 連続流通式タンク型反応器のモデル図

単純な反応 $A \rightarrow B$ について，原料流体中の成

分 A の濃度 c_{A0}[mol m^{-3}]，反応器から流出する溶液中の A の濃度 c_A[mol m^{-3}]，反応器容積 V_r[m^3]，反応流体の容積流量 F'[m^3 h^{-1}]，反応速度 r_A[mol m^{-3} h^{-1}] のとき，成分 A について反応器全体で物質収支を取ると，

$$F'c_{A0} = F'c_A + r_A V_r$$

となり，反応速度 r_A は式 (5.8) で表される．

$$r_A = \frac{c_{A0} - c_A}{V_r/F'} = \frac{c_{A0} x_A}{V_r/F'} \tag{5.8}$$

ここで，V_r/F'[h] は平均反応時間を意味し，V_r および F' を変えることで反応速度が変化する．

c. 連続流通式管型反応器の場合

連続流通式管型反応器では，注目成分の濃度は反応時間ではなく反応器内の長さ方向の位置に対して変化するので，回分式反応器の場合のように濃度-時間曲線（図 5.1 参照）を描くことはできない．

図 5.6 に示したような，容積 V_r[m^3] の管型反応器内の任意の位置における微小容積 dV_r を考える．反応器の入口における供給原料のモル流量を F_0[mol h^{-1}]，原料中の注目成分のモル分率を y_0，反応器内の任意断面における流量を F[mol h^{-1}]，注目成分のモル分率を y，転化率を x とし，dV_r 内における F, y, x それぞれについての微小変化量を dF, dy, dx とする．モル数変化のない反応では，$dF = 0$ である．定常状態において，微小容積 dV_r 内における注目成分の物質収支を取れば，単位時間あたりの dV_r への流入量と流出量との差が dV_r 内での注目成分の反応量になる．したがって，r を反応速度 [mol h^{-1} m^{-3}] とすると，

$$Fy - (F + dF)(y + dy) = r\,dV_r, \quad \therefore \quad -d(Fy) = r\,dV_r$$

となる．また，反応器への注目成分のみの供給流量を $F_0 y_0$ として，転化率 x の定義から，

$$x = (F_0 y_0 - Fy)/F_0 y_0 = 1 - Fy/F_0 y_0$$

であるから，この微分を取ると $F_0 y_0\,dx = -d(Fy)$ となり，次の基礎方程式が導かれる．

(基礎方程式) $\quad F_0 y_0\,dx = r\,dV_r \quad$ (5.9)

$$\therefore \quad r = y_0 \frac{dx}{d(V_r/F_0)} = \frac{dx}{d(V_r/F_0 y_0)} \tag{5.10}$$

V_r あるいは $F_0, F_0 y_0$ を変化させて注目成分の反応器出口における転化率 x を

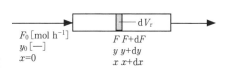

図 5.6 連続流通式管型反応器のモデル図

測定したデータから，x-(V_r/F_0) または x-$(V_r/F_0 y_0)$ グラフを作成し，曲線を図上微分すれば反応速度 r が求まる．流通式管型反応器における (V_r/F_0) 項は，$[\mathrm{VT(mol)}^{-1}]$ の次元を持ち，回分式反応器の反応時間 t に相当するので time factor と呼ばれ，流通式反応操作における重要なパラメーターである．

流通式管型反応器の特殊な型である流通式微分反応器は，速度解析をするための流通式反応器である．容積の小さい反応器を用いて，転化率をできる限り小さく（10%以下に）なるように保ちながら，time factor の変化 $\Delta(V_r/F_0)$ に対する転化率の変化 Δx を実測する．このとき，反応速度 r は $r = y_0 \Delta x / (V_r/F_0)$ として計算される．この方法で反応速度を求めるためには，x-(V_r/F_0) 関係に比例関係がなければならない．

5.1.6　積分法による反応速度解析

微分法では反応速度の数値が直接求められるが，積分法は微分法で求めた反応速度の数値がどのような反応速度式に適合するかを検討する方法である．

a.　回分式反応器の場合

ある反応 A→B を考える．反応初期（$t=0$）の成分 A のモル数を n_{A0}，任意の時間 t 経過後のモル数を n_A，A の転化率を x_A とする．式（5.8）の $r_A = (n_{A0}/V_r)\mathrm{d}x_A/\mathrm{d}t$ を変数分離して，反応開始から時間 t の範囲で積分すると，

$$t = \frac{n_{A0}}{V_r} \int_0^{x_A} \frac{1}{r_A} \mathrm{d}x_A \tag{5.11}$$

となる．$r_A = f(x_A)$ が簡単な関数で表される場合には，解析解が求まる．

A→B が1次不可逆反応の場合には，時間 t 経過後の成分 A のモル数 n_A は $n_A = n_{A0}(1-x_A)$ であるから，$r_A = kc_A = kn_{A0}(1-x_A)/V_r$ となり，式（5.11）は次のようになる：

$$t = \frac{n_{A0}}{V_r} \int_0^{x_A} \frac{\mathrm{d}x_A}{kn_{A0}(1-x_A)/V_r} = \frac{1}{k} \ln \frac{1}{1-x_A} \tag{5.12}$$

$\ln[1/(1-x_A)]$-t プロットの直線の勾配から，k の値が求まる．1次反応では，反応速度定数 k は初濃度 c_{A0}（または n_{A0}）とは無関係である．このような挙動は1次反応に特徴的なもので，1次反応以外の場合には k は初濃度 c_{A0} にも依存する．たとえば，2次不可逆反応 2A→B（$r_A = kc_A^2$）の場合には次のようになる：

$$t = \frac{V_r}{kn_{A0}} \frac{x_A}{1-x_A} = \frac{1}{kc_{A0}} \frac{x_A}{1-x_A} \tag{5.13}$$

5.1 均一系反応における反応速度論

表5.4 反応次数の違いによる反応速度式の解析解（回分式反応器）

反応次数	反応式	反応速度式	c_A の経時変化	転化率の経時変化
0	A → B	$r = k_0$	$c_A = c_{A0} - k_0 t$	$X_A = k_0 t / c_{A0}$
1	A → B	$r = k_1 c_A$	$c_A = c_{A0} e^{-k_1 t}$	$X_A = 1 - e^{-k_1 t}$
2	2A → B	$r = k_2 c_A^2$	$c_A = c_{A0}/(1 + c_{A0} k_2 t)$	$X_A = c_{A0} k_2 t / (1 + c_{A0} k_2 t)$

反応速度式の解析解を c_A および x_A について整理すると，表5.4のようになる．c_A, x_A の経時変化は反応次数によって異なる変化をするので，これらの変化から反応次数を確認することができる．

〚例題5.3　1次不可逆反応〛

モル数変化のない1次不可逆反応 A→B を回分式反応器で行ったところ，40 mol% 反応するのに 60 分を要した．このときの反応速度定数 k を求めよ．また，90 mol% 反応させるのに要する反応時間 $t_{90\%}$ を求めよ．

【解】

式 (5.13) より，

$$60 = (1/k) \ln(1-0.4)^{-1}, \quad \therefore \quad k = 8.52 \times 10^{-3} \text{ 分}^{-1}$$

となる．また，

$$t_{90\%} = (1/k) \ln(1-0.9)^{-1} = 270 \text{ 分}$$

と求められる．

b. 連続流通式タンク型反応器の場合

原料流体中の成分 A の濃度 c_{A0}，反応器から流出する流体中の A の濃度 c_A，反応器容積 V_r，反応流体の容積流量 $F'[\text{m}^3 \text{h}^{-1}]$，反応速度 r_A は，定常状態で一定である．式 (5.8) を変形すると，次式が得られる．

$$\frac{V_r}{F'} = \frac{c_{A0} - c_A}{r_A} \tag{5.14}$$

1次不可逆反応 A→B ($r_A = k c_A$) の場合，c_A および転化率 x_A は次のように表せる．

$$\frac{V_r}{F'} = \frac{c_{A0} - c_A}{k c_A}, \quad \therefore \quad c_A = \frac{c_{A0}}{1 + k(V_r/F')} \tag{5.15}$$

$$x_A = \frac{c_{A0} - c_A}{c_{A0}} = 1 - \frac{1}{1 + k(V_r/F')} \tag{5.16}$$

流通式撹拌タンク型反応器では，c_A あるいは x_A と V_r/F' との関係式を求めるのに，積分の手続きは不要である．

2次不可逆反応 2A→B $(r_A=kc_A^2)$ の場合には，式 (5.14) より次のように表せる．

$$c_A = \frac{-1+[1+4k(V_r/F')c_{A0}]^{1/2}}{2k(V_r/F')} \quad (5.17)$$

また式 (5.14) より，$V_r/F' = x_A/kc_{A0}(1-x_A)^2$ を $x_A (0 \leq x_A \leq 1)$ について解くと，

$$x_A = \frac{[1+2k(V_r/F')c_{A0}]+[1+4k(V_r/F')c_{A0}]^{1/2}}{2k(V_r/F')c_{A0}} \quad (5.18)$$

となる．

1次反応の式 (5.16) と比べて，2次反応の式 (5.18) では，V_r/F' の値が大きくなっても x_A の増加割合が小さい．このように流通式タンク型反応器は，取り扱う化学反応の反応速度が高次であるほど，原料濃度からの転化率を高められないと言う欠点があるので，反応熱の除去などの利点が生かせる場合を除いては，高次の反応次数の化学反応を行うのには適さない．

数個の反応器を直列に並べた，多段連続流通式タンク型反応器のモデル図を図5.7に示す．この反応器は，反応次数の高い化学反応の転化率を高めたり，タンクごとに反応温度を変えられるなどの利点がある．容積 V_r のタンクが n 個直列に配置された多段連続流通式タンク型反応器を考え，どのタンクも同じ温度で操作されるとする．任意の i 番目のタンクに供給される流体の成分 A の濃度を c_{Ai-1}，i 番目のタンクから流出する流体の A の濃度を c_{Ai}，転化率を x_i，流体の容積流量を F' とする．液相反応では反応による容積変化は小さく無視できるので，F' は常に一定とみなされる．1次不可逆反応に対しては，式 (5.15) および (5.16) を順次適用すると，

第1タンク：$c_{A1}=c_{A0}/[1+k(V_r/F')]$ ； $x_1=1-1/[1+k(V_r/F')]$

第2タンク：$c_{A2}=c_{A1}/[1+k(V_r/F')]$
$=c_{A0}/[1+k(V_r/F')]^2$ ； $x_2=1-1/[1+k(V_r/F')]^2$ (5.19)

第iタンク：$c_{Ai}=c_{A0}/[1+k(V_r/F')]^i$ ； $x_i=1-1/[1+k(V_r/F')]^i$

となり，i 番目タンク出口での転化率 x_i が求められる．

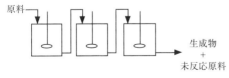

図5.7 多段連続流通式タンク型反応器のモデル図

また，n 段連続流通式タンク型反応器の全体の反応器容積を $V_r'(=nV_r)$ とすると，

$$x_n = 1-1/[1+k(V_r'/nF')]^n$$

と表される．n が無限大のとき，近

似式: $1/[1+(X/n)]^n \fallingdotseq e^{-x}$ の関係を使って上式を変形すると,

$$\lim_{n\to\infty} x_n = 1 - e^{-kV_r'/F'}$$

$$\therefore \frac{V_r'}{F'} = \frac{1}{k}\ln\frac{1}{1-x_\infty} \quad (5.20)$$

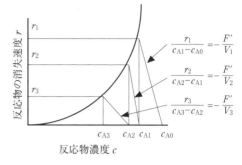

図5.8 連続直列タンク型反応器に対する図解法

となる.式(5.20)は,次項の式(5.23)と同形であり,無限小容積のタンク型反応器を無限個直列に並べた多段連続流通式タンク型反応器が,連続流通式管型反応器に相当することを意味する.したがって,反応器容積が同じ V_r' のとき,最大の転化率を与える反応器は流通式管型反応器である.多段連続流通式タンク型反応器では,式(5.19)から分かるように,段数 n が小さくなるにつれて n 番目のタンク出口での転化率 x_n が低下する.

1次不可逆反応以外の反応および容積の異なるタンクが連続直列に並べられた反応器 ($V_r \neq V_r'/n$) の場合では,注目成分の濃度 c と反応速度 $r(=kf(c))$ との関係をグラフ化して(反応速度線図),図上で解を求めることができる.

たとえば,容積の異なる3つのタンク型反応器が直列に連結されている場合,各タンクにおいて式(5.14)が成り立つので,$V_1/F' = (c_{A0} - c_{A1})/r_1$ となり,図5.8の反応速度線図の傾きから V_1/F' が求まる.また,第3タンク出口における転化率 x_3 は,

$$x_3 = 1 - 1/\{[1+k(V_1/F')][1+k(V_2/F')][1+k(V_3/F')]\}$$

と表せる.このとき各タンクの反応温度を変えることで,反応速度の異なるタンクを連続させることもできる.

c. 連続流通式管型反応器の場合

式(5.9)で与えられた基礎方程式 ($F_0 y_0 \mathrm{d}x = r\mathrm{d}V_r$) を積分すると,次式が得られる:

$$\int_0^{V_r}\frac{\mathrm{d}V_r}{F_0} = \frac{V_r}{F_0} = y_0\int_0^{x_A}\frac{\mathrm{d}x_A}{r_A} \quad (5.21)$$

反応速度の一般式 $r_A = kf(x_A)$ を式(5.21)に代入して計算すれば,反応器出口での注目成分 A の転化率 x_A と time factor (V_r/F_0) との関係式が得られる.

モル数に変動のない,気相1次不可逆反応 A→B ($r_A = kc_A$) を流通式管型反

応器で行うことを考える.原料中の成分 A のモル分率 y_0,転化率 x_A,全圧 P[atm],温度 T,気体定数 R と理想気体の状態方程式を使うと,気相における A の濃度 c_A は $c_A = y_0(1-x_A)P/RT$ と変形できる.k は 1 次反応速度定数 [h^{-1}] であるが,ここで $k' = k/RT$ [mol dm^{-3} atm^{-1} h^{-1}] とおくと,$r_A = k'Py_0(1-x_A)$ となり,次式が導かれる.

$$\frac{V_r}{F_0} = y_0 \int_0^{x_A} \frac{dx_A}{k'Py_0(1-x_A)} = \frac{1}{k'P} \ln \frac{1}{1-x_A} \tag{5.22}$$

モル流量 F_0 [mol h^{-1}] を容積流量 F' [dm^3 h^{-1}] に変換すると,$F_0 = F'P/RT$ であるから,

$$\frac{V_r}{F'} = \frac{1}{k} \ln \frac{1}{1-x_A} \tag{5.23}$$

となる.V_r/F' は次元 [T] の time factor であり,反応器内の平均滞留時間を表し,回分系における反応時間に相当する.time factor V_r/F' を空間時間(space time)と言い,その逆数 F'/V_r を空間速度(space velocity,SV)と言う.

モル数変動を伴う反応系を取り扱う場合は,積分式(5.21)に補正を加えなければならない.連続流通式管型反応器で任意の反応 $aA + bB \rightarrow cC + dD$ を行うとき,反応流体のモル数増加率(気相反応の場合は容積増加率と同じ)ε を $\varepsilon = [(c+d)-(a+b)]/(a+b)$ とすると,成分 A の転化率が x_A である任意の反応器断面におけるモル流量 F は,$F = F_0(1+\varepsilon x_A)$ である.また,成分 A の分圧はモル数変化のない場合の $1/(1+\varepsilon x_A)$ 倍になる.たとえば,上記の反応が A に対して 1 次,B に対して 0 次の 1 次不可逆反応である場合の反応速度式を転化率 x_A の関数で表すと,

$$r_A = k'Py_0(1-x_A)/(1+\varepsilon x_A)$$

となる.この関係式を式(5.21)に代入して積分すると,

$$V_r/F_0 = y_0 \int (1/r_A) dx_A = (1/k'P)\{(1+\varepsilon)\ln[1/(1-x_A)] - \varepsilon x_A\} \tag{5.24}$$

が得られる.モル流量 F_0 を容積流量 F' に変換して,

$$V_r/F' = (1/k)\{(1+\varepsilon)\ln[1/(1-x_A)] - \varepsilon x_A\} \tag{5.25}$$

となる.$\varepsilon = 0$ の場合,式(5.24),(5.25)は,それぞれ式(5.22),(5.23)に等しくなる.

d. リサイクル操作を伴う連続流通式管型反応器の場合

連続流通式管型反応器の応用として,図 5.9 のように反応器出口の生成物を含

5.1 均一系反応における反応速度論

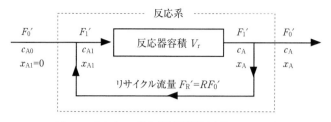

図5.9 リサイクル操作式流通管型反応器のモデル図

む流れの一部を，反応器入口にリサイクルする操作を伴った管型反応器がある．リサイクル操作は，反応器を等温に維持したり，反応全体の選択率を向上させたい場合に行われ，バイオケミカル反応や石油化学合成プロセスに利用されることが多い．

モル数変化のない液相反応を考える．定常状態では，新しく反応系に流入する原料流体の容積流量 $F'[\mathrm{m^3\,h^{-1}}]$ と反応系から排出される容積流量は等しい．反応器出口から入口へ戻される流体の容積流量をリサイクル流量 F_R' として，リサイクル比（循環比）R を $R=F_R'/F_0'$ と定義すると，反応器内を流れる反応流体の全容積流量 $F_1'[\mathrm{m^3\,h^{-1}}]$ は，$F_1'=F_0'+F_R'=F_0'(1+R)$ であり，リサイクル流れの A の濃度は反応系の出口の A の濃度と等しい．原料流体中の A の濃度を c_{A0}，反応器入口の A の濃度を c_{A1} として，反応器入口の合流点における成分 A に関する物質収支から式 (5.26) が導かれる．

$$F_1'c_{A1}=F_0'c_{A0}+F_0'Rc_A$$
$$\therefore\ c_{A1}=F_0'(c_{A0}+Rc_A)/F_1'=(c_{A0}+Rc_A)/(1+R) \tag{5.26}$$

反応系の出口での転化率 x_A は，転化率の定義から $x_A=(c_{A0}-c_A)/c_{A0}=1-c_A/c_{A0}$ となる．また，反応器入口での転化率相当値 x_{A1} は，合流点の流体の組成に注目して次式で表される．

$$x_{A1}=(c_{A0}-c_{A1})/c_{A0}=x_AR/(1+R) \tag{5.27}$$

連続流通式管型反応器における，物質収支に基づく基礎方程式 (5.9) の導出と同様にして，仮想微小領域での物質収支から $c_{A0}F_1'\mathrm{d}x_A=r_A\mathrm{d}V_r$ となる．これを反応器の入口から出口まで積分すると，次式となる：

$$\int_0^{V_r}\frac{\mathrm{d}V_r}{F_1'}=\frac{V_r}{F_1'}=c_{A0}\int_{x_{A1}}^{x_A}\frac{\mathrm{d}x_A}{r_A} \tag{5.28}$$

1 次不可逆反応 A→B の場合，$r_A=kc_A=kc_{A0}(1-x_A)$ を代入して次を得る．

表5.5 反応器タイプ別の反応速度式の整理

反応器タイプ	反応速度式基礎式	解析解	
		1次不可逆反応	2次不可逆反応
回分式タンク型	(5.7)	(5.12)	(5.13)
連続流通式タンク型	(5.8)	(5.15) (5.16)	(5.17) (5.18)
連続流通式管型	(5.10)	(5.23) (5.29)*	(5.13)**

* リサイクル操作型,**$t=V_r/F'$ に変換

$$\frac{V_r}{F_1'} = \frac{V_r}{F_0'(1+R)} = c_{A0}\int_{x_{A1}}^{x_A}\frac{dx_A}{kc_{A0}(1-x_A)} = \frac{1}{k}\ln\frac{1+R(1-x_A)}{(1+R)(1-x_A)}$$

$$\therefore \quad \frac{V_r}{F_0'} = \frac{1+R}{k}\ln\frac{1+R(1-x_A)}{(1+R)(1-x_A)} \tag{5.29}$$

リサイクルをしない場合($R=0$),式(5.29)は $V_r/F_0'=(1/k)\ln[1/(1-x_A)]$ となって,通常の流通式管型反応器における式(5.22)と同じになる.また,リサイクル比 R が大きくなると $[1+R(1-x_A)]/[(1+R)(1-x_A)]$ は1に近づき,近似式 $\ln x=(x-1)/x$ の関係を使って式を変形すると $V_r/F_0'=(1/k)x_A/(1-x_A)$ となり,連続流通式タンク型反応器の場合の式(5.16)と同じ意味になる.

通常のリサイクル運転では,転化率 x_A はピストン流れと完全混合流れの場合の中間的な値を示す.反応器のタイプ別に,反応速度式と解析解の式番号を表5.5に整理した.

5.1.7 複合反応の反応速度解析

複合反応の速度解析においては,一般に複雑な多元連立方程式を解かなければならない.ここでは簡単な解析解の得られる例として,1次不可逆反応の組み合わせからなる複合反応(並発反応(competitive reaction)と逐次反応(stepwise reaction))を回分系反応器で行った場合について考える.

a. 並発反応の場合

$$A \xrightarrow{k_1} B$$
$$\searrow_{k_2} C$$

(k_1, k_2:各過程の1次反応速度定数)

成分 A から成分 B および C が並発的に生成するとき,各々のステップがともに1次不可逆とすれば,成分 A の消失速度,成分 B および C の生成速度は各成分の濃度を c_i として次式で表される:

5.1 均一系反応における反応速度論

$$-\frac{dc_A}{dt}=(k_1+k_2)c_A \tag{5.30}$$

$$\frac{dc_B}{dt}=k_1c_A \tag{5.31}$$

$$\frac{dc_C}{dt}=k_2c_A \tag{5.32}$$

初期条件を $t=0$, $c_A=c_{A0}$, $c_B=c_C=0$ として，微分方程式 (5.30)〜(5.32) を連立して解けば，

$$c_A=c_{A0}e^{-(k_1+k_2)/t} \tag{5.33}$$

$$c_B=\left(\frac{k_1}{k_1+k_2}\right)c_{A0}\{1-e^{-(k_1+k_2)/t}\} \tag{5.34}$$

$$c_C=\left(\frac{k_2}{k_1+k_2}\right)c_{A0}\{1-e^{-(k_1+k_2)/t}\} \tag{5.35}$$

となる．並発反応過程では，生成物 B と C との生成速度比は速度定数の比 k_1/k_2 に等しく，反応時間によらず一定となる．また，濃度比も一定に保たれる：

$$\frac{r_B}{r_C}=\frac{dc_B/dt}{dc_C/dt}=\frac{k_1}{k_2}=\frac{c_B}{c_C}=一定$$

b. 逐次反応の場合

$$A \xrightarrow{k_1} B \xrightarrow{k_2} C \qquad (k_1, k_2：各過程の1次反応速度定数)$$

成分 A および B の消失速度，成分 C の生成速度は，各成分の濃度を c_i として次式で表される：

$$-\frac{dc_A}{dt}=k_1c_A \tag{5.36}$$

$$-\frac{dc_B}{dt}=k_2c_B-k_1c_A \tag{5.37}$$

$$\frac{dc_C}{dt}=k_2c_B \tag{5.38}$$

初期条件を $t=0$, $c_A=c_{A0}$, $c_B=c_C=0$ とすると，式 (5.36) より，

$$c_A=c_{A0}e^{-k_1t} \tag{5.39}$$

となる．これを式 (5.37) に代入して整理すれば，

$$\frac{dc_B}{dt}+k_2c_B-k_1c_{A0}e^{-k_1t}=0, \quad \therefore \quad c_B=\left(\frac{k_1}{k_2-k_1}\right)c_{A0}(e^{-k_1t}-e^{-k_2t}) \tag{5.40}$$

となる．また物質収支より，

$$c_C=c_{A0}-c_A-c_B=\left\{1+\frac{k_1e^{k_2t}-k_2e^{k_1t}}{k_2-k_1}\right\}c_{A0} \tag{5.41}$$

と表せる.

式(5.39)〜(5.41)で示される各成分の濃度の時間変化の様子は, k_1 と k_2 の数値の相対比により変わる. $k_1 \gg k_2$ の場合, c_A は反応時間経過とともに急激に減少し, c_B は急増して長時間高濃度に保たれ, c_C は徐々に遅い速度で増加する. 逆に $k_1 \ll k_2$ の場合, c_A は徐々に減少し, c_B は常に低濃度になり, c_C は反応初期から増加し始める. 逐次反応過程では, 中間生成物Bの濃度 c_B の時間変化において, 極大値 ($dc_B/dt=0$) が現れる.

連続流通式反応器を用いて並発反応や逐次反応を行う場合には, 回分系における反応時間 t を time factor (V_r/F_0) に置き換えて同様の解析を行えばよい.

c. 複合反応における生成物の選択性

複合反応系では, 望ましい生成物 (目的生成物) を与える反応過程のほかにも, 望ましくない生成物 (副生成物) を与える副反応過程が同時に起こる. このとき, 目的生成物への転化割合を目的生成物の選択率 (反応の選択性, selectivity) と言う. 目的生成物の選択率は, 反応物が消費された量のうち目的物の生成割合で定義され, 必要に応じて生成物の物質量 [mol] 基準や, 質量 [kg] 基準で評価される. 上述のような並発反応では, 反応時間によらず複数の生成物の選択率は一定になる. 一方で逐次反応では, 各生成物の選択率が反応時間とともに変化する. 触媒を用いる反応の場合, 生成物の選択率のことを触媒の選択性と言う.

化学反応を促進させる手段として, 加熱したり (熱化学反応, 超臨界条件の反応), 光または放射線を当てたり (光化学反応, 放射線化学反応), あるいは電気エネルギーを利用したり (電気化学反応, 高周波プラズマ照射下の反応) する. こういった多くの手段の中でも, 触媒成分を共存させる触媒反応や特定波長の光を用いた光化学反応においては, 生成物の選択性を際立って改善できることがある. 工業的規模の化学反応では, 並発反応と逐次反応が同時に起こることがあるので, 選択性が高く効率のよい反応促進手段が求められる.

特定の反応に対して高い選択性を示す触媒では, 1分子の触媒が一定時間に何回反応を進行させたか, つまり触媒分子あたりの反応速度に相当する触媒回転率 (turnover frequency, TOF[h^{-1}]) を用いて, 触媒の能力を比較することが多い.

5.1.8 連続流通式反応器に関連する諸量

連続流通式反応器の性能を表現するためのパラメーターとして, 空間速度, 空

時収量,滞留時間などの諸量が用いられる.タンク型あるいは管型のいずれであっても,連続流通式反応器においては,これらの諸量は同じ意味をもつ.

5.1.6 (c) 項でも述べた空間速度 SV は,反応器の原料処理能力を示すパラメーターであって,単位時間に反応器容積の何倍の原料流体を反応器に供給するかを意味する.

$$SV[\mathrm{h}^{-1}] = F'[\mathrm{m}^3\,\mathrm{h}^{-1}]/V_\mathrm{r}[\mathrm{m}^3] = F_0 v_\mathrm{m}/V_\mathrm{r}[\mathrm{h}^{-1}] \tag{5.42}$$

ここで,F_0 はモル流量 $[\mathrm{mol\,h}^{-1}]$,v_m はモル比容積(標準状態で $0.0224\,\mathrm{m}^3\,\mathrm{mol}^{-1}$),$V_\mathrm{r}$ は反応器容積 $[\mathrm{m}^3]$ である.

標準状態における SV を SV_0 と表して,反応条件下の値 SV_PT と区別する.また,液相反応における SV を液空間速度(liquid hourly space velocity, LHSV),気相反応における SV を気空間速度(gas hourly space velocity, GHSV)と呼んで区別することもある.

空時収量(space time yield)STY は単位時間あたりの目的生成物の生産量を表し,反応速度と同じ次元 $[\mathrm{mol\,V}^{-1}\,\mathrm{T}^{-1}]$ を持つ.ただし,反応速度が時間に関する微分係数であるのに対して,STY は反応器全体についての目的生成物の生産速度の平均値である.連続流通式反応器の出口における流体中の目的生成物のモル分率を y_out とすれば,STY は次のように表される.

$$STY[\mathrm{mol\,m}^{-3}\,\mathrm{h}^{-1}] = F_0 y_\mathrm{out}/V_\mathrm{r} = SV_0 y_\mathrm{out}/0.0224 \tag{5.43}$$

滞留時間(residence time)または接触時間(contact time)は,回分式反応器における反応時間に相当するもので,連続流通式反応器における原料物質の反応器内平均滞留時間を示す.等温,等圧条件下でのモル数変化のない反応の場合,滞留時間は $1/SV_\mathrm{PT}$ あるいは V_r/F' の値と等しくなる.一方,非等温条件下の反応,モル数変化のある反応,あるいは固体触媒などの充填物がある場合は,正確な滞留時間を算出することは困難である.このような場合は,空塔基準の $1/SV_\mathrm{PT}$ あるいは time factor(V_r/F_0)を滞留時間・接触時間の代わりに用いて,データを整理する.

5.2 不均一系反応における反応速度論

化学反応が進行する環境の中に複数の相が存在する場合,この反応を不均一系反応(heterogeneous reaction)と呼ぶ.不均一系反応には様々なタイプがあり,その速度論的特徴を一括して表現するのは困難である.不均一系反応において

は，本質的な化学結合の組み換え速度に加えて，異相間の物質移動速度や特定の相内での拡散移動速度が反応速度に影響を与える場合が少なくない．加えて，化学結合の組み替えに関係しない物資移動を常に考慮しなければならないことが，均一系反応の速度論との基本的かつ大きな違いである．

5.2.1 不均一系反応

不均一系反応には，気・液・固の3相の組み合わせにより種々の反応系がある．代表的なものを以下に示す．

(1) 気-液系反応

液体反応物中に気体反応物を溶解させたり，溶媒中に気体反応物を溶解させて反応させる．$PdCl_2$-$CuCl_2$-HCl系触媒を含む水溶液にオレフィンと酸素を溶解させ，アルデヒドなど含酸素化合物を合成する液相酸化プロセス（ヘキスト-ワッカー法，Hoechst Wacker process）が一例としてあげられる．

(2) 気-固系反応

固体反応物と気体反応物との接触により反応を行う．石炭の水素によるガス化，金属硫化物の空気酸化によるSO_2生成反応などの例がある．

以下の3つは，いずれも固体触媒を用いる触媒反応で，上記の反応と区別することがある．

(3) 気-固体触媒系反応（気相接触反応）

固体触媒を用いた気相反応で，原料流体を気化させ高温で固体触媒に接触させて反応を行う．メタノール合成，石油ナフサの改質による芳香族炭化水素製造など，石油化学をはじめ多くの分野において，工業的規模で実施されている．

(4) 液-固体触媒系反応（液相接触反応）

固体触媒を用いた液相反応で，触媒充填層に反応液を流通させたり，反応液中に固体触媒を懸濁させて反応を行う．塩化アルミニウム触媒による芳香族炭化水素のアルキル化反応など，有機合成プロセスで多く用いられる．

(5) 気-液-固体触媒系反応

微細な固体触媒を懸濁させた反応液に気泡を吹き込んで，気-液相に接触する触媒表面で反応を進行させるスラリー型反応器が，油脂の水素化による硬化油製造などに用いられる．また，固体触媒を充填した管型反応器に気-液混合流体を流通させるトリクルベッド型反応器が，重質油の水素化脱硫プロセスなどに利用される．

以下では，気相接触反応および気-固系反応について，その速度論を考える．

5.2.2 気相接触反応

気相接触反応（vapor-phase catalytic reaction）に限らず液相接触反応でも，固体触媒上における化学反応は，図 5.10 に示したような物理的過程と化学的過程の連続プロセスとなる．

過程①，⑤は物理的過程，過程②～④は化学的過程である．過程③が律速段階である場合は表面反応律速であると言い，触媒の本質的な改良をしないと全過程の反応速度（総括反応速度）を上げることはできない．過程②，④が律速段階である場合は，それぞれ吸着律速，脱離律速であると言い，反応温度などの条件を変化させるか，触媒を改良すれば速度を上げることができる．また，②，③，④の化学的過程のうち，いずれかが律速段階である場合には単に反応律速であると言うこともある．一方，過程①，⑤の境膜内拡散（物質移動）速度が全反応の律速段階である場合は，拡散律速であると言う．気相接触反応では，化学的過程の速度が非常に速いラジカル反応などで拡散律速になることもあるが，通常の反応条件下では，物質移動速度は化学的過程の速度より速いのが一般的である．

反応 $A(g) \rightarrow B(g)$（(g) は気相状態を示す）について考える．上記の②～④の化学的過程を１つにまとめて考えて，その速度を r_S，過程①，⑤の物質移動速度を r_D とすると，

$$r_S = k_S a_m P_{Ai} \tag{5.44}$$
$$r_D = k_G a_m (P_A - P_{Ai}) \tag{5.45}$$

と表せる．ここで，k_S は表面反応速度定数，k_G は境膜内物質移動係数，a_m は触媒の外表面積，P_A, P_{Ai} はそれぞれ成分 A の境膜外および触媒表面における分圧

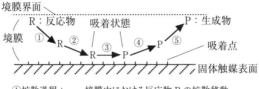

①拡散過程： 境膜中における反応物 R の拡散移動
②吸着過程： R の触媒表面への活性化吸着（化学吸着）
③表面反応過程：触媒表面上での吸着種間の化学反応
④脱離過程： 反応生成物 P の触媒表面からの脱離
⑤拡散過程： P の拡散移動

図 5.10 触媒表面での化学反応の概念

である.定常状態では両過程の速度は総括反応速度 r に等しくなるので,$r=r_S$ $=r_D$ となる.この関係式を使って測定が不可能な P_{Ai} を消去すると,総括反応速度 r は,

$$r=\frac{a_m P_A}{1/k_G+1/k_S}=k'a_m P_A, \quad \frac{1}{k'}=\frac{1}{k_G}+\frac{1}{k_S} \tag{5.46}$$

となる.$1/k'$ は総括抵抗,$1/k_G$ は物質移動抵抗,$1/k_S$ は化学反応抵抗を意味するので,次のように表せる.

$$総括抵抗=物質移動抵抗+化学反応抵抗 \tag{5.47}$$

固体触媒の細孔

多孔質固体の細孔サイズは,IUPAC によってサイズごとに,ミクロ孔(micropore:2 nm 以下),メソ孔(mesopore:2〜50 nm),マクロ孔(macropore:50 nm 以上)に分類されている.触媒反応に関与するのは概ね 50 nm 以下の細孔と言ってよく,それ以上大きな孔は物質移動のための導線と考えた方がよい.

活性炭やゼオライトの細孔はミクロ孔領域に存在し,原子レベルの材料壁から構成される材料であるため,材料の原子がほとんど空間に露出しているような構造をしている.そのため,比表面積(単位重量あたりの表面積)が 1000 m² g⁻¹ を超える材料もある.これら高比表面積の材料は反応原料との接触効率が高くなるので,触媒や触媒担体として広く用いられる.

炭素材料のグラファイト(graphite)を 1 原子層のシート状に剥がしたものは,グラフェン(graphene)と呼ばれる.いくつかの必要な物性値が既知ならば,グラフェンの比表面積 [m² g⁻¹] を幾何学的に計算できる.

5.2.3 ガス境膜内物質移動抵抗

固体粒子の充填層に反応気体を流通させるとき,充填した粒子の表面ガス境膜内における物質移動係数 k_G の値は種々の実験式から計算される.実験式の一例として,次の白井の式をあげる.

$$k_G d_P RT/D=2.0+0.75(d_P u\rho/\mu)^{1/2}(\mu/\rho D)^{1/3} \tag{5.48}$$

ここで,d_P は粒子径,R は気体定数,T は温度,D は注目成分の拡散係数,u は流体の流速,μ は流体の粘度,ρ は流体の密度である.流体が静止状態のとき $(u=0)k_G$ 値は最小となり,k_G 値は流体の流速 u の増加とともに増加する.

式(5.48)は,シャーウッド数 $Sh\ (=k_G d_P RT/D)$,粒子径基準のレイノルズ

数 $Re_P(=d_P u\rho/\mu)$, シュミット数 $Sc(=\mu/\rho D)$ の3つの無次元項を用いて, 次のように書き換えられる.

$$Sh = 2.0 + 0.75\, Re_P^{1/2} Sc^{1/3} \qquad (5.49)$$

境膜内物質移動過程が総括反応速度に影響するか否かを判定する方法としては, タンク型反応器では攪拌器の回転数を変化させたとき, 管型反応器では反応流体の流速を変化させたときの総括反応速度への影響を調べると

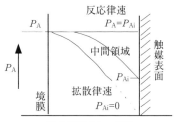

図 5.11 流体と触媒表面間の物質移動

よい. 流体の流速を速くすれば, 総括反応速度が一定の飽和値を示す領域が現れる. このような領域では, 総括反応速度は化学的過程の速度だけに依存するものとして観測されるので, 化学的過程の速度が全体の反応速度を支配する反応律速であると判断される. このように k_G (式 (5.48)) が十分大きくなると, 式 (5.46) の物質移動抵抗 ($1/k_G$) は無視できるほど小さくなり, 式 (5.47) 中の境膜外と触媒表面における反応物の圧力差 ($P_A - P_{Ai}$) は 0 に近くなる. これに対して k_G が小さい領域では, 化学的過程の速度よりも境膜内物質移動速度が遅く, 触媒表面における反応物の分圧 P_{Ai} は 0 に近くなる (図 5.11).

また, 見かけの活性化エネルギーの値も境膜内物質移動抵抗の評価判定に役立つ. k_G の温度依存性は反応速度定数の温度依存性よりもはるかに小さいので, 見かけの活性化エネルギーが十数 kJ mol^{-1} 以下の小さな値のときにも, 物質移動抵抗が大きいと判断してよい場合が多い. 境膜内物質移動抵抗の影響を除去するには, 一般に低い反応温度領域を選び, 反応流体の流速を上げる対策を取る.

5.2.4 吸着平衡

気相接触反応の反応速度を定式化するためには, 触媒表面への反応物の吸着現象を定量的に表現する必要がある. 固体表面上で起こる化学反応に関する吸着は活性化吸着 (化学吸着, chemisorption) に限られるので, ここでは吸着を単分子層吸着の領域に限定した化学吸着を考え, 多層吸着を伴う物理吸着 (physisorption) については扱わないことにする. 単分子層吸着の範囲において, 吸着が平衡に達したときの吸着量と吸着質の分圧, または濃度との関係を表す吸着平衡式 (または吸着等温式, isotherm) として, ラングミュア式 (Langmuir equation), チョムキン式 (Temkin equation), フロイントリッヒ式 (Freundlich equation）の3つがよく知られている．

a. ラングミュア型吸着平衡式

気体成分が触媒固体に吸着する気相吸着において，すべての吸着点の強さが等しい均一な触媒表面を仮定し，吸着した化学種間には相互作用がない理想的な吸着現象を考える．

(1) 単独・非解離吸着の場合

成分 A が単独で触媒固体表面にある吸着点 M と結合して吸着状態 AM になるとすると，吸着点を1つの反応物として，吸着現象を化学反応と同様に考えることができる．$A+M \rightleftharpoons AM$ で表される吸着平衡において，吸着平衡定数 K_A [atm^{-1}] は質量作用の法則に従って次のように表される．

$$\text{吸着平衡定数} = \frac{\text{AM の濃度}}{\text{A の吸着平衡圧} \times \text{空の吸着点 M の濃度}}$$

$$K_A = \frac{L\theta_A}{P_A(L\theta_0)} = \frac{\theta_A}{P_A(1-\theta_A)} \tag{5.50}$$

ここで，L は単位触媒質量あたりの吸着点のモル数 [mol g^{-1}]，θ_A は吸着表面上の A が吸着した割合を表す被覆率 [—]，θ_0 は空の吸着点の割合を表す露出率 [—]（単独吸着では $\theta_0 = 1-\theta_A$），P_A は A の吸着平衡圧 [atm] である．式（5.51）を θ_A について解くと，

$$\theta_A = \frac{K_A P_A}{1 + K_A P_A} \tag{5.51}$$

となる．式（5.50），（5.51）はいずれも単独・非解離吸着に対するラングミュア吸着平衡式である．この平衡は単分子層吸着に限定されるので，P_A のときの平衡吸着量を v [cm^3 g^{-1}]，$P_A \to \infty$ のときの吸着量（飽和吸着量）を v_m とすると，$\theta_A = v/v_m$ である．これを式（5.50）に代入して変形すると，

$$\frac{1}{v} = \frac{1}{v_m} + \frac{1}{v_m K_A} \frac{1}{P_A} \tag{5.52}$$

となる．実験データから $(1/v)$-$(1/P_A)$ プロットを作成して，直線関係が得られれば，その吸着はラングミュア式で整理されたと言い，正の切片と勾配から v_m，K_A が求められる．

液相吸着について濃度 c_A [mol dm^{-3}] を変数として表現するときは，式（5.50）〜（5.52）中の P_A の代わりに c_A を変数とし，K_A を K_A' [dm^3 mol^{-1}] に書き換えればよい．たとえば式（5.51）は，$\theta_A = K_A' c_A / (1 + K_A' c_A)$ となる．$K_A P_A$，$K_A' c_A$ はどちらも無次元項であって，成分 A の吸着項と呼ばれる．以下

では主として気相吸着の場合を取り扱うので，K_A と P_A を用いる．

(2) 単独・解離吸着の場合

2原子分子 A が原子 A′ に解離し，触媒表面の2つの吸着点 M に吸着して吸着状態 A′M になるような吸着では，吸着平衡 A+2M⇌2A′M から次の式が成り立つ：

$$K_A = \frac{(L\theta_A)^2}{P_A(L\theta_0)^2} = \frac{\theta_A^2}{P_A(1-\theta_A)^2} \tag{5.53}$$

$$\theta_A = \frac{(K_A P_A)^{1/2}}{1+(K_A P_A)^{1/2}}, \quad \theta_0 = \frac{1}{1+(K_A P_A)^{1/2}} \tag{5.54}$$

(3) 混合吸着の場合

多成分が同時に1つの表面に吸着することを，混合吸着（または競争吸着）と言う．混合吸着が平衡に達したとき，任意の成分 i について単独吸着の場合と同様に考えると，次のラングミュア型の吸着平衡式が書ける．

$$\theta_i = \frac{K_i P_i}{1+\sum K_i P_i}, \quad \theta_0 = \frac{1}{1+\sum K_i P_i} \tag{5.55}$$

ここで，$\sum K_i P_i$ は任意の i 成分を含む全成分についての吸着項の総和を表す．また被覆率については，$\theta_0 + \sum \theta_i = 1$ の関係が成り立つ．単独吸着の場合の逆数プロットである式（5.52）に対応し，混合吸着では次式となる．

$$\frac{1}{v_i} = \frac{1}{v_m} + \left(\frac{1}{v_m K_i} + \frac{\sum K_j P_j}{v_m K_i}\right)\frac{1}{P_i} \quad (j \neq i) \tag{5.56}$$

ここで，$\sum K_j P_j$ は注目した成分 i を除くほかの任意の吸着成分の吸着項の総和を表す．混合吸着において，成分 i だけが他の成分 j より強く吸着する場合には，強吸着種 i が支配的に吸着するので，ほかの成分の吸着項 $\sum K_j P_j$ は省略できる．また，i 以外の成分 j の中で成分 A だけが強く吸着する場合には，$\sum K_j P_j = K_A P_A$ となる．さらに，吸着成分の中に解離吸着する成分があるときは，その成分の吸着項については式（5.54）のように平方根を取る．

b. ラングミュア型以外の吸着平衡式

実在の吸着表面では吸着強度の異なる吸着点が連続的に存在し，しかも吸着種間には相互作用が生じている．吸着強度は，実験的には吸着熱として観測される．実在の吸着平衡における実験式には種々の型式が提案されており，次の2つがよく知られている：

チョムキン吸着平衡式： $\theta_A = [1/(\alpha+\beta)] \ln K_A P_A$

フロイントリッヒ吸着平衡式： $\theta_A = (K_A P_A)^{1/n}$

ここで，α, β, n は正の定数で吸着系に依存する．P_A を変化させて測定した吸着量 v および飽和吸着量 $v_m (\theta_A = v/v_m)$ から，$\theta_A\text{-}\ln P_A$ および $\ln \theta_A\text{-}\ln P_A$ をプロットしてデータを整理すれば，これらの吸着平衡式に従うかどうかを調べることができる．

5.2.5 吸着速度

吸着速度（adsorption rate）の表現には種々あるが，ラングミュア型吸着平衡式を基礎とした表現方法を述べる．

a. 単独・非解離吸着の場合

単独・非解離吸着 $A+M \rightleftarrows AM$ について，吸着初期（$t=0$）で被覆率 $\theta_A = 0$，露出率 $\theta_0 = 1$ の状態から，平衡時（$t=\infty$）の θ_A, θ_0 の状態に至るまでの間の，任意の時間 t における仮想的な状態 θ_A', θ_0' を想定する．この状態は非平衡状態であるが，θ_A' と吸着平衡状態にあると仮定した A の分圧を仮想平衡圧 P_A' とする．時間 t 経過後に観測される吸着速度 r_{ad} は，正方向の吸着速度 r_a と逆方向の脱離速度 r_d の速度差として次式で表される．

$$r_{ad} = r_a - r_d = k_a P_A (L\theta_0') - k_d (L\theta_A')$$
$$= \frac{k_a P_A L}{1+K_A P_A'} - \frac{k_d L K_A P_A'}{1+K_A P_A'} = \frac{k_a L}{1+K_A P_A'}(P_A - P_A') \tag{5.57}$$

L は単位質量あたりの吸着点のモル数 $[\mathrm{mol\ g^{-1}}]$，k_a は吸着速度定数，k_d は脱離速度定数（$=k_a/K_a$），P_A は A の吸着平衡圧である．式（5.57）の $(P_A - P_A')$ は推進力項であって，平衡時には 0 になる．

b. 混合・非解離吸着の場合

複数の吸着種，たとえば A, B, C などが同時に存在する場合，A 以外のほかの成分は吸着平衡にあるとすると，式（5.55）の考え方を用いて A の吸着速度 r_{ad} は次式で表される：

$$r_{ad} = \frac{k_a L}{1+K_A P_A' + \sum K_j P_j}(P_A - P_A') \tag{5.58}$$

$\sum K_j P_j$ は，注目した A 成分を除くほかの任意の吸着成分の吸着項の総和を表す．

c. 混合・解離吸着の場合

成分 A が吸着に際して解離を伴い，A 以外の他の成分は吸着平衡にあるとき，

Aの吸着速度 r_{ad} は次式で表される：

$$r_{ad} = k_a P_A (L\theta_0')^2 - k_d (L\theta_A')^2 = \frac{k_a L^2}{[1+(K_A P_A')^{1/2}+\sum K_j P_j]^2}(P_A - P_A') \quad (5.59)$$

式 (5.57)～(5.59) で表した吸着速度式中の仮想平衡圧 P_A' の数値は測定不可能であるので，次項 c で扱うようにほかの平衡条件を用いて消去する．ただし，吸着初期 ($t=0$) では $P_A'=0$，また平衡状態 ($t=\infty$) では $P_A'=P_A$ である．

5.2.6 ラングミュア-ヒンシェルウッド型触媒反応速度式

固体表面上に吸着した化学種または吸着化学種同士が結合を組み換えて化学反応が進行する反応機構を，ラングミュア-ヒンシェルウッド機構（Langmuir-Hinshelwood mechanism, LH）と言う．均一表面を仮定しているラングミュア型吸着平衡式は，必ずしも一般の吸着現象を満足に表現しうるものではないが，固体触媒上で起こる気相接触反応の速度は，表面吸着種の化学結合の組み換え反応が律速となる場合に，ラングミュア式を基礎とした LH 型触媒反応速度式で整理できることが多い．これは，触媒反応に関与する化学種が，中程度の強さの吸着点に吸着して活性化されたものだけだからである．実際，強すぎる吸着点に強く吸着した化学種は吸着点を被覆するだけで，反応には関与せず，一方で弱い吸着点に吸着したものは活性化される程度が低く，これも反応に関与しない．以下，律速段階を限定して反応速度式を組み立てることを考える．

a. 表面反応律速の場合

気相接触反応 A(g)+B(g)→C(g)+D(g) が，次のような素反応の連続からなる場合を考える．ここで，(g) は気相，(a) は吸着状態を示す：

① A(g)⇌A(a), B(g)⇌B(a)
② A(a)+B(a)⇌C(a)+D(a)
③ C(a)⇌C(g), D(a)⇌D(g)

表面反応過程②が律速段階であるとき，反応物の吸着過程①および生成物の脱離過程③は速いので，平衡状態を想定して扱うことができる．総括反応速度 r は律速段階の正方向と逆方向の速度の差として，ラングミュア型吸着式を用いて次の LH 型触媒反応速度式で示される．

$$r = k_S L\theta_A L\theta_B - k_S' L\theta_C L\theta_D \quad (k_S, k_S': \text{②の正および逆反応の速度定数})$$

$$= k_S \frac{L^2 K_A P_A K_B P_B}{(1+\sum K_i P_i)^2} - k_S' \frac{L^2 K_C P_C K_D P_D}{(1+\sum K_i P_i)^2}$$

$$= k \frac{P_A P_B - P_C P_D / K}{(1 + K_A P_A + K_B P_B + K_C P_C + K_D P_D)^2} \tag{5.60}$$

$k = k_S K_A K_B L^2$, $K = k_S K_A K_B / k_S' K_C K_D$. i は反応に関与する任意成分（A,B,C,D）であり，L は単位質量あたりの吸着点のモル数 [mol g^{-1}], K_i は成分 i の吸着平衡定数，P_i は i の吸着平衡圧，θ_i は i の被覆率，k は総括反応速度定数である．また，式（5.60）の右辺の分子は推進力項で平衡時には 0 になり，右辺の分母の逆数は活性点の空の割合であるので，次のように一般化できる：

　　　反応速度＝総括反応速度定数×推進力項／(吸着項の和)^n
　　　　　　＝総括反応速度定数×推進力項×触媒活性点の空の割合

n は律速段階の素反応に関与する吸着点（吸着種）の数であり，触媒活性点の空の割合は触媒の活量に相当する．

b. 解離吸着種を含む表面反応律速の場合

有機物 A の B への水素化反応 A+H$_2$→B を考える：

① A(g)⇌A(a), 　H$_2$(g)⇌2H(a)
② A(a)+2H(a)→B(a) 　　(k_S：②の正反応の速度定数)
③ B(a)⇌B(g)

原子状に解離吸着した水素を含む表面反応過程②が律速段階で不可逆的に進行すると，②の正反応の速度だけを考えればよく，反応速度は次式のようになる：

$$r = k_S L \theta_A (L \theta_H)^2 = \frac{k_S L^3 K_A K_H P_A P_H}{[1 + K_A P_A + (K_H P_H)^{1/2} + K_B P_B]^3} \tag{5.61}$$

c. 吸着律速の場合

A(g)+B(g)→C(g)+D(g) が次のような素反応群からなる場合を考える：

① A(g)→A(a) 　　(k_a：①の正反応の速度定数)
② B(g)⇌B(a)
③ A(a)+B(a)⇌C(a)+D(a)
④ C(a)⇌C(g), 　　D(a)⇌D(g)

成分 A の吸着過程①が律速段階であって，ほかの素反応は平衡状態と仮定できるので，総括反応速度は素反応①の速度に等しく，これを表式化すればよい．式（5.57）を誘導した手順と同様に，

$$r = r_{ad} = \frac{k_a L (P_A - P_A')}{1 + K_A P_A' + K_B P_B + K_C P_C + K_D P_D} \tag{5.62}$$

となる．また，圧平衡定数 K_P を用いて P_A' は，

$$K_P = P_C P_D / P_A' P_B, \qquad \therefore \quad P_A' = P_C P_D / K_P P_B$$

と表せる.P_A'を速度式(5.63)に代入して,次式が得られる:

$$r = \frac{k_a L [P_A - (P_C P_D / K_P P_B)]}{1 + K_A (P_C P_D / K_P P_B) + K_B P_B + K_C P_C + K_D P_D} \tag{5.63}$$

d. LH機構以外の表面反応が律速の場合

LH機構以外に固体表面上で化学結合の組み換えが起こる特殊な例として,リディール機構(Redeal mechanism,もしくはリディール-イーレイ機構(Redeal-Eley mechanism))がある.

たとえば,全反応 A(g)+B(g)→C(g) が次の素反応群からなる場合を考える:

① $A(g) \rightleftharpoons A(a)$, $\quad B(g) \rightleftharpoons B(a)$
② $A(a) + B(g) \rightleftharpoons C(a) \quad$ (k_S, k_S':②の正および逆反応の速度定数)
③ $C(a) \rightleftharpoons C(g)$

反応に関与するすべての成分 A,B,C とも触媒表面に吸着するが,律速段階②は吸着成分 A と気相成分 B とが衝突する表面反応である.このように,吸着種と気相成分との間の表面反応が律速段階である場合をリディール機構と言う.ただし,実際にリディール機構で進行する反応はそれほど多くない.

律速段階②の速度表現は,②の正方向と逆方向との速度差から次式となる.

$$r = k_S L \theta_A P_B - k_S' L \theta_C = k_S L \frac{K_A P_A P_B - P_C / K_S}{1 + K_A P_A + K_B P_B + K_C P_C} \qquad K_S = k_S / k_S'$$

5.2.7 反応速度式の積分形

目的とする反応において,希望する転化率を得るのに必要な反応器サイズを求めるには,5.1節の均一系反応で扱った積分法の手続きに従って反応速度式を積分すればよい.反応速度式の積分形は反応流体の流れ型式によって異なるが,ここでは連続流通式管型反応器の場合を例にして説明する.図5.6の連続流通式管型反応器のモデル図において,反応器容積 V_r の代わりに触媒質量 $W[\mathrm{g}]$ を,また微小容積 dV_r に代えて微小触媒量 dW を取れば,式(5.21)と同じ形の次式が得られる:

$$F_0 y_0 dx = r dW, \qquad \therefore \quad \frac{W}{F_0} = y_0 \int_0^x \frac{1}{r} dx \tag{5.64}$$

F_0 は供給原料のモル流量 $[\mathrm{mol\ h^{-1}}]$,r は反応速度 $[\mathrm{mol\ h^{-1}\ g_{cat}^{-1}}]$,$y_0$ は供給原料中の注目成分のモル分率 $[-]$,x は注目成分の転化率 $[-]$ である.式(5.64)

においてrが単純な関数の場合には，右辺の積分が容易にできる．しかし気相接触反応の速度式は，たとえばLH型速度式のように複雑で，積分が容易にできないのが普通である．解析的な積分が困難な場合には，図積分または数値積分をして積分値を求めることになる．

簡単に解析的積分ができる例を考える．ある気相接触反応（A→B）が表面反応律速で進行し，逆反応も考慮して次の反応速度式で表されたとする．

$$r = k'(P_A - P_B/K)/(1 + K_A P_A + K_B P_B)$$

$$= \frac{k'(P(1-x) - Px/K)}{1 + K_A P(1-x) + K_B Px} = \frac{k'(1 - (1+K^{-1})x)}{P^{-1} + K_A + (K_B - K_A)x}$$

k' は総括反応速度定数（$k' = k_S K_A L$），k_S, k_S' は表面反応の正，逆反応の速度定数，K_A, K_B は成分 A, B の吸着平衡定数，L は単位質量あたりの吸着点モル数 [mol g^{-1}]，$K = k_S K_A / k_S' K_B$ である．この反応を連続流通式管型反応器で行ったとき，原料流体は成分 A のみからなり（$y_0 = 1$），全圧を P，反応器出口での A の転化率を x_A とすると，A, B の分圧 P_A, P_B はそれぞれ，$P_A = (1 - x_A)P$, $P_B = x_A P$ とおける．

time factor W/F_0 と転化率 x_A との関係式を求めると，次の式（5.65）のようになる．注目する反応系について k', K_A, K_B の数値が温度の関数として既知であるならば，希望の転化率を与える W/F_0 の値が求まる．

$$\therefore \quad \frac{W}{F_0} = \frac{1}{k'} \int_0^x \frac{(P^{-1}) + K_A + (K_B - K_A)x_A}{1 - (1 + K^{-1})x_A} dx_A$$

$$= \frac{1}{k'} \left\{ \frac{(P^{-1} + K_A)(1 + K^{-1}) + K_B - K_A}{(1 + K^{-1})^2} \ln \frac{1}{1 - (1 + K^{-1})x_A} - \frac{(K_B - K_A)x_A}{1 + K^{-1}} \right\} \quad (5.65)$$

〖例題 5.4 気相接触反応〗

常圧（1 atm）下である気相接触反応 A→B が表面反応で進行し，time factor W/F_0 と転化率 x_A との関係が式（5.65）で与えられるとき，転化率 80% を実現させるための W/F_0 を求めよ．ただし，$k' = 5$ mol h^{-1} atm^{-1} g$_{cat}^{-1}$，$K_A = 1$ atm^{-1}，$K_B = 0$，$K = \infty$ とする．

【解】

式（5.65）より，$W/F_0 = 1/5 \times (\ln 5 + 0.8) = 0.48$ g$_{cat}$ h mol^{-1} となる． ■

5.2.8 固体細孔内拡散と触媒有効係数

触媒反応では，式（5.44）より触媒の表面積 a_m が大きい方が総括反応速度 r を大きくできるので，図 5.12 のモデルのように無数の細孔を持つ表面積の大き

な多孔質（porous）粒子を用いることが多い．しかし多孔質粒子には，粒子の外表面にある境膜内物質移動抵抗のほかに，細孔内にも物質移動抵抗が存在する．本項では多孔質触媒粒子について，反応ガスの細孔内拡散過程も考慮した反応速度の取り扱い方を考える．

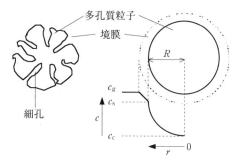

図5.12 球状触媒粒子内における物質移動モデル

多孔質触媒を用いる接触反応において，触媒質量基準の総括反応速度は触媒粒子径によって異なる．多孔質触媒の有効表面は大部分が粒子内部の細孔表面であるが，単位表面積あたりの活性が高く，反応物の供給速度（細孔内拡散）が相対的に遅いときは，反応物の濃度 c が境膜から粒子の中心に向かって，境膜外の濃度 c_g，粒子外表面の濃度 c_s，粒子中心の濃度 c_c と減少するので（図5.12），触媒細孔内の表面の利用率が低くなる．このような反応速度に対する細孔内拡散の影響を整理するのに触媒有効係数（catalyst effectiveness factor）E_f が用いられ，次のように定義される．

$$E_f = \frac{実測された反応速度}{粒子内部も外表面と同じ反応物濃度と仮定したときの仮想的な反応速度}$$

反応速度式が簡単な式で表される場合には，注目成分についての物質収支式を解くことから多孔質触媒粒子の E_f の計算式が導かれる．たとえば，1次不可逆反応が半径 R の球状触媒粒子の細孔内で進行する場合，E_f は次の式（5.66）で表される．ここで，$m(=(R/3)(k_w\rho/D_e)^{1/2})$ はチール数（Thiele modulus）と呼ばれる無次元項であり，触媒質量基準の1次反応速度定数 k_w，触媒粒子の嵩密度 ρ（細孔容積を考慮した見かけ密度で，真密度よりも小さい），注目成分の細孔内有効拡散係数 D_e を変数とする関数である．

$$E_f = \frac{1}{m}\left[\frac{1}{\tanh(3m)} - \frac{1}{3m}\right] \tag{5.66}$$

図5.13に E_f と m との関係を示した．$m<0.3$ では $E_f \fallingdotseq 1$ で反応律速である．$m>5$ では $E_f \fallingdotseq 1/m$ となり，細孔内拡散律速である．m を計算するための細孔内有効拡散係数 D_e は不明なことが多く，そういった場合には，E_f を式（5.66）などから直接計算することは困難である．E_f を簡単に求める方法としては粉砕法があり，粉砕して粒子径を小さくした触媒を反応に用いて，反応速度が粒子径

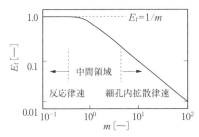

図 5.13 触媒有効係数と Thiele 数との関係

に影響されなくなったときの反応速度を E_f の定義式の分母の値として用いる．

　工業規模の装置では，反応流体の流通抵抗を低減させる必要からある程度大きな粒子径の触媒が選ばれ，E_f が極端に小さくならないように触媒の形状や調製法および成形法が工夫される．

ゼオライト

　アルファベットの頭文字などを組み合わせた，H-ZSM-5, USY, HY, MFI, BEA のような略称を教科書や専門書の中で突然目にしたら，皆さんは面食らってしまうだろうか．これらはすべて，ゼオライト (zeolite) の固有名称または構造名称として用いられるものであり，きちんと定義された略称である．

　ゼオライトを辞書で調べると「沸石」とされており，機能はイメージできても構造などはイメージしにくいのではないだろうか．そもそもゼオライトとは，多孔質の結晶性アルミノケイ酸塩 (alminosilicate, アルミニウムとケイ素の複合酸化物) の総称である．現在では，構造中のアルミニウムをほかの金属で置き換えたメタロケイ酸塩の合成も盛んであるため，単純に「結晶性ケイ酸塩」とした方が正しいだろう．古くは，鉱物由来の粘土である活性白土 (montmorillonite) が石油精製のクラッキング触媒に用いられていたが，その役割は合成ゼオライト (HY, USY) に取って代わられている．

　現在，天然・合成ゼオライトの結晶構造は 200 種類以上知られているので，含有される金属の種類とその量 (Si/metal 比) が異なる，無限大の数のゼオライトを研究対象にできることになる．結晶性ケイ酸塩を人工的に作り出す手法は，固体触媒材料の重要な研究領域を支えている．ゼオライトは，これまでに知られていない触媒機能を持つ，無限の可能性を秘めた材料であると言える．

5.2.9　気-固系反応

　気-固不均一系反応にも様々なタイプがあり，一例として硫化亜鉛の空気中での高温酸化分解による亜硫酸ガス生成反応などがあげられる．

$$ZnS(s) + (3/2)O_2(g) \rightarrow ZnO(s) + SO_2(g)$$

本項では，気-固系反応に関する速度論的解析の例として，次の一般式のように

反応原系と生成系の両方に気体と固体が共存する場合を取り上げる．

　　$aA(g) + bB(s) \rightarrow rR(g) + sS(s)$

なお，(g) は気相，(s) は固相を示す．

a. 非多孔質固体粒子が反応に関与する場合（未反応芯モデル）

固体反応物 B が細孔を持たない緻密な構造のときは，化学反応が起こる位置は反応時間とともに固体表面から内部に向かって移動する．この種の気-固不均一系反応の速度論的な取り扱いについては，図 5.14 に示す未反応芯モデルが実験結果に適合することが多い．B の固体粒子は半径 r_0 の理想的な球形であり，反応が進行しても粒子の大きさは変わらないとする．このとき，気-固系反応は次の3つの過程を経て進行する．

①気相の成分 A が固体 B のまわりの静止ガス境膜内を拡散し，②粒子表面から生成した固相 S の内部を移動する．③ A と B の反応は半径 r の球面で起こり，この反応球面は反応時間 t とともに粒子の表面から中心に向かって移動する．未反応芯 B の半径 r の時間的変化（$-dr/dt$）は次式で与えられる：

$$4\pi r^2 (-dr/dt) = \alpha v_{Ai} \tag{5.67}$$

α は 1 mol の A と反応する固体 B の容積，v_{Ai} の拡散移動速度（または反応速度）である．未反応芯モデルに従う気-固系反応では，過程①，②，③のうち，どれか1つの過程がほかの2つに比べて遅い場合が多い．

(1) 静止ガス境膜内拡散が律速の場合

静止ガス境膜内の成分 A の拡散速度 $v_{Ai}\,[\mathrm{mol\ h^{-1}}]$ は，一般に

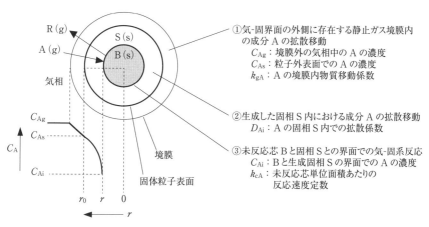

図 5.14　未反応芯モデル図

$$v_{Ai} = 4\pi r_0^2 k_{gA}(c_{Ag} - c_{As})$$

と表される．A の濃度 c_A は半径 r の関数で表され，図 5.14 のように変化するが，①が律速段階のとき，過程②，③が速いので $c_{As}=0$ とおけ，上式は次のようになる：

$$v_{Ai} = 4\pi r_0^2 k_{gA} c_{Ag}$$

これを式 (5.67) に代入して積分すれば，次式が導かれる．

$$\alpha c_{Ag} k_{gA} r_0^2 t = \int_{r_0}^{r}(-r^2)dr = \frac{r_0^3}{3} - \frac{r^3}{3}, \quad \therefore \quad t = \left(\frac{r_0}{3\alpha c_{Ag} k_{gA}}\right)\left[1-\left(\frac{r}{r_0}\right)^3\right] \quad (5.68)$$

任意の時間 t における固体成分 B の転化率 x_B は，次式で表される．

$$x_B = \frac{(4/3)\pi r_0^3 - (4/3)\pi r^3}{(4/3)\pi r_0^3} = 1-\left(\frac{r}{r_0}\right)^3$$

反応が完結（$r=0$）するのに要する時間 t_b は，式 (5.68) から $t_b = r_0/3\alpha c_{Ag} k_{gA}$ である．したがって，

$$t/t_b = x_B \tag{5.69}$$

が得られる．t と x_B の実測データをプロットしたとき，原点を通る直線関係（比例関係）が得られる場合には，ガス境膜内拡散過程が律速と判断される．

(2) 生成物固相内の反応ガスの拡散過程が律速の場合

生成した固相 S 内における A の拡散速度 v_{Ai} は，一般に次式で表される：

$$v_{Ai} = 4\pi r^2 D_{Ai}(dc_A/dr) \tag{5.70}$$

定常状態では v_{Ai} は一定であるので，式 (5.70) を境界条件（$r=r$ で $c_A=c_{Ai}$，$r=r_0$ で $c_A=c_{As}$）のもとに積分すると，次式となる：

$$v_{Ai} = 4\pi D_{Ai}\frac{c_{As}-c_{Ai}}{(1/r)-(1/r_0)}$$

拡散過程①が速いので $c_{As}=c_{Ag}$，また反応過程③も速いので $c_{Ai}=0$ とおくと，

$$v_{Ai} = \frac{4\pi D_{Ai} c_{Ag}}{(1/r)-(1/r_0)}$$

となる．これを式 (5.67) に代入して積分すれば，式 (5.71) が得られる：

$$-4\pi r^2 \frac{dr}{dt} = \frac{\alpha 4\pi c_{Ag} D_{Ai}}{(r^{-1})-(r_0^{-1})}, \quad \therefore \quad t = \left(\frac{r_0^2}{6\alpha c_{Ag} D_{Ai}}\right)\left[1-3\left(\frac{r}{r_0}\right)^2+2\left(\frac{r}{r_0}\right)^3\right] \quad (5.71)$$

$t_b = r_0^2/6\alpha c_{Ag} D_{Ai}$ であるので，

$$t/t_b = 1-3\left(\frac{r}{r_0}\right)^2+2\left(\frac{r}{r_0}\right)^3 = 1-3(1-x_B)^{2/3}+2(1-x_B) \tag{5.72}$$

となり，$[1-3(1-x_B)^{2/3}+2(1-x_B)]$-$t$ プロットが比例関係を与える．

(3) 化学反応過程が律速の場合

未反応芯Bと生成物固相Sとの界面（半径位置 r）での気-固系反応速度 v_{Ai} を，その位置におけるAの濃度 c_{Ai} に関して1次であるとすると，

$$v_{Ai} = 4\pi r^2 k_{cA} c_{Ai} \tag{5.73}$$

であるが，拡散過程①，②が速いので $c_{Ai}=c_{Ag}$ とおけ，$v_{Ai}=4\pi r^2 k_{cA} c_{Ag}$ である．(1)，(2) と同様の手続きで $-4\pi r^2(dr/dt)=\alpha 4\pi r^2 k_{cA} c_{Ag}$ を積分して，

$$t = (r_0 - r)/\alpha k_{cA} c_{Ag}$$

となる．$t_b = r_0/\alpha k_{cA} c_{Ag}$ であるので，

$$t = t_b[1 - (r/r_0)] \tag{5.74}$$

$$t/t_b = 1 - \left(\frac{r}{r_0}\right) = 1 - (1-x_B)^{1/3} \tag{5.75}$$

となり，$(1-x_B)^{1/3}$-t プロットが直線関係を与える．

〘例題 5.5 気固系反応〙

球形粒子が関与する未反応芯モデルに従う気-固不均一系反応において，同一反応条件下で粒子径だけが異なる4種の球形試料について，固体粒子径 d_p と反応完結時間 t_b との間に表5.6の関係が得られた．固体粒子外部の境膜内物質移動は十分速いことがわかっている．生成物固相内の反応ガス拡散過程と未反応芯界面での化学反応過程の，どちらが律速段階であるかを検討せよ．

表5.6

d_p [mm]	0.10	0.20	0.30	0.50
t_b [s]	200	800	1800	5000

【解】

化学反応律速では，

$$t_b = r_0/\alpha k_{cA} c_{Ag} = d_p/2\alpha k_{cA} c_{Ag} \propto d_p$$

また固相内のガス拡散律速では，

$$t_b = r_0^2/6\alpha c_{Ag} D_{Ai} = d_p^2/24\alpha c_{Ag} D_{Ai} \propto d_p^2$$

である．与えられたデータを t_b-d_p^2 プロットすると比例関係にあるので，この反応の律速は固相内の反応ガス拡散過程である． ∎

b. 多孔質固体粒子が反応に関与する場合（粒子内均一反応モデル）

コークス燃焼反応などのように，固体反応物Bが多孔質であれば反応ガスAが固体内部まで容易に浸透できるので，固体粒子内全領域でほぼ均一に反応が起

こりうる．このような場合を粒子内均一反応モデルと言い，その速度論的な取り扱いは回分式タンク型反応器の場合と類似して簡単になる．粒子内均一反応モデルでは，粒子の形状とは無関係に式 (5.11), (5.12) と同様の手続きによって，固体成分 B の転化率 x_B と反応時間 t との関係は，

$$dx_B/dt = kc_{Ag}(1-x_B)$$

となる．c_{As} は一定であるから，式 (5.12) 同様に，1 次反応の積分式 (5.66) が求まる．

$$\ln[1/(1-x_B)] = kc_{As}t, \qquad x_B = 1 - e^{-kc_{As}t} \tag{5.66}$$

5.3 反応装置・反応操作設計の基本事項

多くの優れた化学反応プロセスが開発されているが，ここでは個々のプロセスの各論的説明は避けて，プロセス設計に共通した事柄について概説する．

化学反応プロセスは，化学反応，反応装置，反応操作の三要素からなり，注目する化学反応プロセスを効率よく行なうために，これらを矛盾なく組み合わせなければならない．前節までは等温条件下の化学反応を取り扱ったが，実際のプロセスでは熱収支を考慮した非等温操作になるため，熱力学的情報が不可欠である．化学反応プロセスに関連した事項は，表 5.7 のように化学反応因子と反応装置（および反応操作）因子に大別できる．

一般の化学反応では，反応温度が高すぎると副反応が起こりやすくなり，一方で反応温度が低ければ反応速度が低下するので，副反応の併発を避けられる温度領域内においてできるだけ高い反応温度を選択すれば，空時収量 STY を大きくすることができる．

反応温度制御（加熱，除熱あるいは断熱）は，反応熱の正・負とその大小によって異なる．気相接触反応において，発熱反応で発熱量が大きいときは，外部熱交換式装置や多管あるいは多段式反応装置による除熱方式が採用される．また，吸熱反応で反応熱の絶対値が大きい場合，多段反応塔で中間加熱することにより反応流体の温度を適温域に保つ方法が取られる．一方液相反応では，流体の熱容量が気相反応に比べて桁違いに大きく，反応熱は流体のわずかな温度変化や蒸発に吸収されるので，特別な配慮をしない場合が多い．

反応器設計のための基本的な作業を，図 5.15 に系統図として示した．扱う化学反応によって，その反応に適した反応流体の流れ型式と熱移動方式を選択す

る．装置設計のために，反応速度に関する情報と流体の流れ型式から物質収支の基礎方程式を，反応速度に関する情報と熱移動方式とから熱収支の基礎方程式を立て，これらを連立して解くことによって，反応器のサイズとその制御方法を決定する．

表5.7 化学反応プロセスに関連した因子

化学反応因子	反応装置因子
1. 反応相の種類 　　（気・液・固・均一・不均一） 2. 反応速度の大小 3. 化学平衡定数の大小 4. 反応熱の正・負と大小 5. 触媒の活性・選択性・寿命 6. 原料・製品の組成・安定性 7. その他	1. 原料供給の形式（回分・半回分・連続） 2. 流体の流れ形式（ピストン・完全混合） 3. 装置の伝熱形式 　　（断熱式・外部熱交換式・自己熱交換式） 4. 固体触媒の使用形式 　　（固定充填層・流動層・移動層） 5. その他

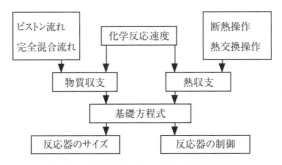

図5.15 反応器設計のための基本的な作業手順

〚参 考 文 献〛
1) Smith, J. M.: *Chemical Engineering Kinetics*, McGraw-Hill, 1981.
2) 川合 智ほか：物理化学による化学工学基礎，槙書店，1996.
3) 柘植秀樹ほか：化学工学の基礎，朝倉書店，2000.

〚演 習 問 題〛
5.1 化学反応速度
　アンモニア合成反応（$N_2+3H_2 \rightleftharpoons 2NH_3$）において，ある反応条件下で$N_2$に注目した反応速度（$N_2$の消失速度）$r_{N_2}$は，$r_{N_2}=-0.50 \times 10^2\,\mathrm{mol\,m^{-3}\,s^{-1}}$であった．$H_2$および$NH_3$に注目した反応速度$r_{H_2}$および$r_{NH_3}$の数値を求めよ．

5.2 化学反応速度式
　均一系可逆反応 $A+B \rightleftharpoons C+D$ が次の素反応①，②，③からなり，素反応②（k_2：正方向の速

度定数）が律速段階であると仮定できるとする．このとき反応速度式を導け．

素反応①　　　　B⇌2E　　　　（K_1：平衡定数）
素反応②　　　A+E⇌AE　　　（K_2：平衡定数）
素反応③　　AE+E⇌C+D　　（K_3：平衡定数）

5.3 アレニウス式

反応速度定数の温度依存性がアレニウス式で整理され，頻度因子 A が温度の影響を受けず一定であるとして，見かけの活性化エネルギー $E=40\,\mathrm{kJ\,mol^{-1}}$ の場合，反応温度が 300 K から 310 K に上昇すると k の値は何倍になるか求めよ．また，同じ温度範囲の温度上昇で速度定数が 2 倍を示す化学反応における，見かけの活性化エネルギー $E[\mathrm{kJ\,mol^{-1}}]$ を求めよ．

5.4 微分法による速度解析

反応 $H_2+Br_2\rightarrow 2HBr$ について，表 5.8 に示した結果（反応時間 t における HBr 濃度 c_{HBr}）を得た．この結果を微分法により解析して，反応次数 n，反応速度定数 k を求めよ．ただし，反応開始時 $t=0$ において $c_{H_2}=c_{Br_2}=20.08\,\mathrm{mmol\,dm^{-3}}$ とする．

表 5.8

t [s]	900	1500	2400	3900	6000	9000
c_{HBr} [mmol dm^{-3}]	5.98	9.18	12.68	17.91	22.39	26.29

5.5 1次可逆反応

1 次可逆反応 A⇌B を回分式反応器で行った．正反応と逆反応の反応速度定数をそれぞれ k, k'，$t\rightarrow\infty$ における反応物 A の転化率（平衡転化率）を x_{Ae} として，反応時間 t と転化率 x_A との関係を表した次式を導け．

$$k+k'=\frac{1}{t}\ln\frac{x_{Ae}}{x_{Ae}-x_A}$$

ヒント：平衡定数は反応速度定数を用いて表現せよ．

5.6 可逆反応

回分式反応器における可逆反応 A→B の速度式が次式のように表されるとき，反応速度定数 k を原料 A の転化率 x と反応時間 t とで表せ．

$$r=k(c_A-c_B/K)\quad（k：速度定数，K：反応の平衡定数）$$

5.7 1次不可逆反応

モル数変化のない 1 次不可逆反応 A→B を回分式反応器で行ったところ，40 mol% 反応するのに 60 分を要した．このとき反応速度定数 $k[\mathrm{min^{-1}}]$ を求めよ．また，90 mol% 反応させるのに要する反応時間 $t_{90\%}[\mathrm{min}]$ を求めよ．

5.8 連続流通式管型反応器

800 K で運転中の連続流通式管型反応器に，300 K で $F'=3.0\,\mathrm{m^3\,h^{-1}}$ の原料供給速度で原料ガスを送入して，モル数変化のない 1 次不可逆反応を行った．反応速度定数 $k=6000\,\mathrm{h^{-1}}$ のとき，転化率を 90% にまで到達させるために必要な反応器の容積 [dm^3] を求めよ．

5.9 3段連続流通式タンク型反応器

モル数変化のない 1 次不可逆液相反応 A→B を，容積の異なる 3 段連続流通式タンク型反応器を用いて等温で行った．タンクの容積はそれぞれ，第 1 タンク：1.0 dm^3，第 2 タンク：2.0

dm³，第3タンク：V dm³ とする．反応速度定数は $k=0.2\,\text{min}^{-1}$，原料成分Aの供給速度は $F'=0.50\,\text{dm}^3\,\text{min}^{-1}$ である．第3タンク出口における成分Aの転化率を80％にしたいとき，V の値を求めよ．また，計算で求めた第3タンクの容積を加えた3つのタンクと同じ容積の連続流通式管型反応器（ピストン流れ）で，同じ反応を同じ温度，同じ原料供給速度で行ったときの転化率 x を求めよ．

5.10 逐次反応

次式で表される逐次反応を，回分式タンク型反応器で行った．各ステップはともに1次不可逆反応で，$k_1=1.0\,\text{h}^{-1}$，$k_2=0.5\,\text{h}^{-1}$，初期条件は $c_{A0}=1.0\,\text{mol}\,\text{dm}^{-3}$ であるとする．中間生成物Bの濃度 c_B を最大にしたいとき，反応を何時間で停止させればよいか．また，そのときの各成分の濃度 [mol dm⁻³] を求めよ．

$$A \xrightarrow{k_1} B \xrightarrow{k_2} C \qquad (r_1=k_1 c_A,\ r_2=k_2 c_B)$$

5.11 リサイクル操作

リサイクル操作を伴う流通式管型反応器で液相1次不可逆反応を行う．リサイクル比 $R=1$ のとき，反応器から流出する流体中の注目成分の転化率 x が70％であった．①同じ反応条件で，$R=5$ にして操作したときの x を求めよ．②リサイクル操作を停止したとき（$R=0$）の x を求めよ．

5.12 化学反応の温度依存性

低温よりも高温において，全反応速度が物質移動抵抗によって支配されやすいかのはなぜか説明せよ．ただし，熱移動の抵抗は無視できるものとする．

ヒント：図5.11を考慮せよ．

5.13 ラングミュア吸着等温式

Ni触媒1g上での水素の平衡吸着圧 P と，0℃，1 atm（STP）における平衡吸着量 v との間に表5.9の関係が得られた．式（5.52）で示されるラングミュア式によるデータ整理をして，飽和吸着量 v_m を求めよ．

表5.9

P [Pa]	353	540	740	1000	1586	2333
v [cm³]	2.56	3.21	3.71	4.11	4.71	5.50

5.14 脱離律速

気相接触反応 A+B→C において，A, Bの吸着過程および表面反応過程は速く平衡状態にあると仮定でき，Cの脱離過程が律速段階である場合，反応速度式が次式で表されることを導け．

$$r=\frac{k_a L K_P(P_A P_B - P_C/K_P)}{1+K_A P_A + K_B P_B + K_P K_C P_A P_B}$$

ヒント：式（5.62）の誘導手順を参照せよ．

5.15 積分法

気相接触反応 A→B が不可逆で進行し，表面反応過程が律速で，成分Bの吸着が弱いと仮定して，反応速度 r が次式で表されたとする．

$$r=\frac{kP_A}{1+K_A P_A} \quad (k：反応速度定数，K_A：Aの吸着平衡定数，P_A：Aの吸着平衡圧)$$

この反応を連続流通式管型反応器で成分 A のみ（$y_0=1$）の原料流体を供給して行ったとき，W/F_0 が次式で表されることを示せ．

$$\frac{W}{F_0} = \frac{1}{k}\left(\frac{1}{P}\ln\frac{1}{1-x} + K_A x\right) \quad (P：全圧，\ x：成分 A の転化率)$$

また，r の単位を $\mathrm{mol\ h^{-1}\ g_{cat}^{-1}}$，$k = 10\ \mathrm{mol\ h^{-1}\ atm^{-1}\ g_{cat}^{-1}}$，$K_A = 0.1\ \mathrm{atm^{-1}}$ として，常圧，$F_0 = 1000\ \mathrm{mol\ h^{-1}}$ の反応条件下で，転化率70%（$x=0.7$）を達成するのに必要な触媒質量 $W\ [\mathrm{g}]$ を求めよ．

5.16 反応律速の判定

定圧である気相接触反応を固定層反応器で行ったとき，触媒質量あたりの反応速度が反応温度および流速とともに図5.16のように変化したとする．(a)～(d) の曲線のような変化を示す反応は，表面反応律速と境膜内拡散律速のどちらであると判断されるか，理由も合わせて示せ．ただし，細孔内の触媒表面はすべて有効であるとする．

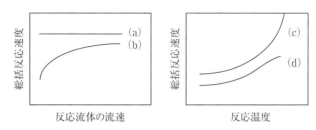

図 5.16 総括反応速度の反応流体の流速および反応温度への依存性

5.17 未反応芯モデル

非多孔質の球状固体粒子が関与する気-固系不均一反応において，固体粒子の転化率 x と反応時間 t の間に表5.10のような関係が得られた．反応進行が未反応芯モデルに従い，粒子サイズは反応の進行によって変化しないものとして，律速段階を推定せよ．
ヒント：式 (5.69)，(5.72)，(5.75) を比較検討せよ．

表 5.10

$t\ [\mathrm{h}]$	2	4	6	12	18	24	42
$x\ [\%]$	14	27	37	63	80	90	100

付　表

SI単位系で用いられる接頭語

記号	名称	接頭語	単位に乗じる倍数
E	exa	エクサ	10^{18}
P	peta	ペタ	10^{15}
T	tera	テラ	10^{12}
G	giga	ギガ	10^{9}
M	mega	メガ	10^{6}
k	kilo	キロ	10^{3}
h	hecto	ヘクト	10^{2}
da	deca	デカ	10^{1}
d	deci	デシ	10^{-1}
c	centi	センチ	10^{-2}
m	mili	ミリ	10^{-3}
μ	micro	マイクロ	10^{-6}
n	nano	ナノ	10^{-9}
p	pico	ピコ	10^{-12}
f	femto	フェムト	10^{-15}
a	atto	アト	10^{-18}

質量 [M]

1 g	1.00000×10^{-3} [kg]
1 oz（オンス）	2.83495×10^{-2} [kg]
1 lb（ポンド）	4.53952×10^{-1} [kg]
1 US ton	9.07185×10^{2} [kg]

長さ [L]

1 cm	1.00000×10^{-2} [m]
1 in（インチ）	2.54000×10^{-2} [m]
1 ft（フィート）	3.04800×10^{-1} [m]
1 yd（ヤード）	9.14400×10^{-1} [m]
1 mile（マイル）	1.60934×10^{3} [m]

体積 [L³]

1 US Gallon	3.78541×10^{-3} [m³]

密度 [ML⁻³]

1 g cm⁻³	1.00000×10^{3} [kg m-3]
1 kg l⁻¹	1.00000×10^{3} [kg m⁻³]
1 lb in⁻³	2.76799×10^{4} [kg m⁻³]
1 lb ft⁻³	1.60185×10^{1} [kg m⁻³]

力 [MLT⁻²]　(N=kg m s⁻²)

1 dyn（ダイン）	1.00000×10^{-5} [N]
1 kgf	9.80665 [N]
1 poundal	1.38255×10^{-1} [N] = 1 [lb ft s⁻²]
1 lbf	4.44822 [N]

圧力 [ML⁻¹T⁻²]　(Pa=N m⁻²)

1 bar（バール）	1.00000×10^{5} [Pa]
1 atm（気圧）	1.01325×10^{5} [Pa]
1 kgf cm⁻²	9.80665×10^{4} [Pa]
1 dyn cm⁻²	1.00000×10^{-1} [Pa]
1 mmHg（Torr）	1.33322×10^{2} [Pa]
1 mmH₂O	9.80665 [Pa]

表面張力 [MT⁻²]

1 dyn cm⁻¹	1.00000×10^{-3} [N m⁻¹]

粘度 [ML⁻¹T⁻¹]　(poise=g cm⁻¹ s⁻¹)

1 poise（ポイズ）	1.00000×10^{-1} [Pa s]
1 c.p.（センチポイズ）	1.00000×10^{-3} [Pa s] = 1.00000 [mPa s]

動粘度，拡散係数，熱拡散係数 [L²T⁻¹]

1 cm²s⁻¹（stokes）	1.00000×10^{-4} [m²s⁻¹]
1 m²h⁻¹	2.77778×10^{-4} [m²s⁻¹]

仕事，熱エネルギー[ML^{2}T^{-2}]

1 N m	1.00000[J]
1 erg（エルグ）	1.00000 × 10^{-7}[J]
1 kgf m	9.80665[J]
1 calth	4.18400[J]
1 cal^{IT}	4.18680[J]
1 Btuth	1.05435 × 10^3[J]
1 Btu^{IT}	1.05400 × 10^3[J]
1 kWh	3.60000 × 10^6[J]
1 HPh	2.68452 × 10^6[J]

仕事率（動力）[ML^{2}T^{-3}]（W=J s^{-1}）

1 kgf m s^{-1}	9.80665[W]
1 lbf ft s^{-1}	1.35582[W]
1 HP（英馬力）	7.45700 × 10^2[W] horse power
1 PS（独馬力）	7.35499 × 10^2[W] Pferde-staerke

熱伝導率[MLT$^{-3}\theta^{-1}$]

1 calth (cm s K)$^{-1}$	4.18400 × 10^2[W m^{-1} K^{-1}]
1 kcal^{IT} (m h K)$^{-1}$	1.16300[W m^{-1} K^{-1}]
1 Btu^{IT} (ft h °F)$^{-1}$	1.73074[W m^{-1} K^{-1}]

伝熱係数，熱伝達係数[MT$^{-3}\theta^{-1}$]

1 calth (cm^2 s K)$^{-1}$	4.18400 × 10^4[W m^{-2} K^{-1}]
1 kcal^{IT} (m^2 h K)$^{-1}$	1.16300[W m^{-2} K^{-1}]
1 Btu^{IT} (ft^2 h °F)$^{-1}$	5.67826[W m^{-2} K^{-1}]

温度 摂氏温度 t[°C]と華氏温度 t[°F]との関係

t[°C]=(t[°F]−32)/1.8
t[°F]=1.8×t[°C]+32
T[K]=t[°C]+273.15
t[°R]=t[°F]+459.67=1.8×T[K]

重力加速度（標準）	9.80665[kg s^{-2}]
重力加速度（緯度45°）	9.80616[kg s^{-2}]
アボガドロ数	6.02296×10^{23}[mol^{-1}]
氷点の絶対温度	273.150[K]
気体定数	8.314[J mol^{-1} K^{-1}]
	=0.08205[dm^3 atm mol^{-1} K^{-1}]

水の密度，粘度および表面張力（標準大気圧）

温度 [°C]	密度 [kg m^{-3}]	粘度 [mPa s]	表面張力 [N m^{-1}]
0	999.87	1.7887	0.075626
10	999.73	1.3061	0.074113
20	998.23	1.0046	0.072583
30	995.68	0.8019	0.071035
40	992.25	0.6533	0.069416
50	988.07	0.5497	0.067799
60	983.24	0.4701	0.065040
70	977.81	0.4062	0.064274
80	971.83	0.3556	0.062500
90	965.34	0.3146	0.060684
100	958.38	0.2821	0.058802

空気の密度および粘度（標準大気圧）

温度 [°C]	密度 [kg m^{-3}]	粘度 [mPa s]
0	1.2928	0.01710
10	1.2471	0.01760
20	1.2046	0.01809
30	1.1649	0.01857
40	1.1277	0.01904
50	1.0928	0.01951
60	1.0600	0.01998
70	1.0291	0.02044
80	0.9999	0.02089
90	0.9724	0.02133
100	0.9463	0.02176

化学工学便覧（化学工学会編，改訂六版，丸善，1999）より引用（空気の密度は0℃の値をもとに理想気体の状態方程式で計算）

索　　引

欧　文

HETP　*148*
HTU　*145*
LDV　*73*
NTU　*145*
P 制御　*31*
PI 制御　*33*
PID 制御　*33*
PIV　*74*
q 線　*133*
SI 基本単位　*5*
SI 組立単位　*5*
SI 接頭語　*7*
7 分の 1 乗則　*57*

ア　行

圧縮係数　*27*
圧縮係数線図　*28*
圧縮性流体　*50*
圧力損失　*59*
圧力抵抗　*67*
アナロジー　*100*
アレンの法則　*81*

位置エネルギー　*21*
一次反応　*166*
一般濾過　*150*
一方拡散　*124*
移動単位数　*145*
移動単位高さ　*145*

ウィーンの変位則　*103*
ウェーバー数　*10*
運動エネルギー　*21*
運動の式　*51*
運動量厚さ　*66*

液活量係数　*122*
液-固体触媒系反応　*182*
液相接触反応　*182*
液相線　*122*

エネルギー収支　*11*
エネルギー付加分離　*116*
エンタルピー　*21*
エントレーナ　*136*

オイラー的観測　*50*
遅れ　*32*
押出し流れ　*80*
オートチューニング　*42*
オーバーシュート　*32*
オフセット　*32*
オリフィス流量計　*75*
オンオフ制御　*31*

カ　行

階段作図　*133*
回分式　*168*
回分単蒸留　*126*
カオス　*66*
化学吸収　*147*
化学吸着　*185*
化学工学　*1*
化学反応速度　*165*
可逆反応　*165*
拡散係数　*124*
拡散律速　*183*
拡散流束　*123*
可視化　*47*
ガス吸収　*139*
過渡応答法　*42*
カルマンの渦列　*69*
乾き基準　*17*
管型反応器　*168*
環境圧力　*8*
缶出液　*129*
完全黒体　*102*
完全混合　*80*
完全混合流れ　*168*
完全流体　*52*
管摩擦係数　*59*
還流　*129*
還流比　*129*

気液界面積　*145*
気-液系反応　*182*
気-液-固体触媒系反応　*182*
幾何平均伝熱面積　*91*
気-固系反応　*182*
気-固体触媒系反応　*182*
気相接触反応　*182*
気相線　*122*
擬塑性流体　*46*
気体の状態方程式　*27*
揮発性成分　*125*
気泡塔　*140*
基本単位　*5*
逆浸透　*150*
逆浸透法　*156*
逆ラプラス変換　*37*
キャリアガス　*143*
吸収塔単位体積あたりに気液が接触する面積　*145*
吸収塔の高さ　*145*
吸着速度　*188*
吸着平衡式　*185*
境界層　*64*
境界層厚さ　*65*
供給液濃度　*157*
凝固潜熱　*109*
凝縮　*108*
凝縮器　*129*
凝縮線　*126*
強制対流　*92*
共沸混合物　*135*
共沸剤　*136*
共沸蒸留　*136*
共沸点　*136*
境膜　*141*
境膜物質移動係数　*142*
　　液相基準——　*142*
　　気相基準——　*142*
境膜物質移動容量係数　*145*
キルヒホッフの法則　*104*
均一系反応　*165*
キングの式　*72*

均質膜　157

空間時間　176
空間速度　176
空間率　160
空時収量　181
クヌッセン拡散　159
組立単位　5
グラスホフ数　10, 93

形態係数　104
ゲージ圧　8
ケミカルエンジニアリング　1
ゲル層　151
限界圧力　155
限界感度法　42
限界流束　155
限外濾過　150
現象論的モデル　156
懸濁法　77
顕熱変化　22

工学単位系　4
高分子膜　157
向流　116
国際単位系（SI）　4, 54

サ　行

細孔モデル　149
最小液量　144
最小理論仕事　118
最小理論段数　134

時間依存性流体　47
次元　8
次元解析　8
指数法則　57
自然対流　92
実在溶液　155
時定数　36
湿り基準　17
シャーウッド数　10, 101
射出能　102
十字流れ　151
収縮係数　75
充填塔　140
充填物　139
重力換算係数　54
重力単位系　4

縮流部　75
シュミット数　10, 101
主流　63
純粘性流体　47
蒸気圧　122
蒸留　126
触媒有効係数　193
助走区間　94
浸透圧　155
浸透係数　155
浸透説　140
浸透流　156

推進力　142
スケール因子　20
ステップ関数　38
ステップ数　133
ステップ入力　33
ステファン-ボルツマン
　　──定数　103
　　──の式　103
ステファン問題　109
ストークスの抵抗法則　68
ストローハル数　70

静圧　70
制御　30
制御対象　30
制御パラメータ　42
制御量　30
正浸透法　156
静特性　35
精密濾過　150
精留　127
積分ゲイン　33
積分時間　33
積分法　172
接触時間　181
絶対圧　7
絶対単位系　4
設定値　30
全圧　71
遷移域　48
全還流　130
線形システム　38
全縮　129
選択率　180
剪断応力　45
剪断速度　45

潜熱　127
潜熱変化　22
栓流　80

総括吸収率　107
総括推進力　142
総括熱伝達係数　98
総括反応速度　183
総括物質移動係数　142
　　気相基準──　142
総括物質移動容量係数　145
（回収部の）操作線　132
（濃縮部の）操作線　132
操作量　30
相対揮発度　122
相対粗度　60
相当直径　48, 95
相変化　22
層流　48
層流境界層　64
速度係数　75
速度差分離法　149
阻止率　153
　　真の──　153
　　見かけ──　153
塑性流体　46
素反応　166
損失頭　53

タ　行

対応状態原理　29
対応物質　13
対数平均伝熱面積　90
対数法則　57
体積透過流束　152
ダイラタント流体　46
滞留時間　181
対流伝熱　85
対臨界圧　29
対臨界温度　29
多孔質　193
タフトグリッド法　78
タフトスティック法　78
タフト法　78
ダルシーの法則　154
ダルトンの法則　122
単一反応　166
段型接触法　116
タンク型反応器　168

段効率　133
単蒸留　127
単色射出能　103

中間層　58
抽出蒸留　136
注入トレーサー法　77
チューニング　42
直列型プロセス　17
直管相当長さ　62

抵抗係数　67
抵抗モデル　156
定常状態　116, 170
定常流　50
低沸点成分　125
手がかり物質　13
滴状凝縮　108
デルタ関数　38
転化率　169
伝達関数　38
伝導伝熱　85

頭　52
動圧　70
透過液濃度　157
透過抵抗　156
透過流束　152
動特性　35
動粘度　57
等モル相互拡散　124

ナ 行

内層　58
内部エネルギー　21
内部発熱　91
ナヴィエ-ストークスの式　51
ナノ濾過　150

二重境膜説　141
ニュートンの粘性法則　45
ニュートンの冷却則　92
ニュートン流体　46

ヌッセルト数　10, 93
ヌッセルトの液膜理論　108
ぬれ壁塔　140

熱拡散係数　91

熱交換器　110
熱伝達係数　92
熱伝導度　86
熱容量　91
熱流束　85
粘性　45
粘性底層　58
粘弾性流体　47

濃縮部　129
濃度境膜　141
濃度分極　151

ハ 行

灰色体　102
排除厚さ　65
ハーゲン-ポアズイユの法則　56
パージ　18
バッキンガムのΠ定理　9
パラジウム膜　161
半回分式　168
反射係数　157
ハンティング　32
半透膜　150
反応蒸留　136
反応速度定数　166
反応速度論　165
反応面　147
反応律速　183

非圧縮性流体　50
ピストン流れ　168
ピストン流　80
非対称膜　157
非定常流　50
ピトー管　71
非ニュートン流体　46
比表面積　145
被覆率　186
微分ゲイン　34
微分時間　34
微分接触法　139
微分法　168
標準状態　23
標準生成熱　23
標準燃焼熱　23
標準反応熱　24
表面更新説　140

表面タフト法　78
比例ゲイン　32
ビンガム流体　47
ピンチポイント　144
頻度因子　167

ファニングの式　59
ファンデルワールス定数　27
ファンデルワールスの式　27
ファントホッフの式　155
フィックの拡散式　123
フィードバック制御　30
フェンスケの式　135
不可逆瞬間反応　147
不可逆反応　165
不均一系反応　181
複合反応　166
複合膜　157
物質移動係数　101, 145
物質移動容量係数　145
物質収支　11
沸騰線　126
沸騰伝熱　107
物理吸収　139
物理量　4
フラクタル　66
フラクタル次元　66
ブラジウスの式　60
フラッシュ蒸留　129
フラッディング　144
プランクの分布則　102
プラントル数　10, 93
プラントルの混合長　58
フーリエの法則　86
ふるい効果　149
フローシート　13
プロセス制御　29
フローチャート　13
プローブ　72
分画分子量　150
分縮　127
分子容　27
分配係数　117, 161
分離係数　117
分離剤付加分離　116
分離に要する最小エネルギー　118

平均滞留時間　36

平衡フラッシュ蒸留　*129*
平衡（理論）段数　*133*
平衡分離法　*125*
並流　*116*
壁面トレース法　*77*
ペクレ数　*10*
ヘッド　*52*
ベルクマンの法則　*81*
ベルヌーイ式　*52*
偏差　*30*
ベンチュリ管　*76*
ヘンリーの法則　*120*

放散　*144*
放射伝熱　*85*
放射率　*103*
補給原料　*18*
ポンションｰサバリ法　*131*

マ　行

膜状凝縮　*108*
マクスウェル分布　*149*
膜分離　*149*
膜モジュール　*157*
　スパイラル型――　*159*
　チューブラー――　*157*
　平膜型――　*157*
　ホローファイバー――　*157*
摩擦速度　*57*
摩擦損失　*59*
摩擦抵抗　*67*
マッケーブｰシール法　*129*
マノメーター　*71*

見かけ粘度　*46*
見かけの活性化エネルギー
　167

無機膜　*157*
無次元数　*10*
むだ時間　*32*
迷路係数　*160*
メートル法　*4*
目標値　*30*
モル体積　*27*
モル比熱　*23*

ヤ　行

融解潜熱　*109*
有限差分法　*79*
有限体積法　*79*
有限要素法　*79*

溶解拡散モデル　*149*
溶質透過係数　*157*
よどみ点　*70*

ラ　行

ラウールの法則　*121*
ラグランジュ的観測　*50*
ラプラス変換　*37*
ラングミュア吸着平衡式　*186*
ラングミュアｰヒンシェルウッ
　ド機構　*189*
ランプ関数　*38*
ランプ入力　*34*
乱流　*48*
乱流境界層　*64*

リサイクルパージ型プロセス
　18
リサイクル比　*177*
離散化　*79*

理想気体法則　*27*
理想溶液　*119, 155*
律速段階　*167*
リボイラー　*129*
流管　*50*
粒子追跡流速計測法　*74*
留出液　*129*
流跡線　*50*
流跡法　*77*
流線　*50*
流束　*123*
流速計　*70*
　カルマン渦――　*73*
　熱線・熱膜――　*72*
　レーザードップラー――
　　73
流体　*45*
流脈線　*50*
流脈法　*77*
流量係数　*76*
理論段相当高さ　*148*

ルイス数　*10*

レイノルズ応力　*56*
レイノルズ数　*10, 47*
　粗さ――　*60*
　撹拌――　*49*
　局所――　*64*
　粒子――　*49*
　臨界――　*48*
レイリー数　*93*
レイリーの式　*127*
レオロジー　*46*
連続単蒸留　*129*
連続の式　*51*
連続流通式　*168*

著者略歴

上ノ山　周（かみのやま めぐる）
1955年　京都府に生まれる
1989年　横浜国立大学大学院
　　　　工学研究科博士課程
　　　　修了
現　在　横浜国立大学大学院
　　　　工学研究院機能の創
　　　　生部門教授
　　　　横浜国立大学教養教
　　　　育主事評議員
　　　　工学博士

相原雅彦（あいはら まさひこ）
1962年　広島県に生まれる
1991年　東京大学大学院工学
　　　　系研究科博士課程単
　　　　位取得満期修了
現　在　横浜国立大学大学院
　　　　工学研究院機能の創
　　　　生部門講師
　　　　工学博士

岡野泰則（おかの やすのり）
1960年　東京都に生まれる
1988年　早稲田大学大学院理
　　　　工学研究科博士後期
　　　　課程単位取得満期修
　　　　了
現　在　大阪大学大学院基礎
　　　　工学研究科化学工学
　　　　領域教授
　　　　工学博士

馬越　大（うまこし ひろし）
1969年　愛媛県に生まれる
1997年　大阪大学大学院基礎
　　　　工学研究科博士後期
　　　　課程修了
現　在　大阪大学大学院基礎
　　　　工学研究科化学工学
　　　　領域教授
　　　　博士（工学）

佐藤智司（さとう さとし）
1961年　愛知県に生まれる
1985年　名古屋大学大学院
　　　　工学研究科博士課程
　　　　前期課程修了
現　在　千葉大学大学院工学
　　　　研究科共生応用化学
　　　　専攻教授
　　　　千葉大学副学長
　　　　博士（工学）

新版　化学工学の基礎　　　　　　　　　定価はカバーに表示

2000年10月25日	初版第1刷	
2014年10月 1日	新版第1刷	
2022年 2月10日	第7刷	

　　　　　　著　者　　上ノ山　　周
　　　　　　　　　　　相　原　雅　彦
　　　　　　　　　　　岡　野　泰　則
　　　　　　　　　　　馬　越　　　大
　　　　　　　　　　　佐　藤　智　司
　　　　　　発行者　　朝　倉　誠　造
　　　　　　発行所　　株式会社　朝倉書店
　　　　　　　　　　　東京都新宿区新小川町 6-29
　　　　　　　　　　　郵便番号　162-8707
　　　　　　　　　　　電話　03(3260)0141
　　　　　　　　　　　FAX　03(3260)0180
　　　　　　　　　　　http://www.asakura.co.jp

〈検印省略〉

© 2016〈無断複写・転載を禁ず〉　　　　　Printed in Korea

ISBN 978-4-254-25038-1　C 3058

JCOPY 〈出版者著作権管理機構　委託出版物〉

本書の無断複写は著作権法上での例外を除き禁じられています．複写される場合は，そのつど事前に，出版者著作権管理機構（電話 03-5244-5088, FAX 03-5244-5089, e-mail: info@jcopy.or.jp）の許諾を得てください．

化学工学会監修　名工大 多田　豊編
化　学　工　学（改訂第3版）
―解説と演習―

25033-6　C3058　　　　Ａ５判　368頁　本体2500円

基礎から応用まで，単位操作に重点をおいて，丁寧にわかりやすく解説した教科書，および若手技術者，研究者のための参考書。とくに装置，応用例は実際的に解説し，豊富な例題と各章末の演習問題でより理解を深められるよう構成した。

前京大 橋本伊織・京大 長谷部伸治・京大 加納　学著
プロセス制御工学

25031-2　C3058　　　　Ａ５判　196頁　本体3700円

主として化学系の学生を対象として，新しい制御理論も含め，例題も駆使しながら体系的に解説〔内容〕概論／伝達関数と過渡応答／周波数応答／制御系の特性／PID制御／多変数プロセスの制御／モデル予測制御／システム同定の基礎

化学工学会分離プロセス部会編
分離プロセス工学の基礎

25256-9　C3058　　　　Ａ５判　240頁　本体3500円

工学分野，産業界だけでなく，環境関係でも利用される分離プロセスについて基礎から応用例までわかりやすく解説した教科書，参考書。〔内容〕分離プロセス工学の基礎／ガス吸収／蒸留／抽出／晶析／吸着・イオン交換／固液・固気分離／膜

前名大 後藤繁雄編著　名大 板谷義紀・名大 田川智彦・前名大 中村正秋著
化　学　反　応　操　作

25034-3　C3058　　　　Ａ５判　128頁　本体2200円

反応速度論，反応工学，反応装置工学について基礎から応用まで系統的に平易・簡潔に解説した教科書，参考書。〔内容〕工学の対象としての化学反応と反応工学／化学反応の速度／均一系の反応速度／不均一系の反応速度／反応操作／反応装置

阪大 山下弘巳・京大 杉村博之・熊本大 町田正人・大阪府大 齊藤丈靖・近畿大 古南　博・長崎大 森口　勇・長崎大 田邉秀二・大阪府大 成澤雅紀他著
熱　　力　　学　基礎と演習

25036-7　C3058　　　　Ａ５判　192頁　本体2900円

理工系学部の材料工学，化学工学，応用化学などの学生１～３年生を対象に基礎をわかりやすく解説。例題と豊富な演習問題と丁寧な解答を掲載。構成は気体の性質，統計力学，熱力学第１～第3法則，化学平衡，溶液の熱力学，相平衡など

東京工芸大 佐々木幸夫・北海大 岩橋槇夫・岐阜大 沓水祥一・東海大 藤尾克彦著
応用化学シリーズ8
化　学　熱　力　学

25588-1　C3358　　　　Ａ５判　192頁　本体3500円

図表を多く用い，自然界の現象などの具体的な例をあげてわかりやすく解説した教科書。例題，演習問題も多数収録。〔内容〕熱力学を学ぶ準備／熱力学第1法則／熱力学第2法則／相平衡と溶液／統計熱力学／付録：式の変形の意味と使い方

元神奈川大 山村　博・工学院大 門間英毅・神奈川大 高山俊夫著
基礎からの無機化学

14075-0　C3043　　　　Ｂ５判　160頁　本体3200円

化学結合や構造をベースとして，無機化学を普遍的に理解することを方針に，大学1，2年生を対象とした教科書。身の回りの材料を取り上げ，親近感をもたせると共に，理解を深めるため，図面，例題，計算例，章末に演習問題を多く取り上げた。

首都大 伊與田正彦・首都大 佐藤総一・首都大 西長　亨・首都大 三島正規著
基礎から学ぶ有機化学

14097-2　C3043　　　　Ａ５判　192頁　本体2800円

理工系全体向け教科書〔内容〕有機化学とは／結合・構造／分子の形／電子の分布／炭化水素／ハロゲン化アルキル／アルコール・エーテル／芳香族／カルボニル化合物／カルボン酸／窒素を含む化合物／複素環化合物／生体構成物質／高分子

東京理科大学安全教育企画委員会編
研究のための セーフティサイエンスガイド
―これだけは知っておこう―

10254-3　C3040　　　　Ｂ５判　176頁　本体2000円

本書は，主に化学・製薬・生物系実験における安全教育について，卒業研究開始を目前にした学部3～4年生，高専の学生を対象にわかりやすく解説した。事故例を紹介することで，読者により注意を喚起し，理解が深まるよう練習問題を掲載。

千葉大 斎藤恭一・千葉大 ベンソン華子著
書ける！　理系英語　例文77

10268-0　C3040　　　　Ａ５判　160頁　本体2300円

欧米の教科書を例に，ステップアップで英作文を身につける。演習・コラムも充実。〔内容〕ウルトラ基本セブン表現／短い文（強力動詞を使いこなす）／少し長い文（分詞・不定詞・関係詞）／長い文（接続詞）／徹底演習（穴埋め・作文）

上記価格（税別）は 2022年 1月現在